D1942779

E-Book inside.

Mit folgendem persönlichen Code
können Sie die E-Book-Ausgabe
dieses Buches downloaden.

2018m-4y6p5-
6r014-5023m

Registrieren Sie sich unter
www.hanser-fachbuch.de/ebookinside
und nutzen Sie das E-Book
auf Ihrem Rechner*, Tablet-PC
und E-Book-Reader.

Der Download dieses Buches als E-Book unterliegt gesetzlichen Bestimmungen bzw. steuerrechtlichen Regelungen, die Sie unter www.hanser-fachbuch.de/ebookinside nachlesen können.
* Systemvoraussetzungen: Internet-Verbindung und Adobe® Reader®

Opelt/Gloger/Pfarl/Mittermayr

Der agile Festpreis

Bleiben Sie auf dem Laufenden!

Unser **Computerbuch-Newsletter** informiert Sie monatlich über neue Bücher und Termine. Profitieren Sie auch von Gewinnspielen und exklusiven Leseproben. Gleich anmelden unter

www.hanser-fachbuch.de/newsletter

Hanser Update ist der IT-Blog des Hanser Verlags mit Beiträgen und Praxistipps von unseren Autoren rund um die Themen Online Marketing, Webentwicklung, Programmierung, Softwareentwicklung sowie IT- und Projektmanagement. Lesen Sie mit und abonnieren Sie unsere News unter

www.hanser-fachbuch.de/update

Stimmen zu diesem Buch

„Interessant und notwendig für IT-Manager und IT-Juristen!“

Dipl.-Ing. Dr. iur. Dr. techn. Walter J. Jaburek, Allgemein beeideter und gerichtlich zertifizierter Sachverständiger für Informationstechnik und Telekommunikation, EDV-Vertragsberatung, Streitschlichtung, Sworn in expert on information technology and telecommunications, Expert on EDP-Contracts and EDP-Mediation

„Die positiven Aspekte der Agilität in Softwareentwicklungsprojekten vollständig in Kunden-Lieferanten-Verhältnissen zu etablieren, ist nach wie vor eine Herausforderung. Gerade in stark strukturierten Unternehmensorganisationen gilt es, die verschiedenen beteiligten Unternehmenseinheiten wie Fachabteilungen, Einkauf und IT überzeugend zusammenzubringen und den teils unterschiedlichen Zielvorstellungen gerecht zu werden. Für mich schließt das Buch genau die noch bestehenden Lücken und stellt sowohl einen methodisch ausgereiften und vollständigen Ansatz als auch wertvolle Praxiserfahrungen und beispielhafte Vorlagen vor. Zugleich räumt es fachlich fundiert und angenehm zu lesen mit einigen Vorurteilen zur vermeintlich optimalen Wasserfallmethodik und zur Agilität auf. Von der beschriebenen Methodik profitieren alle: der Lieferant und ganz besonders der Kunde solcher Projekte. Eine höhere Erfolgsrate von Projekten, nachhaltige und partnerschaftliche Arbeitsweisen sind letztendlich für alle ein Gewinn. Darüber hinaus gibt mir das Buch als Projektleiter weitere wertvolle Impulse, um die positiven Erfahrungen der Agilität auch außerhalb von reinen Implementierungsprojekten zu etablieren.“

Steffen Kießling, Manager Product Lifecycle Management, Bearing Point

„Agile Softwareentwicklungsmethoden sind in den letzten Jahren zum De-facto-Standard geworden. Durch sie ist die Entwicklung besser steuerbar, die Transparenz wird höher und man kann schnell auf Unvorhergesehenes reagieren. Interessanterweise werden viele Projekte aber nur ‚verdeckt' agil entwickelt, während der zugrunde liegende Vertrag klassisch gestaltet ist, oft als Fixpreis mit fixem Scope. Ein Grund dafür ist, dass der Verkauf des Auftragnehmers und der Einkauf des Auftraggebers das Vertragswerk oft weitgehend losgelöst im Vorfeld der Projektabwicklung aushandeln, unter der Annahme, ein weitgehend spezifizierbares Werk zu einem vorab berechenbaren Preis einzukaufen. Dadurch wird das Potenzial eines agilen Vorgehens für beide Seiten gar nicht ausgeschöpft. Das vorliegende Buch sollte darum vor allem für Einkäufer und Verkäufer von Softwareprojekten eine Pflichtlektüre sein, um Projekte wirklich durchgehend ‚end to end' agil abwickeln zu können. Auf der Basis eines Kooperationsmodells, für dessen Vertragswerk dieses Buch die passenden Hintergründe und Vorlagen beschreibt. Die Anwendung dieser Vorgehensweisen liefert für beide Seiten einen entscheidenden Wettbewerbsvorteil gegenüber dem (noch) De-facto-Standard der Vertragsgestaltung.“

Dr. Stefan Klein, Leiter Entwicklung, Infonova

Andreas Opelt
Boris Gloger
Wolfgang Pfarl
Ralf Mittermayr

Der agile Festpreis

Leitfaden für wirklich erfolgreiche IT-Projekt-Verträge

3., überarbeitete Auflage

HANSER

Dr. Andreas Opelt, Managing Director Sales, Saubermacher AG
Kontakt: andreas.opelt@gmail.com

Boris Gloger, Gründer und Geschäftsführer borisgloger consulting GmbH
Kontakt: boris.gloger@borisgloger.com

Dr. Wolfgang Pfarl, Sprecher der Geschäftsführung Post.Wertlogistik GmbH
Kontakt: wolfgang.pfarl@post.at

Ralf Mittermayr, Vorstand der Saubermacher AG
Kontakt: ralf.mittermayr@gmail.com

Alle in diesem Buch enthaltenen Informationen, Verfahren und Darstellungen wurden nach bestem Wissen zusammengestellt und mit Sorgfalt getestet. Dennoch sind Fehler nicht ganz auszuschließen. Aus diesem Grund sind die im vorliegenden Buch enthaltenen Informationen mit keiner Verpflichtung oder Garantie irgendeiner Art verbunden. Autoren und Verlag übernehmen infolgedessen keine juristische Verantwortung und werden keine daraus folgende oder sonstige Haftung übernehmen, die auf irgendeine Art aus der Benutzung dieser Informationen – oder Teilen davon – entsteht.

Ebenso übernehmen Autoren und Verlag keine Gewähr dafür, dass beschriebene Verfahren usw. frei von Schutzrechten Dritter sind. Die Wiedergabe von Gebrauchsnamen, Handelsnamen, Warenbezeichnungen usw. in diesem Buch berechtigt deshalb auch ohne besondere Kennzeichnung nicht zu der Annahme, dass solche Namen im Sinne der Warenzeichen- und Markenschutz-Gesetzgebung als frei zu betrachten wären und daher von jedermann benutzt werden dürften.

Bibliografische Information der Deutschen Nationalbibliothek:

Die Deutsche Nationalbibliothek verzeichnet diese Publikation in der Deutschen Nationalbibliografie; detaillierte bibliografische Daten sind im Internet über http://dnb.d-nb.de abrufbar.

Dieses Werk ist urheberrechtlich geschützt.
Alle Rechte, auch die der Übersetzung, des Nachdruckes und der Vervielfältigung des Buches, oder Teilen daraus, vorbehalten. Kein Teil des Werkes darf ohne schriftliche Genehmigung des Verlages in irgendeiner Form (Fotokopie, Mikrofilm oder ein anderes Verfahren) – auch nicht für Zwecke der Unterrichtsgestaltung – reproduziert oder unter Verwendung elektronischer Systeme verarbeitet, vervielfältigt oder verbreitet werden.

© 2018 Carl Hanser Verlag München, www.hanser-fachbuch.de
Lektorat: Brigitte Bauer-Schiewek
Redaktion: Dolores Omann, Wien
Umschlagdesign: Marc Müller-Bremer, www.rebranding.de, München
Umschlagrealisation: Stephan Rönigk
Gesamtherstellung: Kösel, Krugzell
Ausstattung patentrechtlich geschützt. Kösel FD 351, Patent-Nr. 0748702
Printed in Germany

Print-ISBN: 978-3-446-45436-1

E-Book-ISBN: 978-3-446-45446-0

Inhalt

Vorwort

Wir brauchen eine Antwort auf die Frage: „Wie kann man für agil durchgeführte Projekte einen Vertragsrahmen schaffen, der Einkäufern, Verkäufern und Projektmanagern die nötige Sicherheit gibt?" Agile Methoden der Softwareentwicklung – und darunter vor allem Scrum – haben sich de facto durchgesetzt. Doch immer wieder steht sowohl bei Anbietern als auch bei Einkäufern agiler Softwareentwicklung die Frage im Raum, wie man aus der Falle des Festpreises ohne die Nachteile von Time & Material herauskommt. Wie kann man agile Softwareentwicklung einkaufen oder verkaufen? Unsere Antwort darauf findet sich in diesem Buch:

> **Der Agile Festpreis erklärt die vertraglichen Beziehungen zwischen Kunden und Lieferanten in agilen IT-Projekten.**

Wir bringen einige Jahre an Erfahrung in IT-Projekten, der Arbeit mit Teams und der Gestaltung von Verträgen mit und haben die Herausforderungen unserer Kunden aus verschiedenen Blickwinkeln erlebt. Aus der Sicht des Projektleiters, Key Account Managers, Verhandlungsführers und Top-Managements des Lieferanten, aus der Perspektive des Einkaufs und Top-Managements des Kunden oder als Coach für die Projektumsetzung haben wir oft und intensiv über die Art der Umsetzung, über die Leistungsbeschreibung, den vertraglichen Rahmen und die Ausschreibung diskutiert. Wir kennen die Tücken traditioneller IT-Projekte nach der Wasserfallmethode und wir erleben seit einigen Jahren, wie agile Managementframeworks diese Tücken sichtbar machen und gleichzeitig neue, erfolgreiche Wege aufzeigen.

Die Definition des Leistungsgegenstands bis ins Detail – und das gleich zu Projektbeginn – ist bei Aufträgen im Rahmen von herkömmlichen Festpreisverträgen eine der größten Herausforderungen. Alternativ wich man bisher meist auf einen Time & Material-Auftrag aus – ein praktikabler Weg, um zum Beispiel bei einer Projektabwicklung nach Scrum das Maximum an Vorteilen herauszuholen. Bei IT-Projekten geht es aber leider nicht nur darum, dass sich eine Entwicklungsabteilung mit der Arbeitsweise wohlfühlt, es müssen auch noch andere Anforderungen berücksichtigt werden. So ist es auf Kundenseite meistens nötig, die Kosten in der Business-Case-Analyse zu fixieren, um das interne „Go" zu bekommen. Wird dabei nach Time & Material beauftragt, muss man also viel eigenes Risiko auf sich nehmen.

Jochen Rosen, damaliger CIO der A1 Telekom Austria AG, sagte in einem Gespräch mit uns im April 2012 zur Problematik herkömmlicher Vertragstypen in agilen Projekten:

„Die Unternehmen haben in den vergangenen Jahren die positiven Aspekte der agilen Entwicklung und Projektvorgehensweise zu schätzen gelernt und nutzen aktiv die impliziten Vorteile für Endkunden, Fachbereichsorganisationen und die IT-Organisation. Herkömmliche Umsetzungen nach Scrum basierten dabei meist auf Time & Material-ähnlichen Verträgen. Das Supply Chain Management, Accounting und die IT-Organisation standen dadurch immer wieder vor der Herausforderung, die Kleinteiligkeit der Vorgehensweise und die signifikanten Funktionserweiterungen, die erreicht wurden, entsprechend kapitalisierbar (CAPEX) darzustellen. Der Agile Festpreis, der einen Festpreis zu einem großen Werk darlegt und eben nur den genauen Detailumfang noch nicht beschrieben hat, kann hier die Lösung sein, damit Scrum auch bei diesen großen IT-Projekten Einzug hält!"

Mit dem „Agilen Festpreis" führen wir einen neuen Begriff in die Welt der IT-Verträge ein. Der Agile Festpreis löst den vermeintlichen Widerspruch zwischen Festpreis und agiler Entwicklung auf Basis eines passenden kommerziell-rechtlichen Rahmens. Diese Evolution des herkömmlichen Festpreisvertrags werden wir in den folgenden Kapiteln detailliert diskutieren und mit praxisnahen Beispielen erläutern.

Damit wollen wir uns einen Schritt weiter bewegen, als es bisher in der Literatur mit der Darstellung von Verträgen für Scrum oder Festpreise zum Beispiel mit Function Points passiert ist. Dieses Buch soll den gesamten Rahmen und die meisten – es wäre vermessen zu sagen: „alle" – Probleme beschreiben, die es bei großen IT-Projekten gibt. Dabei soll jeder auf seine Rechnung kommen. IT-Einkäufer werden im Laufe der Kapitel erkennen, welche tragende Rolle sie für das Gelingen eines IT-Projekts spielen. Wir versuchen, auch für das Top-Management darzustellen, warum der Preis in einem agilen Projekt trotzdem fixiert werden kann und der Umfang des Projekts nicht aus dem Ruder läuft. Da jedes IT-Projekt anders ist, versuchen wir, mit einigen kurzen Beispielen und zwei sehr umfangreichen Darstellungen am Ende des Buchs die Anwendung in der Praxis darzustellen.

Dieses Buch haben wir geschrieben, weil wir es den Softwareentwicklungsteams, den Einkäufern und den Lieferanten einfacher machen wollen, damit IT-Projekte in Zukunft ihr gesamtes Erfolgspotenzial ausschöpfen können. Mit dem Agilen Festpreis wollen wir Ihnen ein Instrument anbieten, mit dem Sie in Ihrer Organisation die Voraussetzungen für das Gelingen schaffen können.

Für die dritte Auflage dieses Buchs haben wir neben weiteren regen Kommentaren von Leserinnen und Lesern auch zusätzliche Erfahrungen aus der Arbeit mit Kunden zum Agilen Festpreis einfließen lassen und vor allem neue Kundenstimmen und neue Beispiele eingefügt. Diese Auflage geht auch kurz auf das Thema SAP-Projekte ein, da dies ein Bereich ist, in dem der Agile Festpreis noch kaum zum Einsatz kommt.

Andreas Opelt, Boris Gloger, Wolfgang Pfarl, Ralf Mittermayr

Wien und Graz, Juni 2017

Danksagungen

Neben einem ausgefüllten Arbeitstag, Hausbau, Geschäftsreisen und Vorträgen in kurzer Zeit ein Buch zu schreiben, ist eine ganz schöne Herausforderung. Dass wir trotzdem rechtzeitig den Zieleinlauf geschafft haben, verdanken wir der Unterstützung vieler Menschen, die uns zwar nicht die ganze Arbeit abnehmen konnten, aber die Arbeit zumindest erleichtert haben.

Wir bedanken uns bei folgenden Kollegen, Kunden, Managern und Experten: Dr. Dr. Walter J. Jaburek, DI Jochen Rosen, Mag. Birgit Gruber, Dr. Stefan Klein, Stefan Friedl, Jörg Steinbauer, Steffen Kiesling und Alexander Krzepinski, die mit ihren Reviews des Manuskripts unsere Überlegungen zu einzelnen Punkten kritisch hinterfragt und damit geschärft haben. Ihre Anmerkungen und Anregungen haben die Qualität des Buchs weiter gehoben. Außerdem haben sie uns jedes Mal aufs Neue davon überzeugt, wie dringend nötig ein Buch zu diesem Thema ist. Diese Aufmunterungen und positiven Worte haben uns durch die Phasen geholfen, in denen es um die Motivation nicht so gut bestellt war.

Die Grafiken wurden in gewohnter Effektivität von unserem Lieblingsgrafiker Max Lacher erstellt. Herzlichen Dank!

Dolores Omann hat mit viel Geduld und Kreativität unsere „spannenden" Satzkonstruktionen entwirrt und verständlich formuliert. Ohne diese Hilfe wäre dieses Buch nie in dieser Prägnanz erschienen.

Außerdem bedanken wir uns für die wertvollen Diskussionen und Beiträge zum Thema Agile Softwareentwicklung und Agiler Festpreisvertrag bei Horst Mooshandl, Elmar Grasser, Gerald Haidl, Helmut Legat, Markus Hajszan-Meister, Heinz Zechner, Brigitte Cziglar-Benko-Eibel, Christoph Stromberger und Willibald Erhart. Sie beschäftigen sich seit Jahren in unterschiedlichen Bereichen mit diesem Thema und haben uns mit ihren Einschätzungen und Statements wertvolle Inputs für dieses Buch geliefert.

Ein herzliches Dankeschön geht natürlich nach München an Brigitte Bauer-Schiewek und Irene Weilhart vom Carl Hanser Verlag. Sie haben die Entstehung dieses Buchs ermöglicht und vorangetrieben.

Ein herzliches Dankeschön auch an den Verlag Computer und Recht, der für die Recherche einige Ausgaben der Zeitschriften unentgeltlich zur Verfügung gestellt hat.

Der Grundsatz der agilen Teamarbeit lautet: Ein Kopf allein kann nie so gute Lösungen erarbeiten wie ein Team! In diesem Sinne bedanken wir uns bei den Teams von Infonova und borisgloger consulting, die seit Jahren das Thema Scrum und Agilität leben und vermitteln. Die Erfolge ihrer Arbeit sind mit ein Grund, warum ein Buch über den Agilen Festpreisvertrag überhaupt notwendig geworden ist.

Ohne den Rückhalt und die Geduld unserer Partner, Familien und Freunde hätten wir nie die Kraft und Zeit aufgebracht, Dutzende Wochenenden und Nächte bei der Ausarbeitung dieses Buchs zu sitzen. Danke!

Die Autoren

Dr. Andreas Opelt konnte in den letzten Jahren aus der Sicht des Entwicklers, Vertriebsleiters und Geschäftsführers mit einem ständigen Fokus auf agile Methoden die Herausforderungen bei der Umsetzung einer Vielzahl von IT-Projekten studieren. Seit 2016 verantwortet er bei der Saubermacher AG die Bereiche Vertrieb und Smart Services.

Boris Gloger zählt weltweit zu den Scrum-Pionieren. Er entwickelt die Praktiken stets weiter und begleitet mit seinem Team von borisgloger consulting mit Sitz in Baden-Baden und Wien agile Unternehmenstransformationen.

Dr. Wolfgang Pfarl, LL. M., Jurist, hat als Leiter des Strategischen und Operativen Einkaufs unter anderem den IT-Einkauf der Österreichischen Post AG verantwortet und ist heute Sprecher der Geschäftsführung der Post.Wertlogistik GmbH. Er hat langjährige Erfahrung in der TK- und IT-Branche im Bereich Einkauf und ist seit mehreren Jahren als Lektor für Fachhochschulen tätig.

Ralf Mittermayr hat sich nach dem Abschluss des Studiums der Telematik-Wirtschaft an der Technischen Universität Graz auf die Konzeptionierung und Lieferung komplexer Softwarelösungen in der Banken-, Telekom- und Versorgerindustrie spezialisiert. Er war von 2005 bis 2013 Partner bei BearingPoint und ist seit 2014 Vorstand der Saubermacher AG.

1 Agilität – was ist das?

Einkauf und Verkauf von Softwareentwicklungsleistungen, ob als fertiges Produkt oder als Zuarbeit bei einem Projekt, werden in den nächsten Jahren noch wichtiger als bisher werden. Digitalisierung, Industrie 4.0, Mobile first – in vielen Kontexten ist Software der Schlüssel für neue Lösungen und Geschäftsmodelle. Gleichzeitig wachsen die Anforderungen an Softwareprodukte: In einem Smartphone von heute steckt etwa die 70 000-fache Kapazität eines Mac II aus den 1980er-Jahren. Und in Zukunft wird beinahe jedes Produkt entweder von Software gesteuert oder mithilfe von Software maßgeblich gefertigt. Daher ist es essenziell, dass Softwareprojekte das liefern, was gebraucht wird – und zwar rechtzeitig und in großen Mengen. Nach wie vor ist aber immer wieder von Projektdebakeln zu lesen: So stoppte die deutsche Agentur für Arbeit im Februar 2017 das Softwareprojekt ROBASO, in das bereits 60 Millionen Euro geflossen waren.[1] Trotzdem konnte die beauftragte Software der Komplexität der Kundenanliegen nicht gerecht werden. Neue Software werde nun „in überschaubaren Stufen mit begleitenden Anwendertests in der Praxis" entwickelt. Sicher haben die Beteiligten auf beiden Seiten vor Beginn des Projekts intensiv miteinander geredet, Lastenhefte geschrieben und wasserdichte Verträge aufgesetzt. Doch was bringt das?

Tatsache ist: Softwareprojekte werden immer komplexer, denn es sind immer mehr Menschen und immer mehr Dienstleister involviert. Daher brauchen wir einerseits eine andere Art der Softwareentwicklung und andererseits eine neue Art und Weise, wie Softwaredienstleistungen eingekauft werden. Die neue Form der Softwareentwicklung ist mittlerweile bekannt: Agile Management-Frameworks wie Scrum oder Kanban sind aus der Welt des neuen Arbeitens nicht mehr wegzudenken. Sie eignen sich nicht nur für die Softwareentwicklung, sondern können domänenunabhängig eingesetzt werden.

Was vor einem Jahrzehnt mit einer Handvoll Enthusiasten begonnen hat, ist heute nicht mehr wegzudenken: Unternehmen wie *Immobilienscout24.de* verdoppeln durch die Einführung von Scrum ihre Produktivität – und das ist nur das Minimum (CIO Magazin 2011). Die beeindruckenden Resultate haben sich herumgesprochen und mittlerweile setzen auch große Automobil- und Telekommunikationsunternehmen auf diese Produktentwicklungsmethode. Trotz der Erfolge agiler Ansätze kam bisher eines zu kurz:

---

[1] *https://www.arbeitsagentur.de/presse/2017-05-ba-stoppt-it-projekt-robaso*

> Auch Unternehmensprozesse, die zunächst einmal nichts mit den Projekten selbst zu tun haben – also der strategische Einkauf, Key Account Management, Demand Management, Entwicklung und Betrieb – müssen sich anpassen. Als Rahmenprozesse haben sie starken Einfluss auf die agile Entwicklung.

Erst wenn das geschehen ist, können Unternehmen das enorme Potenzial, das durch agil arbeitende IT-Teams entsteht, im vollen Umfang nutzen.

Die kommerziell-rechtlichen Vereinbarungen mit Lieferanten und Partnern sind ein wesentlicher Teil dieser Rahmenbedingungen. Sie schaffen die Voraussetzungen dafür, dass die Leistungsträger in der Produktentwicklung ihre Aufgabe, „schnell Produkte zu produzieren“, effektiv erledigen können.

Nicht aufzuhalten

Der US-amerikanische Softwarehersteller VersionOne erhebt regelmäßig, wie weit verbreitet agile Methoden sind. Was lässt sich aus der „State of Agile Survey 2016“ ablesen, also aus den Antworten von mehr als 3800 weltweit verstreuten Umfrageteilnehmern aus der Softwareentwicklung?

- Bereits 95 Prozent der Befragten geben an, in ihrer Organisation agil zu arbeiten. Fünf Jahre zuvor war es etwas mehr als die Hälfte der Befragten.
- Fast zwei Drittel der Umfrageteilnehmer gaben an, dass eine schnellere Produktlieferung bzw. Projektfertigstellung der Hauptgrund dafür sei, agil zu arbeiten.
  - 43 Prozent der Interviewten gaben an, dass ihre Unternehmen mehr als die Hälfte der Projekte agil abwickeln.
  - Die Time-to-Market hat sich für 80 Prozent der Teilnehmer durch das agile Vorgehen deutlich verbessert.
  - Höhere Produktivität ist aus Sicht der Befragten einer der wesentlichsten Vorteile (85 %). Den noch größeren Vorteil sehen sie aber darin, dass sich ändernde Kundenanforderungen bzw. Prioritäten besser gehandhabt werden können (87 %) und der Projektfortschritt sichtbarer wird (84 %).
  - Nicht nur die Mitarbeiter in den Teams verlieren zusehends ihre Scheu vor der Agilität. Auch das Management steht – trotz einer gewissen Furcht vor Skalierung, rechtlichen Vorschriften und mangelnder Dokumentation – den agilen Ansätzen immer offener gegenüber. In zwei Drittel der Fälle (64 %) ging die Initiative sogar vom Management aus. Spannend ist die Erkenntnis, dass trotz der wachsenden Unterstützung durch das Management die größte Hürde bei der Umstellung auf „Agile“ nicht die Methodenkenntnis ist, sondern die interne Unternehmenskultur.

Wir sind der Meinung, dass speziell die fehlende organisatorische Einbettung, aber auch fehlende Ausschreibungs- und Vertragskonstrukte Gründe dafür sind, warum die Verbreitung innerhalb der Unternehmen nicht noch dramatischer ausfällt. So beobachten wir zum Beispiel, dass Individualentwicklungen öfter agil durchgeführt werden und im Gegensatz dazu Integrationsprojekte von Standardsoftware oft noch traditionell geliefert werden.

Nicht die Methodenkenntnis ist die größte Hürde bei der Umstellung auf das agile Modell, sondern die interne Unternehmenskultur und die Änderung der internen Prozesse.

Natürlich ändert sich die Unternehmenskultur nicht von heute auf morgen. Situationen wie die folgende sind daher bezeichnend: In einem unserer Projekte hat sich das Top-Management eines weltweit tätigen Konzerns dazu entschlossen, agile Entwicklungspraktiken einzusetzen. So weit, so gut. Denn oft genug ist gerade das Management am schwersten davon zu überzeugen, dass eine zum Großteil selbstorganisierte und selbstverantwortliche Arbeitsweise mit trotzdem klarer Zielstellung ganz enorme Produktivitätssprünge mit sich bringt. Allerdings stießen in diesem Fall die Mitarbeiter, die diesen Auftrag des Top-Managements erfüllen wollten, an die Grenzen der Kultur der *Einkaufsabteilung*. Die wollte nämlich keineswegs zulassen, dass Verträge mit Anbietern zumindest annähernd nach einem agilen Modell geschlossen wurden. Bei dieser Reaktion stellt sich Mitarbeitern natürlich sofort die Frage, ob der agile Ansatz für Ausschreibungen überhaupt Zukunft hat und im Konzern gelebt werden kann. Wie erfolgreich das agile Modell mit dem Lieferanten umgesetzt wird, hängt also nicht nur vom Lieferanten ab. Veränderungen im eigenen Haus sind dazu erforderlich. Mittlerweile hat dieses Unternehmen mit dem Einkauf neue Möglichkeiten erarbeitet, um agile Projekte durchführen zu können.

Traditionelle Prozesse stehen neuen Anforderungen im Weg

Einkaufs- und Verkaufsprozesse sind bis dato meist an den traditionellen wasserfallbasierten Prozessmodellen der Projektdurchführung und Produktentwicklung ausgerichtet. Diese Prozessmodelle bergen viele Defizite und die Businessmodelle vieler IT-Dienstleister sind daran orientiert, diese Defizite auszunutzen. Natürlich wehren sich die Einkäufer großer Organisationen dagegen und kreieren Abwehrstrategien mit neuen Prozessen und neuen, härteren Verträgen. Nichtsdestotrotz bleibt der Projekterfolg schlussendlich aus.

Dramatisch ist nun, dass einige unangenehme Tatsachen schon seit Jahrzehnten bekannt sind:

1. Neue Produkte werden nicht wasserfallbasiert entwickelt, effektive Projekte nicht wasserfallbasiert abgewickelt. Das haben Nonaka und Takeuchi bereits 1986 gezeigt (Takeuchi und Nonaka 1986).
2. Selbst Winston Royce, Schöpfer des Wasserfallmodells, sagte, dass der von ihm skizzierte Prozess so nicht funktioniert und mindestens zwei Mal durchgeführt werden müsse (Royce 1970).
3. Untersuchungen der NASA haben 1996 die Aussagen des Softwareingenieurs Barry Boehm aus den 1980er-Jahren bestätigt, dass eine Schätzung, die zu Beginn des Projekt-

lebenszyklus (also noch vor der Anforderungsphase) vorgenommen wurde, im Durchschnitt mit einem Unsicherheitsfaktor von 4 belastet ist (Boehm 1981). So kann zum Beispiel die „tatsächlich" benötigte Zeit eines Projekts viermal so lang oder auch nur ein Viertel so lang sein wie ursprünglich geschätzt.

Vor allem in großen Organisationen kommt noch eine weitere Rahmenbedingung für das Aufsetzen von Verträgen mit IT-Dienstleistern zum Tragen, die sich negativ auf die Produktivität von Softwareentwicklungsprojekten auswirkt: Für Projekte gibt es Budgets. In der Regel müssen diese Budgets sehr früh vergeben werden – oft sogar ein Jahr, bevor das Projekt starten soll. Fachabteilungen definieren also bereits, wie viel Geld ausgegeben werden darf, ohne dabei zu wissen, welches Projektziel das Unternehmen tatsächlich verfolgt. Da noch niemand wissen kann, was in zwölf Monaten konkret angefordert werden soll, wird möglichst umfangreich definiert. Und so werden Funktionalitäten angefragt, die von den Dienstleistern bewertet und mit einem Preis versehen werden. Das erweitert den Umfang des Projekts und das einmal grob geschätzte Projekt wird unversehens teurer.

Einkäufer, Verkäufer, Fachbereiche – alle tun sie ihr Bestes, damit die Projektkosten nicht aus dem Ruder laufen und Zeitpläne eingehalten werden. Trotzdem scheitern mehr als 60 Prozent aller IT-Projekte. Viele große IT-Projekte überziehen ihre Budgets um bis zu 400 Prozent und liefern dabei nur ein Viertel der gewünschten Funktionalität. Solche „Black Swans" können Unternehmen ruinieren, wie es Bent Flyvbjerg und Alexander Budzier in der Harvard Business Review vom September 2011 schreiben (Flyvbjerg und Budzier 2011). Der Begriff „Black Swan" wurde vom Finanzmathematiker Nassim Nicholas Taleb geprägt. Damit beschreibt er – positive wie negative – Ereignisse mit großen Auswirkungen, die selten und nicht vorhersehbar sind, rückblickend aber nicht so unwahrscheinlich waren. Bezogen auf die Black Swans im Sinne von Flyvbjerg und Budzier ergibt sich auch ein gewaltiger Schaden für eine Volkswirtschaft.

Zu den Details hinter den Analysen und Fakten über IT-Projekte gibt es annähernd so viele Diskussionen wie zum Erfolg von IT-Projekten selbst. Und zu Recht, denn wenn man – wie überall – die Details einer Statistik studiert oder die Hintergründe einer Analyse durchleuchtet, findet man eine Vielzahl von Informationen, die Aufschluss über abweichende Zahlenwerte geben. Unterm Strich sind aber alle Studien einer Meinung. Machen wir eine kleine Tour d'Horizon der unangenehmen Ergebnisse.

Die **Standish Group** sammelt Informationen zu IT-Projekten und deren Problemen und veröffentlicht regelmäßig den Chaos Report. Ein Projekt wird als erfolgreich definiert, wenn Budget und Zeit eingehalten und die benötigten Features und Funktionen umgesetzt wurden. Kritische Stimmen vermissen bei dieser Betrachtung Parameter wie Qualität, Risiko und Kundenzufriedenheit. Wichtiger als solche Haarspaltereien ist aber, wie sich der gemessene Projekterfolg in den letzten Jahren entwickelt hat.

Tabelle 1.1 Ergebnisse des Chaos Reports 1994–2012

	2015	2014	2013	2012	2011	2009	2006	2004	1994
Erfolg-reich	29 %	28 %	31 %	27%	29 %	32%	35%	29 %	16 %
Teilweise erfolg-reich	52%	55 %	50 %	56%	49 %	44%	19 %	53%	31 %
Fehlge-schlagen	19 %	17%	19 %	17%	22%	24%	46%	18 %	53%

Zwar hat sich die Situation im Verlauf der letzten 21 Jahre deutlich verbessert. Noch immer liegt der Prozentsatz der erfolgreichen Projekte aber deutlich unter 50 Prozent (Standish Group 2015). Was sind laut Studie die Faktoren für erfolgreiche IT-Projekte?

a) Intensives Einbinden von Benutzern.

b) Top Management Sponsorship des Projekts.

c) Optimierung (Priorisierung) und fähige Projektmitarbeiter.

Umgekehrt formuliert bzw. mit den Hauptgründen des Scheiterns des Chaos Reports kombiniert, würde die Hitliste der Stolpersteine so lauten:

d) Fehlende Zusammenarbeit.

e) Unwissen über den Vertragsgegenstand – der Kunde weiß nicht, was er eigentlich will, oder er hat die falschen Ressourcen im Projekt eingesetzt.

f) Das, was man zum Teil noch gar nicht weiß, wird dementsprechend unvollständig oder fehlerhaft beschrieben.

Allerdings muss man sich auch ansehen, wie sich die erfolgreichen 29 Prozent zusammensetzen. Nur 11 Prozent der Projekte, die nach der Wasserfallmethode abgewickelt wurden, waren erfolgreich, im Gegensatz zu 39 Prozent bei den agilen Projekten. Mit anderen Worten: Die Wahrscheinlichkeit, dass Ihr Projekt erfolgreich sein wird, ist bei agilem Vorgehen mehr als dreimal so hoch!

Unangenehme Erkenntnisse über den Projekterfolg finden sich auch in einer Studie der TU München (Wildemann 2006): Nur knapp die Hälfte aller IT-Vorhaben des untersuchten Zeitraums war erfolgreich. Entweder dauerten die Projekte länger als geplant, kosteten wesentlich mehr oder es kam am Ende ein ganz anderes Ergebnis heraus. Andere Projekte mussten sogar abgebrochen und die Kosten entsprechend abgeschrieben werden. Der renommierte IT-Sachverständige Dr. Walter Jaburek (allgemein beeideter und gerichtlich zertifizierter Sachverständiger für Informationstechnik und Telekommunikation) meinte dazu in einem Interview, das wir mit ihm geführt haben:

„Hier ist meine Erfahrung deckungsgleich mit der Studie der Standish Group: Die meisten Projekte dauern dreimal so lange wie geplant, kosten daher auch etwa 2,8-mal so viel wie geplant und bringen dann 70 bis 80 Prozent der geplanten Funktionalität. Der Vertrag und das Verhandlungsgeschick entscheiden dann, wer die 180 Prozent zahlt bzw. trägt.“

Assure Consulting hat im Jahr 2007 veröffentlicht, dass die meisten IT-Projekte an unklaren Zielen, unrealistischen Zeitvorgaben und fehlender Abstimmung der Projektbeteiligten scheitern (Assure Consulting 2007).

Die Berater von **Roland Berger** kommen in einer Studie zu der Erkenntnis, dass 20 Prozent aller IT-Projekte abgebrochen werden (Roland Berger Strategy Consultants 2008). Jedes zweite Projekt überschreitet den vereinbarten Zeitrahmen oder wird teurer als geplant. Essenziell ist der Hinweis, dass die Wahrscheinlichkeit des Scheiterns mit der Dauer und Komplexität von Projekten steigt.

Diverse Studien und die Erfahrung von Experten geben Anlass zu der Vermutung, dass sich die Anforderungen an IT-Projekte um bis zu drei Prozent pro Monat ändern. Worauf außerdem in der Literatur immer wieder verwiesen wird: Die Anforderungen an eine Softwarelösung können nicht deterministisch beschrieben werden. ■

Vielleicht erleben Sie in Ihrer eigenen täglichen Praxis auch, dass IT-Projekte oft einen Schritt vorwärts und zwei zurück machen. Es gibt tolle Möglichkeiten, doch sie können nicht genutzt werden. Möglicherweise liegt es an einem oder mehreren der folgenden Gründe:

- Die Benutzer werden nicht einbezogen.
- Es gibt keine einfache, klare Vision, die das Projektziel beschreibt.
- Es gibt nur wenig Teamarbeit.
- Die Projekte werden immer komplexer.
- Die in einem Projekt eingesetzten Technologien werden immer vielseitiger.
- Systeme sind immer stärker verteilt.
- Eine funktionale und transparente Fortschrittskontrolle ist oft nicht möglich.
- Probleme sind selbst für Experten auf allen Seiten (Lieferant, Berater, Kunde) oft schwer vorherzusehen.
- Die Planung der Projekte ist sehr komplex, manchmal fast unmöglich.
- Das Wissen ist schlecht verteilt.

Das ist eine immense Verschwendung von Ressourcen, Zeit, Geld und Kreativität. Softwareentwicklungsprojekte kosten gigantische Summen und das muss nicht so sein. Wir alle – Kunden wie Dienstleister – müssen aufhören, so zu arbeiten. Wir müssen agil arbeiten – iterativ und inkrementell, um schnell und zuverlässig funktionierende Software zu liefern, die unsere Bedürfnisse erfüllt.

Ein Anspruch, der nicht so weit hergeholt ist, denn einige Softwareentwickler haben sich schon in den 1990er-Jahren daran gemacht, die Softwareentwicklung zu entrümpeln. Sie haben nicht funktionierende Management- und Vorgehensmodelle ignoriert und neue geschaffen, weil sie wieder sinnvoll arbeiten wollten – der Leidensdruck war einfach schon zu groß. Sie überlegten, wie ein neues Projektmanagement und neue Entwicklungsmethoden aussehen sollten, damit Teams gemeinsam mit ihren Projektmanagern kontinuierlich liefern können. Die folgenden Seiten sollen Ihnen dabei helfen, ein erstes Bild zu gewinnen, und sie sollen Ihnen Lust auf mehr machen.

1.1 Das Agile Manifesto von 2001

Um exemplarisch aufzuzeigen, an welchen Stellen Umdenkprozesse in den Einkaufs- und Verkaufsprozessen stattfinden müssen und wie sich das auf die Vertragsgestaltung auswirkt, orientieren wir uns in diesem Buch am gängigsten agilen Management-Framework: Scrum. Gerade Scrum ist das ideale Beispiel dafür, dass Agilität, wie wir sie verstehen, keine bloße Methode ist. Dahinter stehen sehr konkrete Wertvorstellungen und Grundsätze der Zusammenarbeit, die zwar primär auf das Selbstverständnis von Entwicklungsteams abzielen, aber durch ihre Stärke natürlich Einfluss auf die Beziehung zwischen Kunde und Dienstleister haben. Beginnen wir unsere Reise durch die agile Vertragsgestaltung daher wirklich am Ursprung – beim *Agile Manifesto*. Im Winter 2001 trafen sich einige Vertreter der agilen Bewegung, um herauszufinden, wie man den sich abzeichnenden Trend in der Softwareentwicklung nennen solle, um damit möglichst viele Leute erreichen zu können. Sie wollten außerdem klären, was denn agile Softwareentwicklungsmethoden eigentlich ausmacht. Dabei stellte sich heraus, dass es tiefe Überzeugungen sind, ja vielleicht sogar Werte, die agiles Arbeiten definieren.

Agile Manifesto

Wir zeigen bessere Wege auf, um Software zu entwickeln, indem wir es selbst tun und auch anderen dabei helfen.

Durch unsere Arbeit haben wir folgende Werte zu schätzen gelernt:

- **Individuen und Interaktionen** mehr als Prozesse und Werkzeuge.
- **Funktionierende Software** mehr als umfassende Dokumentation.
- **Zusammenarbeit mit dem Kunden** mehr als Vertragsverhandlungen.
- **Reagieren auf Veränderung** mehr als das Befolgen eines Plans.

Das heißt, obwohl wir die Werte auf der rechten Seite wichtig finden, messen wir den Dingen auf der linken Seite größeren Wert bei.

(*http://www.agilemanifesto.org;* Übersetzung der Verfasser)

Was bedeuten diese Werte nun im Einzelnen in der Zusammenarbeit zwischen Kunden und Lieferanten, wenn man den Werten auf der linken Seite einen höheren Wert beimisst?

Individuen und Interaktionen mehr als Prozesse und Werkzeuge

Schauen Sie einmal auf Ihre eigene Projektpraxis: Wie oft erleben Sie, dass man nur einmal hätte miteinander reden müssen, um Wege abzukürzen, effektiver miteinander zu arbeiten und schneller ans Ziel zu kommen? Wie oft erleben Sie, dass die Ihnen zu Verfügung stehenden Prozesse Ihre Arbeit eher behindern, als sie zu erleichtern?

Alle agilen Entwicklungsprozesse gehen davon aus, dass es zum Liefern eines Produkts wesentlich ist, dass die Teammitglieder und alle anderen Stakeholder *miteinander reden* und *sich ständig austauschen*. Dabei ist es für die Selbstorganisation wesentlich, den Einzelnen zu respektieren und anzuerkennen, dass er sich von allen anderen unterscheidet. Es ist selbstverständlich, dass Teams mit klar definierten Prozessen und guten Entwicklungswerkzeugen arbeiten. Aber: Prozesse und Tools dürfen nicht wichtiger als die Interaktionen und die Individuen werden.

Dieses Statement wird oft missverstanden und so ausgelegt, als dürften Teammitglieder plötzlich alles tun. Als wären alle Dämme gebrochen und als dürfe man zum Beispiel an Scrum-Teams von außen keine Anforderungen stellen. Gerade das Management stark hierarchischer Organisationskulturen empfindet diesen Satz des Agile Manifesto als Bedrohung und das kommt nicht von ungefähr. Viele Entwickler hatten auch genau diese Einstellung, als sie mit Scrum in Berührung kamen. Sie wollten einfach nur hören, dass sie machen dürfen, was sie wollen, obwohl das nirgends steht und auch nie so gemeint war. Die Gründer von Scrum wollten den gesunden Menschenverstand wieder walten lassen und in diesem Kontext sollten Entwickler die notwendigen professionellen Dinge tun, damit das Produkt geliefert werden kann.

> **!** Was hinter diesem ersten Wert des Agile Manifesto tatsächlich steht, ist das Prinzip der Selbstorganisation: Selbstorganisation besagt, dass innerhalb klar definierter Rahmenbedingungen kreative Freiheit erlaubt ist, ja diese sogar erst auf diese Weise entstehen kann. ■

Natürlich gibt es dabei Anforderungen, Richtlinien und Notwendigkeiten, die zu beachten sind. Sie können ja auch nicht ein Auto bauen lassen und sagen: „Soll das Team mal machen, wir sehen dann schon, was dabei rauskommt." Das würde niemand tun, denn selbstverständlich muss der Wagen so gebaut werden, dass er alle gesetzlichen Richtlinien und physikalischen Gegebenheiten berücksichtigt.

Die nächste Fehlannahme: Der Kunde darf in einem Scrum-Projekt nicht mehr definieren, was er will. Auch das ist natürlich Unsinn. Alle diese Fehlinterpretationen hat es gegeben, und selbstverständlich gab es auch in der Geschichte Scrums Fehlschläge, weil Menschen, die Scrum nutzen wollten, mit diesen Fehlinterpretationen gestartet waren. Tragisch ist, dass oftmals Scrum-Projekte gerade deshalb nicht den Erfolg zeigen, der möglich wäre. Die einfache Schlussfolgerung lautet dann, dass die Methode schlecht ist, anstatt genau hinzusehen.

Unser Tipp: Nehmen Sie die Aussage des Satzes so, wie sie dort steht. Man geht davon aus, dass Menschen nur erfolgreich sind, wenn sie miteinander reden. Und zwar innerhalb von Prozessen, die hilfreich sind, und wenn sie dabei mit Tools arbeiten, mit denen sie ihre Ergebnisse schneller erreichen können.

Allerdings gilt: Es muss gestattet sein, existierende Prozesse zu hinterfragen und möglicherweise zumindest diese Prozesse auszusetzen, damit etwas Neues, etwas anderes entstehen kann.

Funktionierende Software mehr als umfassende Dokumentation

Kein Satz der agilen Welt wurde und wird wohl häufiger missverstanden als dieser. Er wird gerne und bewusst falsch ausgelegt und macht daher viele Entwicklungsteams angreifbar. Immer wieder hören wir von Kunden und Partnern, dass Teams nichts dokumentieren, denn schließlich machen sie ja Scrum. Betrachten wir doch einmal das zugrunde liegende Problem: Dokumentieren Sie gerne? Schreiben Sie gerne Berichte und notieren Sie leidenschaftlich gerne, was passiert ist? Wie viele Dokumente sind nicht aktuell, weil sie nur für den Aktenschrank geschrieben wurden? Und machen wir uns nichts vor: Gerade in der Softwareentwicklung werden viele Seiten produziert. Allerdings bewirken sie nicht, dass gute oder bessere Software geschrieben wird. Sehr viele Menschen sehen Dokumentation als ein nutzloses Nebenprodukt, das ihnen nicht zwangsläufig dabei hilft, ihre Arbeit sinnvoll zu machen. Wir reden hier nicht von den Fällen, in denen Menschen ihre Arbeit einfach schlampig tun. Das gibt es selbstverständlich auch. Nein, es geht darum, sich klar zu machen: Dokumentation ist nur dann sinnvoll, wenn ein anderer Mensch seine Arbeit im Anschluss schneller und effizienter erledigen kann.

Natürlich gibt es Dokumente, die wir alle für sinnvoll halten, die notwendig sind. Ein Arztbrief ist zum Beispiel nötig, damit im Krankenhaus alle anderen wissen, wie man einem Patienten helfen muss. Die Baupläne eines Architekten sind wichtig, weil sich daran die Arbeit auf einer Großbaustelle ausrichtet. In der Softwareentwicklung ist eine Dokumentation sehr sinnvoll, die es dem Kunden erlaubt, die Arbeiten an seinem Softwareinkrement an einen anderen Dienstleister weiterzugeben, wenn die Beziehungen zum ersten Dienstleister abgekühlt sind oder dieser Dienstleister beschließt, ein Produkt aufzulassen. Diese Dokumentation stellt sicher, dass Menschen weitermachen können, wo andere aufgehört haben.

> **!** Daher: Dokumentation, die notwendig ist, muss geschrieben werden. Und zwar vom Scrum-Team selbst oder in einer großen Entwicklungsabteilung von den Support-Teams, die die Scrum-Teams dabei unterstützen.

Was will dieser Satz des Agile Manifesto sagen? Am Ende darf der Projekterfolg nicht nur daran gemessen werden, ob der Bauplan erstellt wurde oder die Diagnose des Arztes vorliegt. *Das Dokument ist nicht das Produkt.* Also misst sich auch der Produkterfolg nicht daran, ob die laut Prozess korrekten Dokumente geschrieben wurden.

Zusammenarbeit mit dem Kunden mehr als Vertragsverhandlungen

Die nächste Falle: Nein, dieses Prinzip bedeutet nicht, dass keine Verträge geschlossen oder ausgehandelt werden sollen. Wir verstehen dieses Prinzip so: Natürlich benötigt man Verträge. *Gemeinsam* klar und deutlich festzulegen, wie man miteinander arbeiten will, ist sinnvoll. Zu regeln, wie die Bezahlung ablaufen soll, wie viel gezahlt werden soll, darüber nachzudenken, was passiert, wenn eine der Parteien nicht mehr so mitarbeitet, wie man ursprünglich wollte – all das muss durchdacht werden.

Doch selbst der beste Vertrag muss nicht dazu führen, dass man auch gemeinsam am Projekterfolg Teil hat. Gerade in der Softwareindustrie werden IT- und Softwareentwicklungsabteilungen gerne als Dienstleister gesehen. Auch die Lieferanten von Software werden klassisch in die Ecke des Dienstleisters gestellt – und dort bleiben sie stehen, mit zu wenigen Informationen, um ihre Arbeit zielgerichtet und erfolgreich durchzuführen. Allerdings zeigt sich in der Softwareentwicklung seit Jahren, dass nur jene Projekte erfolgreich verlaufen, bei denen die, die eine Software schreiben, und die, die das Produkt haben wollen, eng zusammenarbeiten. Immer wieder wird deutlich, dass Kunden die Produkte, die sie wirklich brauchen, nur bekommen, wenn sie sich einbringen und aktiv mitwirken. Wenn sie während des Projekts als Ansprechpartner zur Verfügung stehen. Die Funktionalitäten, die ihnen das Arbeiten erleichtern, erhalten sie dann, wenn sie den Softwareentwicklungsteams zur Seite stehen. Aus unserer eigenen Erfahrung können wir sagen: Wenn sich die Vertragspartner verstehen und gemeinsam Erfolg haben wollen, dann ist die Wahrscheinlichkeit extrem hoch, dass das gelieferte Produkt zufriedenstellend ist. Somit ist es wichtig, die Mitwirkungspflichten des Auftraggebers umfassend zu beschreiben und den kooperativen Ansatz zu unterstreichen, ohne dem Auftragnehmer die Verantwortung für die Qualität zu nehmen.

> Stichwort Respekt: Das oben Gesagte weist darauf hin, was dieses Prinzip aussagen will. Wir gehen respektvoll miteinander um. Der Kunde versucht nicht, den Dienstleister auszuquetschen, und der Dienstleister will den Kunden nicht über den Tisch ziehen. ■

Mitch Lacey, Agile Practitioner und Consultant, erzählte bei der Agile Tour 2011 in Wien die folgende Geschichte über ein Gespräch zwischen Kunde und Lieferant: Der Kunde kam zu ihm und erklärte etwa eine halbe Stunde sein Projekt. Im Anschluss wollte er wissen, was denn so etwas kosten könnte. Daraufhin sagte Mitch: „Ich werde Ihnen diese Frage nicht beantworten, weil Sie von mir eine professionelle Antwort erwarten sollten. Nach 30 Minuten habe ich nicht genügend Informationen, um irgendeine sinnvolle Aussage treffen zu können. Das wäre absolut unprofessionell. Ich mache Ihnen einen anderen Vorschlag: Sie arbeiten zwei Wochen mit uns, und wenn Ihnen gefällt, was Sie bekommen, dann bezahlen Sie diese zwei Wochen. Wenn nicht, dann nicht. Und so machen wir das immer weiter. Sie zahlen immer, wenn Ihnen die Arbeit, die wir liefern, gefällt. Sie könnten dieses Prinzip nun ausnutzen, da wir die Funktionalität, die Ihnen nicht gefällt und die Sie nicht bezahlen, natürlich nicht wieder ausbauen können. Neue Funktionalität wird ja auf gelieferter Funktionalität aufgebaut. In diesem Fall würden Sie die Entwicklung der ersten zwei Wochen zahlen, dann zahlen Sie die nächsten zwei Wochen nicht, dann zahlen Sie wieder und so weiter. Das würde zwar Ihre Kosten halbieren und am Ende hätten Sie das fertige Produkt mit allen Funktionalitäten zu den halben Kosten. Wir würden in diesem Falle aber bemerken, dass Sie nicht fair mit uns umgehen. Und dann würden wir die Arbeit einstellen."

Dieser Umgang mit einem Kunden, den man noch nicht kennt, minimiert das Risiko. Gleichzeitig ist er eine erfolgreiche Praktik, um von einer Vertrauensbasis aus zu starten und reagieren zu können, wenn das Vertrauen enttäuscht wird (dieses Prinzip nennt sich *Tit for Tat*-Strategie). Das Schöne an agilen Projekten ist, dass am Ende nur das zählt, was tatsächlich herauskommt. Das ist übrigens ein erster Hinweis darauf, wie Verträge gestaltet sein sollten: **Als Ergebnis wird erwartet, dass die Software geliefert wird, und nicht, ob Zwischenschritte erzeugt wurden.**

Reagieren auf Veränderungen mehr als das Befolgen eines Plans

Sofort springt die Aufmerksamkeit auf das letzte Wort dieses Satzes: Plan. Dieses Wertepaar wird von vielen so ausgelegt, als gäbe es bei agilen Projekten und bei der agilen Produktentwicklung keine Pläne. Als gäbe es nur das Chaos: Niemand weiß, was man bekommt, und niemand kann sagen, wie kostspielig das Projekt oder das Produkt sein wird.

Diese Interpretation ist selbstverständlich falsch. Bei agilen Projekten wird sogar noch öfter und konkreter geplant als bei traditionellen Verfahren. Insgesamt nämlich auf fünf Ebenen:

- Auf der Ebene der Vision
- Auf der Ebene der Roadmap
- Auf der Ebene des Release
- Auf der Ebene des Sprints/der Iteration
- Auf der Ebene der täglichen Arbeit

Agile Methodiker haben dafür unzählige Planungsverfahren und Tools entwickelt. Es beginnt mit klaren Vorstellungen darüber, wie man eine Vision erzeugt und wie man daraus Release-Pläne macht. Es gibt konkrete Handlungsanweisungen dafür, wie ein Sprint Planning abzuhalten ist und vieles mehr.

Auf allen Ebenen ist den Beteiligten klar, dass jede dieser Planungsaktivitäten iterativ wiederholt werden und der Plan kontinuierlich angepasst werden muss. Das Entwicklungsteam plant jeden Tag, um gemeinsam das Sprint-Ziel zu erreichen. Während des Sprints sprechen Entwicklungsteam und Product Owner darüber (oder anders ausgedrückt: sie planen gemeinsam), wie der nächste Sprint durchgeführt wird. Zu Beginn eines Release sprechen Scrum-Team und Kunden darüber, was in dem nun anstehenden Release produziert werden soll. Der Product Owner und die Kunden reden während des gerade laufenden Release darüber, wie das Produkt auf längere Sicht weiterentwickelt werden soll: Product Roadmap und die Vision des Produkts werden am Markt überprüft, und gegebenenfalls wird gemeinsam eine tragfähigere Vision für das Produkt generiert. Der gesamte Planungsprozess ist dabei im Idealfall sehr transparent.

> **!** Für jeden dieser Planungsprozesse gibt es eigene Visualisierungstechniken und Moderationsmethoden, um den kommunikativen Prozess zwischen den Parteien möglichst effektiv zu gestalten. Keinen Plan haben? Das geht auch in der agilen Entwicklung nicht. ■

1.2 Agile Entwicklung am Beispiel Scrum

Scrum ist heute der De-facto-Standard in der agilen Softwareentwicklung. In den letzten Jahren hat es sich aus einer (agilen) Projektmanagementmethode zu einem neuen Verständnis darüber entwickelt, wie man dysfunktional arbeitende Teams, Abteilungen, ganze Organisationseinheiten und Unternehmen agil und lean managt. Meist wird Scrum zunächst auf Team- oder Projektebene als Projektmanagementmethode eingesetzt. Dabei bleibt es für einige Unternehmen auch. Andere gestalten im Laufe der Zeit ihre gesamte Organisation mit Scrum. Im Grunde ist es also keine Methode der Softwareentwicklung, sondern ein Management-Framework, innerhalb dessen die Softwareentwicklung – auf welche Art und Weise auch immer – stattfindet (Tabelle 1.2).

Tabelle 1.2 Agile Entwicklungsmethoden innerhalb agiler Frameworks

Agile Entwicklungsmethoden	Agile (Management-/Prozess-) Frameworks
Adaptive Software Development	Scrum und Kanban
Agiles Datawarehousing	
Crystal	
Dynamic System Development Method	
Extreme Programming	
Feature Driven Development	
Software-Expedition	
Universal Application	
Usability Driven Development	

Bei Scrum gibt es wenige Prinzipien und sehr wenige Regeln – allerdings Prinzipien, die verstanden, und Regeln, die konsequent eingehalten werden. Ganz im Sinne des Agile Manifesto liegt Scrum ein klares Wertesystem zugrunde. Ein wichtiger Wert ist Respekt: Jeder einzelne Beteiligte wird als mündiges Teammitglied wahrgenommen und respektiert.

Eine der wichtigsten Ideen von Scrum ist es, Teams Freiräume zu verschaffen, damit sich die Talente der Teammitglieder entfalten können und Spaß am produktiven Schaffen entsteht. Scrum gibt in dieser Interpretation dem Einzelnen im Team die Kompetenzen zurück, die er für das Übernehmen von Verantwortung benötigt.

Die Missverständnisse

Agile Ansätze wie Scrum basieren auf dem sinnvollen Zusammenspiel von Regeln, Disziplin und Eigenverantwortlichkeit. Mitdenken dürfen und sollen, einander helfen und das eigene Wissen nicht nur nutzen, um selbst zu glänzen – das steht dahinter. Scrum ist keine Vorschrift dazu, wie Software zu entwickeln ist. Manager können anhand dieses Frameworks aber erkennen, worauf sie bei der Entwicklung von Software mit externen oder internen Dienstleistern achten sollten. Dazu sollten sie sich zuvor über einige Missverständnisse im Klaren sein, die der effektiven Arbeit mit Scrum in die Quere kommen können. Dass Scrum eine *Entwicklungs*methode sei, ist eines der beiden gängigsten Missverständnisse.

Dass Scrum den Mitarbeitern uneingeschränkte Freiheiten lässt, ist das andere große Missverständnis. Und dann gibt es noch einige andere.

1. **In Scrum wird nur kurzfristig gedacht und daher nicht geplant.**
   Wir haben es bereits im Kontext der Prinzipien des Agile Manifesto gesehen: In Scrum wird konsequent geplant. Im Wesentlichen passiert das auf drei Ebenen: Auf Tagesebene (Daily Scrum), auf Sprint-Ebene (Sprint Planning) und auf Release-Ebene (Release Planning). Scrum folgt dem Deming Cycle, dessen Grundgedanke die kontinuierliche Verbesserung und damit die permanente Planung nach dem Motto Plan-Do-Check-Act ist (Deming 1982).
2. **Scrum fördert unprofessionelles Arbeiten.**
   Diese Meinung hat ihre Berechtigung, wenn Freiheit in der Problemlösung als Bedrohung empfunden wird und zentimeterdicke Dokumentationen als Qualitätskriterium für gute Software betrachtet werden. Scrum setzt die Kreativität des Teams frei und schreibt daher keine Wege vor, *wie* ein Problem zu lösen ist. In den Sprint Plannings wird aber genau festgelegt, *was* am Ende eines Sprints vorhanden sein muss. Und wenn dazu eine Dokumentation gehört, gibt es am Ende des Sprints auch eine Dokumentation. Scrum legt unprofessionelles Arbeiten schonungslos offen, denn durch das Daily Scrum wird die unprofessionelle Arbeit einzelner Entwickler für alle Teammitglieder sichtbar.
3. **Agile Methoden und Scrum sind nicht diszipliniert.**
   Agile Prozesse sind in ihrer Durchführung sehr konsequent, weil permanent das Ergebnis der eigenen Handlungen sichtbar und spürbar wird. Disziplin geht in Scrum so weit, dass jedes Meeting auf die Minute pünktlich beginnt, und wer dann nicht da ist, bleibt auch draußen.
4. **Produktentwicklung statt Projektmanagement.**
   Scrum sieht für viele so aus, als wäre es eine Projektmanagementmethode – ist es aber nicht. Bei Scrum geht es nicht darum, ein im Vorhinein definiertes Projektergebnis zu liefern. Es geht vielmehr darum, einen kontinuierlichen Strom von Produktteilen zu liefern. Zusammen ergeben diese ein Gesamtprodukt mit sehr viel Funktionalität. Scrum-Teams entwickeln Produkte, indem sie aktuelle Veränderungen ständig einbeziehen. Dieser Strom der Produktteile passt sich also laufend der Zukunft an und daher wird immer genau geliefert, was nützlich ist und gebraucht wird. Durch die Vorgabe von Scrum, dass am Ende jedes Sprints einsetzbare Software entstanden sein muss, entstehen laufend Zwischenprodukte, die nutzbar, da komplett sind. Das Prinzip der Zwischenprodukte ermöglicht es, risikofrei zu starten und den Fortschritt eines Projekts basierend auf den bereits gelieferten Produktteilen zu messen. Hier liegt der eigentliche Grund, warum agile Softwareentwicklungsprojekte mit klassischen Vertragskonzepten nicht konform gehen. Es wird ständig etwas geliefert – das sehen klassische Projektmanagementmethoden so nicht vor.

Es ist zwar ein sehr weit hergeholtes, doch wunderschönes Beispiel: Ein Baby ist von Anfang an „gelungen", aber als Mensch nicht fertig. Im ersten Inkrement, der Zelle, ist es bereits ganz in allen seinen Anlagen, doch sicher nicht fertig. Als Neugeborenes ist es bereits gelungen, es könnte im Umfeld Familie für immer existieren und wäre gewissermaßen inkrementell fertig – doch natürlich ist es als „Produkt" nicht fertig. Als Baby ist es gelungen, es gibt erste Laute von sich, es schaut herum, betastet Dinge, krabbelt vielleicht schon. Es ist fertig im Sinne des Stadiums „Baby", klar. Fertiges Endprodukt – sicher nicht. Der

Vergleich mag seltsam sein, trotzdem macht er das Prinzip von Agilität sehr deutlich: immer fehlerfrei gelungen, doch nie „fertig". Selbst als Erwachsener ist man nicht fertig und dennoch immer „gelungen".

Scrum ist daher ein Management-Framework, um Produkte zu entwickeln, aber keine Projektmanagementmethode. Daher gilt auch:

5. **Product Owner statt Projektmanager.**
   Das Wort „Projektmanager" existiert in Scrum nicht. Ein Product Owner ist ein Produktvisionär, der dem Team die Produktidee so vermitteln kann, dass sie die Teammitglieder zur Produktivität anspornt. Der Product Owner ist für den finanziellen Erfolg des Produkts verantwortlich. Er managt kein Projekt, er hat auch andere Aufgaben als die eines Projektmanagers.

Zusammenfassend: Management-Framework statt Entwicklungsmethode.

Scrum macht keine Vorschriften zu der Art und Weise, wie gearbeitet werden soll, legt aber die Rollen und Verantwortlichkeiten sehr klar fest. Es werden auch sehr eindeutige Grenzen für die Entwicklung definiert. Das Prinzip der Timebox erzeugt nicht nur kreativen Druck, sondern die Sicherheit, die für die Entwicklung von Selbstorganisation notwendig ist.

Die Werte von Scrum

Es wurde schon recht deutlich, dass das Menschenbild im Agile Manifesto und damit in Scrum ein völlig anderes ist als das eines Befehlsempfängers und kontrollierten Erfüllungsgehilfen, der stur nach einem Schema arbeitet. In Scrum gehen wir davon aus, dass geistig arbeitende Menschen ein prinzipielles Interesse daran haben, ihre Ideen einzubringen, Dinge zu verbessern oder überhaupt Neues zu entwickeln (siehe dazu auch die X- und Y-Theorie von Douglas McGregor).

Die Vertreter, die Scrum propagieren, sind der Meinung, dass wir alle erwachsene Menschen und damit erst einmal grundsätzlich verantwortlich für unser eigenes Handeln sind. In Scrum glauben wir und wissen wir, dass Menschen alles geben, wenn sie von einer Vision fasziniert sind. *Commitment, Fokus, Offenheit, Mut und Respekt* sind daher Werte, die Scrum und dem Denken der mit Scrum arbeitenden Menschen zugrunde liegen (sollten).

1.2.1 Organisationsprinzipien und Rollen

Ein Menschenbild, wie Scrum es vertritt, verlangt eine andere Form der Organisation. Im Grunde werden dabei die Vorgehensprinzipien des Toyota Production Systems auf die Softwareentwicklung übertragen.

- **Kleine, selbstorganisierte und crossfunktionale Teams**
  Ein Scrum-Team besteht im Idealfall aus sieben Personen: dem ScrumMaster, dem Product Owner und den fünf Personen des Entwicklungsteams. Die Mitglieder des Entwick-

lungsteams ziehen sich nicht auf ihr Spezialistentum zurück, sondern sind in der Lage, verschiedene Arbeiten im Arbeitsprozess durchzuführen (sogenannte T-Shaped Personen – siehe dazu zum Beispiel Reinertsen 2009). Das bedeutet, dass sie ihr Wissen untereinander austauschen, in unterschiedlichen Kombinationen einsetzen und keine Scheu vor Aufgaben haben, die nicht direkt ihren Kernkompetenzen entsprechen. Sie organisieren ihre Aufgaben vollständig selbst.

- **Arbeiten nach dem Pull-Prinzip**
  Das Team kann als einzige Instanz entscheiden, wie viel Arbeit und Produktteile es innerhalb eines Sprints liefern kann. Das Team hat die Kontrolle darüber, was es zu tun bekommt, indem es Arbeit „zieht", sobald es Kapazität dafür hat.
- **Intervalle mit klaren zeitlichen Grenzen (Timebox)**
  Das Team bekommt herausfordernde Ziele, die zu Intervallen mit klaren zeitlichen Vorgaben konkretisiert werden. Alle Aktionen werden zeitlich beschränkt und es wird ein Ergebnis verlangt. Das erzeugt klare Rahmenbedingungen.
- **Nutzbare Business-Funktionalität – Potential Shippable Code**
  Am Ende jedes Zeitintervalls muss das Team eine Lieferung erbringen, die den Standards, Richtlinien und Vorgaben des Projekts genügt.

Die Rollen

Die Stärke von Scrum liegt in der klaren Zuordnung und Trennung der Verantwortlichkeiten von ScrumMaster, Product Owner und Team. Um das Umfeld eines Teams bzw. einer Organisation gedanklich stärker mit einzubeziehen, fügen wir in der Praxis auch den Kunden, den Endbenutzer und den Manager als Rollen hinzu.

- **Das Entwicklungsteam – die Lieferanten**
  Das Entwicklungsteam liefert das Produkt. Es managt seine Angelegenheiten selbst und ist autorisiert, alles Zielführende zu tun, um das angestrebte Ergebnis zu erreichen. Gleichzeitig muss es die Standards und Prozesse der Organisation einhalten. Das Team steuert selbst die Arbeitsmenge, die es bewältigen kann. Dafür trägt es aber auch die Verantwortung für die Qualität der Lieferung.
- **Der Product Owner – der Visionär**
  Der Product Owner lenkt die Produktentwicklung und ist verantwortlich dafür, dass das Team die gewünscht en Funktionalitäten in der richtigen Reihenfolge erstellt. Er oder sie sorgt dafür, dass die Projektergebnisse den finanziellen Aufwand für das Projekt rechtfertigen. Mit dem Team arbeitet der Product Owner auf täglicher Basis, trifft zeitnah die notwendigen Entscheidungen und arbeitet kontinuierlich am Product Backlog und dem Release Plan.
- **Der ScrumMaster – der Change Agent**
  Der ScrumMaster hilft dem Team, seine Ziele zu erreichen. Er arbeitet daran, dass alle Schwierigkeiten, Blockaden und Probleme, die das Team aufhalten, gelöst werden. Er oder sie ist nicht weisungsbefugt, sorgt jedoch dafür, dass der Scrum-Prozess eingehalten wird. Eine der Hauptaufgaben des ScrumMasters besteht darin, alle am Projekt beteiligten Personen zu schulen, sodass sie ihre Rolle verstehen und ausüben können.
- **Der Manager – derBereitsteller**
  Das Management stellt die Ressourcen und die Richtlinien innerhalb einer Organisation

zur Verfügung. Es schafft den Rahmen, in dem sich das Team, der Product Owner und der ScrumMaster bewegen. Oft löst das Management die vom ScrumMaster identifizierten Probleme.

- **Der Kunde – der Finanzierer**
  Der Kunde ist Anforderer des Projekts, er kauft es oder hat es in Auftrag gegeben. Typischerweise sind das Executive Manager in Organisationen, die Softwareentwicklung bei externen Firmen einkaufen. In einem internen Projektentwicklungsteam ist der Budgetverantwortliche in der Rolle des Kunden.
- **Der User – der Nutzer**
  Der Anwender des Produkts ist eine wesentliche Informationsquelle für das Scrum-Team. Er ist es, der später die „Usable Software" benutzen wird. Daher bezieht das Scrum-Team den Anwender in die Produktentwicklung mit ein. Beim Sprint Planning definiert er gemeinsam mit dem Product Owner die Anforderungen. Später wird er als Anwender mit dem Team daran arbeiten, die Anwendung nutzbar zu machen.

1.2.2 Das Prozessmodell

Das Prozessmodell von Scrum steckt den Rahmen ab, in dem alle Aktivitäten der Produktentwicklung ablaufen. Neben den sechs Rollen besteht der Scrum-Prozess aus sechs Meetings und diversen Artefakten:

Rollen	Meetings	Artefakte
Team	Estimation Meeting	Product Vision
Product Owner	Sprint Planning 1	Product Backlog Item (Story)
ScrumMaster	Sprint Planning 2	Product Backlog (Liste der Stories)
Manager	Daily Scrum	Sprint Goal
Kunde	Estimation Meeting	Selected Product Backlog
User	Sprint Review	Aufgaben/Tasks
	Sprint Retrospektive	Sprint Backlog
		Release Plan
		Impediment Backlog
		Produktinkrement – Usable Software
		Definition of Done
		Burndown Chart

Eine Schwäche traditioneller Entwicklungsmethoden ist, dass sie Kunden und Entwickler separieren. Das kommt einer Trennung von strategischer und taktisch-operativer Ebene gleich. Das Team weiß dann lediglich, dass es etwas tun soll, aber nicht, warum es etwas tun soll. Die Kenntnis des „Warum" ist aber eine wesentliche Hintergrundinformation, um innovative Problemlösungsansätze entwickeln zu können. Softwareentwickler sind meistens ausschließlich auf ihre Arbeit fokussiert und blenden mittel- bis langfristige geschäftliche Aspekte, die ihre Arbeit hat und haben muss, weitgehend aus. Scrum bezieht die Entwickler hingegen auf zwei Arten direkt in strategische Überlegungen mit ein und dadurch beginnen sie zu verstehen, in welchem Zusammenhang ihre Arbeit mit Erfolg oder Misserfolg ihres Arbeitgebers und dessen Kunden steht.

- Zum einen entwickelt der Product Owner eine Produktvision für das Projekt – alleine oder gleich gemeinsam mit dem Team.
- Zum anderen wird das Team in weiterer Folge immer in die strategische Planung einbezogen. In diese zwei Teilstrategien spielen natürlich übergeordnete Strategien mit hinein: die Produktlinienstrategie und die Organisationsstrategie.

Strategisches Planen dient zur Vorausschau, zur Einschätzung, ob ein Vorhaben gelingen kann, und der Entscheidung, welches Vorgehen zur Zielerreichung führen wird.

Auf den Punkt gebracht planen wir

- auf der strategischen Ebene die Ziele, die wir erreichen wollen, und
- auf der taktischen Ebene die Aktionen, die nötig sind, um die Ziele zu erreichen.

Scrum auf strategischer Ebene

- **Die Produktvision**
  Am Anfang steht die Person mit einer Produktidee, die häufig vom Kunden eingebracht wird: der Product Owner. Er oder sie bearbeitet diese Idee so lange, bis es eine Produktvision gibt. Diese enthält die grundlegende Idee für das Projekt.
- **Product Backlog**
  Der Product Owner erarbeitet – entweder alleine oder mithilfe der Teammitglieder – die Produktfunktionalitäten (Product Backlog Items). Diese werden in einer sehr einfachen Form notiert: den User Stories. Eine Story ist ein kurzer Satz, der einen Teil einer Funktionalität in einer besonderen Weise repräsentiert, die von Mike Cohn stammt und in seinem Buch „User Stories Applied“ (Cohn 2004) beschrieben ist. Er hat die folgende Struktur für User Stories eingeführt:

  Als Anwender *mit der Rolle*

  benötige ich eine *Funktionalität*,

  damit ich den *Nutzen* bekomme.

  Beispiel: Als *Bankkunde* benötige ich *die Möglichkeit*, mich zu identifizieren, damit ich *meine Kundendaten abrufen kann*.

  Alle User Stories werden in eine Liste eingetragen: das Product Backlog.
- **Eine Reihenfolge herstellen**
  Der Product Owner bringt die Product Backlog Items in dieser Liste in eine Reihenfolge, die sich aus dem zu erwartenden finanziellen Gewinn der jeweiligen Funktionalitäten ergibt (*http://www.scrum.org/scrumguides*).
- **Estimation Meeting**
  Als Nächstes muss jedes Product Backlog Item auf seine Größe geschätzt werden. Die Schätzung wird von den Teammitgliedern durchgeführt. Ein Scrum-Team besteht aus allen Personen, die notwendig sind, um die Backlog Items in Software zu verwandeln, die ausgeliefert werden kann. Die Teammitglieder schätzen also den Umfang jedes zu liefernden Product Backlog Items und teilen das Ergebnis dem Product Owner mit.

- **Geschätztes und priorisiertes Product Backlog**
  Das Product Backlog ist nun komplett geschätzt. Alle Teammitglieder haben eine Vorstellung davon, wie das gewünschte Produkt aussehen soll, und der Product Owner hat eine erste Vorstellung davon, wie umfangreich das Produkt ist.
- **Velocity bestimmen**
  Um zu wissen, wann etwas geliefert werden kann, müssen einerseits die Reihenfolge und die Größe der Stories sowie andererseits die Kapazität des Teams bekannt sein (= Velocity).
- **Release Plan erstellen**
  Mit der Kapazität des Teams kennen wir auch die Laufzeit des Projekts. Unter der Annahme, dass das Team so bestehen bleibt, wie es derzeit ist, lässt sich die Anzahl der Sprints festlegen und damit bestimmen, wann welche Story geliefert wird.

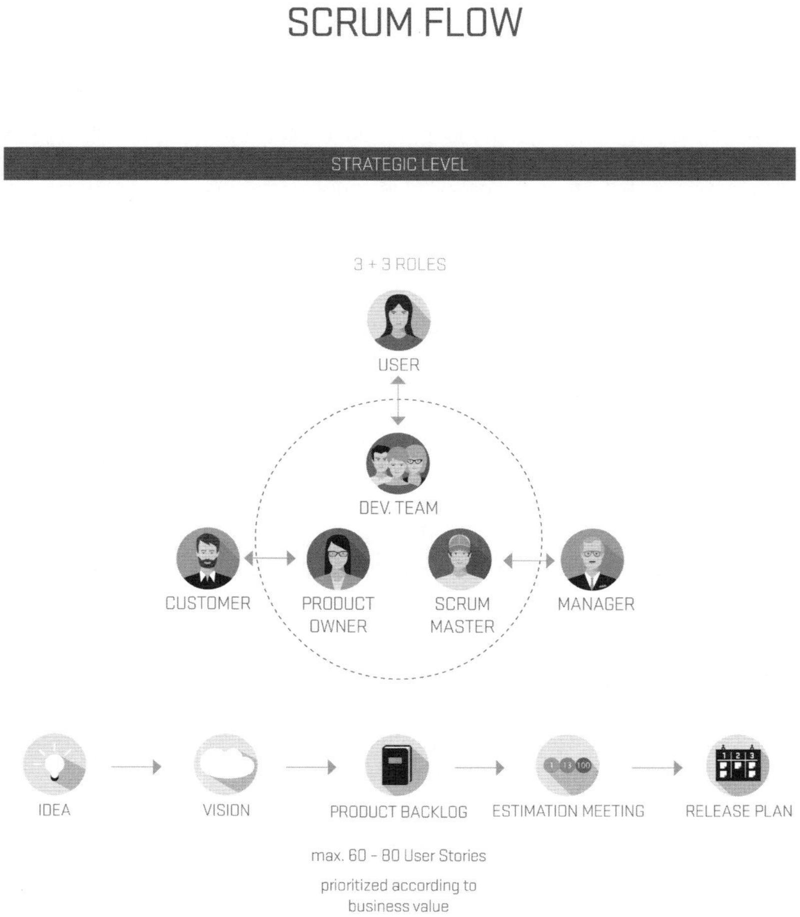

Bild 1.1 Scrum auf der strategischen Ebene

Scrum auf taktischer Ebene

In der tatsächlichen Umsetzungsphase wird in Scrum in klar abgegrenzten zeitlichen Intervallen, den Sprints, gearbeitet. Am Ende eines Sprints muss das Team Software in einer Funktionalität und Qualität liefern, die ausgeliefert werden kann (*Potential Shippable Code* oder neuerdings *Usable Software*).

Am Anfang eines Sprints wird basierend auf dem Plan, der in der strategischen Planungsphase entstanden ist, die taktische Umsetzung besprochen. Auf Basis von groben Überlegungen darüber, welche Funktionalitäten (User Stories) im jeweiligen Sprint geliefert werden sollen, wird nun entschieden, wie viel tatsächlich in diesem Sprint geliefert werden kann. Ein Sprint umfasst maximal einen Zeitraum von 30 Tagen und unterteilt sich durch eine Reihe von Workshops: Sprint Planning 1, Sprint Planning 2, Daily Scrum, Estimation Meeting, Sprint Review und Sprint Retrospektive.

- **Sprint Planning 1 – Anforderungen für diesen Sprint klären**
  In diesem ersten Workshop eines Sprints sind der Product Owner, das Team, das Management, der Anwender und der ScrumMaster anwesend. Der Product Owner erläutert die Stories und definiert gemeinsam mit den Teammitgliedern und dem Management das Ziel für den anstehenden Sprint. Dann werden die Stories ausgewählt, die zu diesem Ziel passen und die das Team liefern will. So entsteht das Sprint Backlog (gemäß Scrumguide 2011; *http://www.scrum.org/scrumguides*).
- **Sprint Planning 2 – Design und Planung**
  Hier planen die Teammitglieder gemeinsam mit dem ScrumMaster, wie sie das im Sprint Planning 1 vereinbarte Ziel erreichen wollen. Dazu beraten sie untereinander, wie die Applikation aufgebaut sein soll, welche Architektur gewählt werden muss, welche Interfaces geschrieben werden sollen, ob bereits Test Cases erstellt und geschrieben werden sollen – kurz: Sie besprechen detailliert, was getan werden muss.
- **Daily Scrum – Koordinieren und Feedback**
  Jeden Tag treffen sich die Teammitglieder (der Product Owner darf ebenfalls teilnehmen) zur gleichen Zeit am selben Ort für 15 Minuten zu einem vom ScrumMaster moderierten Tagesplanungsmeeting. Hier nimmt sich jedes Teammitglied die Aufgabe, die es an diesem Tag bearbeiten will. Die Teammitglieder informieren den ScrumMaster über Blockaden und Probleme, damit dieser sie so schnell wie möglich lösen kann.
- **Estimation Meeting – Vorausplanen und Schätzen**
  Product Owner und Teammitglieder aktualisieren mindestens einmal im Sprint das Product Backlog. Dabei werden Stories mit neuen Schätzungen versehen und neue Stories in das Product Backlog aufgenommen. Gleichzeitig wird die Reihenfolge der Backlog Items angepasst, indem die neuen Informationen berücksichtigt werden. Dieses Meeting hilft dem Product Owner dabei, den Release Plan des Projekts zu aktualisieren und zu vervollständigen.
- **Sprint Review – Resultate präsentieren**
  Am Ende des Sprints präsentiert das Scrum-Team die erarbeiteten Stories. Das Team zeigt nur die Stories, die soweit erarbeitet worden sind, dass sie sofort produktiv eingesetzt werden könnten.
- **Sprint-Retrospektive – sich ständig verbessern**
  Die Sprint-Retrospektive ermöglicht dem Team, systematisch zu lernen. Hier wird ana-

lysiert, welche Arbeitsprozesse verbessert werden müssen, damit das Team effektiver arbeiten kann. Die Resultate aus der Retrospektive werden im Impediment Backlog festgehalten und lassen sich so als Verbesserungsvorschläge in das Sprint Planning einbringen.

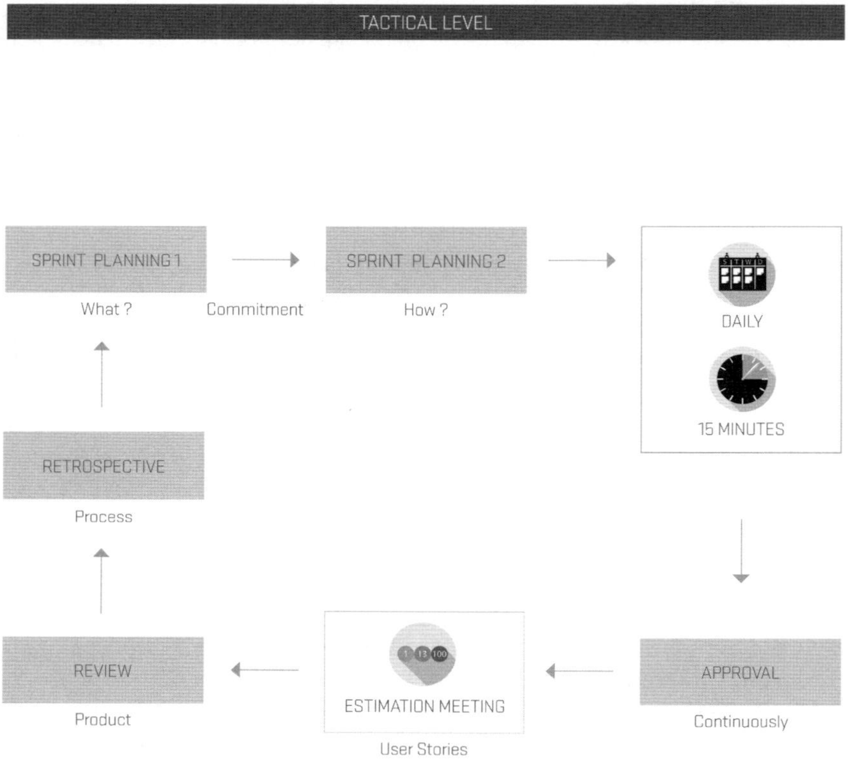

Bild 1.2 Scrum auf der taktischen Ebene

Das entscheidende Prinzip ist:

Am Ende eines Sprints hat das Entwicklungsteam potenziell nutzbare Funktionalität zu liefern. Das heißt, keine weiteren Arbeiten sind notwendig, um diese Funktionalität an den User zu übergeben. Diese Vorgabe muss an die jeweiligen Entwicklungsbedingungen angepasst werden. Deshalb wird zwischen dem Entwicklungsteam und dem Product Owner der Level of Done vereinbart. Der ScrumMaster arbeitet mit dem Scrum-Team daran, diesen kontinuierlich zu erhöhen. Im Idealfall wird am Ende des Sprints an den User ausgeliefert.

Scrum kann Unternehmen dabei helfen, im globalen Wettbewerb zu bestehen. Das tut es, indem es die Softwareproduktentwicklung reaktionsschneller und problemorientierter gestaltet, anstatt nur Projekte abzuarbeiten. Die Prinzipien von Scrum, die Rollen und der Prozessrahmen schaffen Strukturen und Regeln, an denen sich die Mitarbeiter orientieren können, die ihnen aber gleichzeitig Freiräume zur Entfaltung ihrer Möglichkeiten geben. So finden sie neue, innovative Ansätze und beginnen, über ihren Horizont hinauszudenken. Dass Scrum wesentlich mehr ist als nur eine Methode, merken viele Unternehmen erst, wenn sie bereits damit arbeiten.

1.2.3 Schätzen in Scrum

Das Schätzen der zu liefernden Funktionalitäten ist ein wesentlicher Bestandteil bei der Verhandlung und Umsetzung von Projekten innerhalb eines agilen Vertragsrahmens.[2] Damit Sie in den kommenden Kapiteln Bescheid wissen, wie Schätzungen in Scrum gesehen und durchgeführt werden, wollen wir es an dieser Stelle überblicksmäßig erklären.

Der Product Owner muss einen Release Plan erstellen, der zeigt, zu welchem Zeitpunkt welche Funktionalität fertig wird. Damit er diesen Plan erstellen kann, benötigt er drei Angaben:

1. Die Größe des Backlog Items.
2. Die Priorisierung, also die Stellung des Backlog Items in der Liste der Funktionalitäten.
3. Die Kapazität des Scrum-Teams, also die Anzahl der Backlog-Items, die dieses Scrum-Team in einem Sprint erarbeiten kann.

Sind diese Faktoren bekannt, kann der Product Owner sehr einfach berechnen, zu welchem Zeitpunkt welche Funktionalität fertig sein wird. Problematisch ist nur, dass diese Angaben zu Beginn eines Projekts nicht bekannt sind. Daher muss ein Weg gefunden werden, um die Größe der Backlog Items und gleichzeitig auch die Kapazität zu schätzen.

Vorhersagbarkeit und Schätzungen

Warum ist das Schätzen von Funktionalitäten so problematisch? Die Antwort lautet: Weil die klassische Idee des Schätzens das Falsche schätzt, nämlich den Aufwand. Bei der Schätzung eines Projekts muss man zwei Aspekte voneinander unterscheiden:

- Schätzung des Aufwands
- Schätzung der Größe

Sehr häufig wird die Schätzung der Größe von Funktionalitäten mit der Schätzung des Aufwands verwechselt. Es ist zwar nachvollziehbar, dass ein Projektverantwortlicher den Aufwand schätzen will, denn der gibt dem Geldgeber eine Information über die Kosten des Projekts. Aber wenn Schätzungen auf dem Aufwand basieren, dann bedeutet das auch, dass die Projektpläne auf der Schätzung der Aktivitäten aufgebaut werden müssen. In der Soft-

[2] Wir gehen in diesem Kapitel auf die Grundlagen ein, weil es in den meisten Projekten nach wie vor notwendig ist, über Schätzungen und Aufwände zu reden. Doch Sie werden in diversen Blogbeiträgen und Internetforen viele unterschiedliche Meinungen darüber finden, ob Schätzen notwendig ist oder nicht. So gibt es zum Beispiel die Bewegung „No Estimates“. Das ist sinnvoll für Unternehmen, die auf dem agilen Pfad schon sehr weit sind und mit Kunden arbeiten, die diese Ideen verstanden haben. Dieses Buch ist nicht für diesen Kreis geschrieben, sondern für jene Unternehmen, die erste Schritte mit agilen Methoden machen.

wareentwicklung, wo ein produktiver Programmierer bis zu 25 Mal so effektiv wie ein schlechter sein kann, ist es unmöglich vorherzusagen, wie lange eine bestimmte Programmierleistung dauert. Es ist sogar noch extremer: Es gibt keine Korrelation zwischen der Zeit, die jemand für eine bestimmte Aufgabe benötigt, und dem Ergebnis. Selbst wenn der Projektleiter für jede Schätzung tatsächlich jedes Mal den Entwickler fragen würde, der die Aufgabe durchführt, hätte er immer noch das Problem, dass dieser Entwickler die Funktionalität am Ende möglicherweise doch nicht selbst erstellt. Schätzungen in Scrum bedeuten, die Größe zu schätzen und eben nicht den Aufwand.

In Scrum wird die Leistung eines Teams anhand seiner **Velocity** gemessen. Die Velocity ist die Menge an Funktionalität, die ein Team in einer Zeiteinheit, einem Sprint, liefern kann. Mit anderen Worten: Die Velocity ist ein Ausdruck des Durchsatzes, den ein Team hat. Je mehr ein Team pro Sprint erledigt, desto höher ist sein Durchsatz, also die Velocity. Kennt der Product Owner die gemessene Velocity eines Teams, hat er eine sehr genaue Möglichkeit zu errechnen, wann ein bestimmtes Produktteil fertig sein wird.

Schätzen mit Storypoints

Bevor wir die Größe eines Backlog Items bestimmen können, müssen wir uns kurz ansehen, was Größe bedeutet. Die Größe bezeichnet den Grad des Verständnisses, das ein Team von dem Backlog Item, von der Funktionalität hat. Je genauer das Verständnis, desto kleiner die zugeordnete Größe.

Um die Größe eines Backlog Items schätzen zu können, benötigen wir dann nur noch drei Dinge:

1. Wir benötigen zunächst eine **Referenz**. Dazu sucht man in der Liste der Backlog Items ein Backlog Item heraus, das auf den ersten Blick handhabbar und klein aussieht. Schon während des Heraussuchens stellt das Team gemeinsam fest, welche Eigenschaften das Backlog Item hat, wie also die Referenz beschaffen ist. Die Referenz steht für die Dimensionen oder Aspekte, die das Team benutzen möchte, um die Größe zu bestimmen.

   Wollten wir beispielsweise die Größe von Ländern bestimmen und hätten eine Liste aller europäischen Länder, dann würden wir uns zunächst das kleinste Land heraussuchen. Dafür müssten wir uns aber erst auf die Eigenschaften einigen, nach denen wir diese Größe bestimmen. Wir könnten die Fläche nehmen, genauso gut aber auch die Bevölkerungsgröße oder eine Kombination dieser Eigenschaften.

   Beim Schätzen eines Backlog Items wird also festgelegt, welche Faktoren in die Bestimmung der Größe einfließen. Hier wählen Sie am besten die Dimensionen, die Ihnen helfen, die Backlog Items zu verstehen. Die Verantwortung für die Festlegung der Dimensionen der Einheit liegt vollkommen beim Team. Die Referenz drückt alle Aspekte aus.

2. Hat man sich auf ein Backlog Item geeinigt, das einem als Referenz geeignet erscheint, geht es im nächsten Schritt um die **Maßeinheit**. Die Maßeinheit ist in unserem Fall einfach. Wir brauchen etwas, das die Größe eines Backlog Items ausdrückt. Die agile Community hat sich darauf geeinigt, diese Maßeinheit *Storypoints* zu nennen. Aber das ist vollkommen willkürlich. Sie können genauso gut Gummibärchen zählen, solange Sie sich darüber im Klaren sind, dass Sie es hier mit der Bezeichnung einer Einheit zu tun haben.

3. Als Letztes benötigen wir eine **Skala**. Mit Skalierungen ist es so eine Sache, denn eine Skala kann zu gravierenden Fehlinterpretationen führen. Wir haben es mit Schätzungen

von relativen Größen, also vom relativen Verständnis der zu erzeugenden Funktionalität zu tun. Daher benötigen wir eine Skala, die berücksichtigt, dass Schätzungen größere Schwankungen haben, wenn große Dinge geschätzt werden sollen – also etwas, das mit größerem Unverständnis behaftet ist. Anders ausgedrückt: Eine Schätzung wird genauer, wenn wir es mit einem kleinen, überschaubaren Paket zu tun haben.

Die agile Community hat sich, nicht zuletzt dank der Arbeit von Mike Cohn in seinem Buch „Agile Estimation and Planning“ (Cohn 2005), auf die Cohnsche unreine Fibonacci-Reihe als Skala geeinigt (Tabelle 1.3):

Tabelle 1.3 Die unreine Fibonacci-Reihe nach Cohn

Schritt	0	1	2	3	4	5	6	7	8	9
Wert	0	1	2	3	5	8	13	20	40	100
Standardabweichung bei 50 Prozent Genauigkeit	0	0,5	1	1,5	2,5	4	6,5	10	20	50

Diese Skala gibt also schon alleine durch ihren Wert an, wie „genau“ die Schätzung ist. Ein hoher Wert bedeutet automatisch, dass der Betrag der Standardabweichung höher ist. Die Schätzung wird nicht ungenauer, aber die Spanne, in der ein Backlog Item liegt, ist wesentlich größer. Wir werden sehen, dass wir diese Eigenschaft nutzen, um den Release Plan sinnvoll gestalten zu können.

Jetzt haben wir alles, was zum Schätzen der Backlog Items notwendig ist: eine *Referenz*, eine *Einheit* und eine *Skala*. Wir können nun unser Backlog schätzen. Dazu bitten wir das gesamte Team zu einem Schätzmeeting. Da dies unter Umständen ein ziemlich großes Meeting sein kann, müssen wir es so effizient wie möglich durchführen.

Planning Poker

Planning Poker erzeugt in verhältnismäßig kurzer Zeit Schätzungen, die auf Expertenmeinungen beruhen, und es macht außerdem Spaß. Der Einsatz von Planning Poker im Schätzprozess ist deshalb so wirksam, weil es die Intuition der Experten nutzt und die Kommunikationsprobleme, die jede Gruppe von Experten hat, zu vermeiden hilft.

Planning Poker wird mit *allen* Scrum-Teammitgliedern gespielt. Es ist wichtig, dass tatsächlich alle Teammitglieder, also Softwareentwickler, Datenbankingenieure, Tester, Business-Analysten und Designer das Backlog *gemeinsam* schätzen. In einem agilen Softwareentwicklungsprojekt betrifft das in der Regel nicht mehr als zehn Teammitglieder. Ist das Team dennoch größer, sollte man es aufteilen und die Schätzung in zwei Teams durchführen. Entscheidend ist, dass der Product Owner anwesend ist, aber nicht mitschätzen darf.

Planning Poker wird mit Planning-Poker-Karten gespielt. Dazu bereitet man für jedes Teammitglied im Vorfeld ein Set von Spielkarten mit den Werten der unreinen Fibonacci-Reihe nach Cohn (0, 1, 2, 3, 5, 8, 13, 20, 40, 100 ...) vor. Haben alle Teammitglieder ihr Kartenset, einigen sie sich im nächsten Schritt auf das Referenz-Backlog-Item oder rufen sich noch einmal in Erinnerung, welches das Referenz-Backlog-Item in den letzten Schätzrunden war und welche Merkmale bei der Einschätzung zum Tragen gekommen sind.

Ist das Referenz-Backlog-Item gefunden, beginnt der eigentliche Schätzprozess. Dazu liest der Moderator des Meetings die Beschreibung der Backlog Items vor, die geschätzt werden sollen. Dann werden Verständnisfragen zu diesen Backlog Items beantwortet. Wenn alle Fragen beantwortet sind, wählt jedes Teammitglied eine Karte aus, die den Wert repräsentiert, der ihm als korrekt erscheint. Wir spielen Poker, also gibt niemand seine Auswahl bekannt. Erst wenn sich alle Teammitglieder entschieden haben, werden die Karten gleichzeitig aufgedeckt.

Mit großer Wahrscheinlichkeit weichen die Einschätzungen der einzelnen Teammitglieder voneinander ab. Das ist gut, denn es gibt uns die Gelegenheit, etwas zu lernen. Die beiden Teammitglieder mit dem höchsten und dem niedrigsten Schätzwert erläutern nun, wie sie auf die jeweilige Zahl kommen. Diese Erläuterung dient ausschließlich dem Austausch von Informationen und nicht dazu, Recht zu haben. Deshalb muss der Moderator des Meetings darauf achten, dass es in dieser Phase nicht zu Auseinandersetzungen kommt. Vielleicht werden durch den Informationsaustausch noch einmal Dinge klargestellt oder der Product Owner kann ergänzende Informationen geben. Der Moderator kann, wenn er es für notwendig hält, diese Informationen in Form von Notizen festhalten.

Haben beide Teammitglieder erläutert, wie sie zu ihren Werten gekommen sind, wird die Schätzung wiederholt. Wieder wählen alle Beteiligten eine Zahl aus und zeigen sie gleichzeitig auf. In der Regel haben sich die Zahlen nun angeglichen, zum Beispiel auf die Werte 8, 8, 5, 8. Dann fragt der Moderator, ob man sich auf den Wert 8 einigen kann. Sind die Teammitglieder nicht einverstanden, wird eine dritte Runde gespielt. Diesmal sollten die Werte fast identisch sein. Wenn nicht, wird dieses Mal der „vernünftigste" Wert genommen. Es geht bei diesem Schätzverfahren nicht um Exaktheit, sondern darum, einen Wert zu erhalten, der sinnvoll erscheint.

Auf diese Weise erhalten wir sehr zügig ein geschätztes Product Backlog, bei dem alle Teammitglieder einbezogen waren. Dieser Faktor ist entscheidend, denn nur wenn alle Teammitglieder die Schätzung der Backlog Items gemeinsam durchgeführt haben, können sie sich auf diese Schätzungen auch einlassen. Fast noch wichtiger ist, dass alle Teammitglieder während des Pokers eine Vorstellung davon gewonnen haben, was entwickelt werden soll.

Für größere Teams und Projekte hat Boris Gloger eine weitere Schätzmethode entwickelt: Magic Estimation. Eine Beschreibung finden Sie in Abschnitt 3.3.

1.3 Agilität aus Sicht des Einkäufers

Moderne Einkäufer von Individualsoftware bestehen darauf, dass spätestens nach vier Wochen ein erstes voll funktionierendes Produktinkrement des jeweiligen Produkts geliefert wird. (*Anm.: Individualsoftware wird speziell für den Auftraggeber entwickelt. Unter Software oder Produkt verstehen wir auch die im Rahmen von Softwareintegrationsprojekten durchzuführende Softwareentwicklung.*) Der Elevator Pitch des Scrum-Mitentwicklers Ken Schwaber war immer (Schwaber und Sutherland 2012): „Ich helfe Unternehmen, in 30 Tagen Software zu liefern." Darum geht es in der agilen Softwareentwicklung: schnell, iterativ, ein Inkrement nach dem anderen. Es geht dem Einkäufer darum, aus Fehlern beider Seiten zu lernen. Der Auftragnehmer soll ein Produktfeature nach dem anderen ausliefern. Feedback des Auftraggebers soll so früh wie möglich eingearbeitet und am Ende – trotz möglicher Änderungen im Umfang – doch das gewünschte Gesamtergebnis geliefert werden. Obwohl der Auftragnehmer nach 30 Tagen bei großen Aufträgen bei Weitem noch nicht das ganze Produkt liefert, so liefert er doch mit hoher Wahrscheinlichkeit etwas, mit dem die Fachabteilung arbeiten kann – oder eben nicht.

Klassische Entwicklungsprozesse nach Winston Royce können die oben dargestellten Erwartungen an Softwaredienstleistungen nicht erfüllen. Dieses Gedankenmodell ist in den 1970er-Jahren entstanden und wird in veränderter Form immer wieder weitergetragen. Es steht in einem gewissen Widerspruch zu Scrum: Das Aufnehmen der Anforderungen, das Erstellen des Designs, aller vertraglichen Grundlagen und somit der Ausschreibung dauern oft schon weitaus länger als vier Wochen. Damit können erste Produkteinheiten erst viel später als beim agilen Modell ausgeliefert werden.

Dabei ist das grundlegende Problem aller Softwareentwicklungsprojekte und aller Dienstleistungen die Variabilität dessen, was zu liefern ist. **Das Unvermögen zu wissen, was man eigentlich braucht.** Dieses Unvermögen ist ein systematisches, ja sogar notwendiges Prinzip. Denn nur die Tatsache, dass man ein Projekt entwickelt, von dem man vorab noch nicht im Detail bestimmen kann, wie man zum Erfolg kommt, bringt schlussendlich das erwünschte Resultat (Reinertsen 2009). Ein Beispiel: Ein Maschinenbauer wollte ein neues Materialprüfungsverfahren implementieren. Teile der Arbeit des Projektteams bestanden darin, die Innovation zu entwickeln und daraus die notwendigen Herangehensweisen und Bauteile abzuleiten.

Bei diesem Beispiel ist offensichtlich, dass man nicht wissen kann, ob das Team es schaffen wird, in einem bestimmten Zeitraum und zu festgelegten Kosten das gewünschte Ergebnis zu liefern. Der Wert des Produkts liegt in den neuen Produktideen, also in der Erfindung. Wenn ich weiß, was ich erfinden will, aber noch nicht weiß, wie es geht, dann liegt der Wert des neuen Produkts darin, die Unkenntnis über dieses neue Produkt zu beseitigen. Genau darin besteht aber die Paradoxie: Zu planen würde bedeuten, bereits zu wissen, was zu tun ist – also wie das Ergebnis zu erzielen ist. Das geht aber nicht, weil wir ja Neuland entdecken wollen. Hier kann ein Wasserfallprojekt nicht helfen: Ein auf dem traditionellen Verfahren aufgesetztes Projekt bildet nicht ab, dass man noch gar nicht wissen kann, welche Probleme entstehen könnten.

Trotz der Schwachstellen herkömmlicher Ausschreibungsverfahren und klassischer Implementierungsansätze sind bei manchen Einkäufern und selbst Key Account Managern folgende Statements zu hören, die eine Tendenz zum Fixpreis erkennen lassen:

- „Ich will doch wissen, was ich für mein Geld bekomme!“
- „Wir müssen genau wissen, was der Kunde will, sonst können wir nicht schätzen, wie hoch unsere Kosten sind!“
- „Der Kunde will immer mehr, als er am Anfang haben wollte!“
- „Wie kann ich sicher sein, dass mein Anbieter nicht einen überhöhten Preis haben will? Er kann doch einfach langsamer arbeiten?“
- „Ich benötige ein Werk und keine Time & Material-Entwicklung, da ich die Investition entsprechend kapitalisieren können muss.“

Diese Äußerungen hören wir in fast jeder Diskussion über agile Softwareentwicklung und agile Projektmanagementansätze. Sie lassen auf einen tief sitzenden Konflikt zwischen den Verkäufern und Einkäufern schließen. Es geht um Vertrauen und natürlich darum, dass man einerseits etwas möglichst günstig einkaufen will und andererseits möglichst teuer verkaufen will.

Moment. Dagegen können wir nichts tun, oder? Ist es nicht so, dass das Wesen des Geschäfts genau diesem Prinzip folgt: Wir kaufen Dinge möglichst günstig ein, damit wir selbst anschließend möglichst viel damit verdienen? Wir werden darauf noch einmal zurückkommen. Aber an dieser Stelle ist es wichtig, zu verstehen: Natürlich handelt es sich um Business, wir brauchen aber bei komplexen IT-Projekten und der Entwicklung von Individualsoftware neue Ansätze. Traditionelle Verträge mit traditionellen Festpreisvereinbarungen oder – im anderen Extrem – auf Basis von Time & Material führen oft zu Lose-Lose-Situationen.

Vor allem Kapitel 5 zeigt, dass moderne Einkäufer sehr wohl in der Lage sind, Ausschreibungen für agile Festpreisverträge gemeinsam mit dem Fachbereich so durchzuführen, dass der nachweislich qualitativ und preislich beste Anbieter den Zuschlag erhält.

1.4 Agilität aus Sicht des Verkäufers

Als Verkäufer von Softwaredienstleistungen sollten Sie in der Lage sein, sich Ihren Mehrwert, Ihre Qualität über das Produkt und die Dienstleistung, die Sie bieten, adäquat bezahlen zu lassen. Ihr Job wäre es, ein Produkt, das der Kunde haben will, teurer anzubieten als ein Produkt, das der Kunde nicht haben will. Das eigentliche Grundproblem findet sich wunderbar in einem Artikel über die Agentur „David & Goliath" beschrieben (Herrmann 2011): „‚Wir können uns nicht über zu wenig Arbeit beklagen, ganz im Gegenteil', sagt Matthias Czech, Inhaber und Kreativdirektor. Aber einen Haken hat die Sache eben doch: Immer häufiger, erzählt Czech, werde die Agentur zu Pitches eingeladen, in denen der Kunde dann auf Basis der Angebote bewertet, welche Agentur zum Unternehmen passt, anstatt nach Kreativität, Effizienz und Leistung." Kunden wollen den preisgünstigsten Anbieter haben. Sie wollen Dienstleistungen einkaufen wie ein Produkt. Sie wollen am Anfang wissen, was es kostet, aber sie wissen, wie oben beschrieben, noch gar nicht, was sie wollen.

Der Verkäufer kann gar kein Produkt anbieten, denn er hat (noch) keines. Er weiß gar nicht, wie teuer er das Produkt anbieten kann, denn er kennt den Markt für dieses Produkt nicht. Es wird ja erst im Laufe des Projekts erstellt. Gleichzeitig weiß er, dass es immer einen geben wird, der behaupten kann, er könne das Gleiche günstiger anbieten. Die Variabilität und das Denken in Aufwänden spielen ihm einen Streich. Hat er ein wirklich kreatives, hoch effektives Team im Hintergrund, das schnell sehr gute Qualität liefert, kann er möglicherweise günstig anbieten. Denn er weiß, dass das Team wenig Zeit (= Aufwand) benötigen wird. Aber: Er kann sich nicht sicher sein, dass der Wettbewerber nicht den gleichen Preis anbietet und eine geringere Qualität liefert. Denn der Kunde und selbst der Verkäufer können nicht definieren, was wirklich genau geliefert werden soll.

Und dann ist da die Tatsache, dass der Verkäufer natürlich auf gar keinen Fall dieses Projekt günstig anbieten sollte. Er setzt ein Team darauf an, das sehr gut ist, schnell arbeitet und auch noch hohe Qualität bietet. Dann sollte dieses Projekt doch wesentlich teurer angeboten werden, schließlich liefert er dem Kunden einen wesentlich höheren Wert. In beiden Fällen, ob bei einem Festpreis oder bei einem Time & Material-Projekt, schaut es für den Verkäufer schlecht aus.

1.5 Die zwölf Prinzipien agiler Softwareentwicklung

Die Autoren des Agile Manifesto haben neben den vier Wertepaaren auch zwölf Prinzipien formuliert, die auf agile Management-Frameworks zutreffen. Diese Prinzipien werden in den Diskussionen gerne vergessen. Doch sie bieten eine Entscheidungshilfe, mit der sich erkennen lässt, ob ein Dienstleister tatsächlich agil mit Ihnen arbeiten will oder kann. Sollten Sie – als Anbieter oder Kunde – feststellen, dass Ihr Gegenüber sich weigert, nach diesen Prinzipien zu arbeiten oder zumindest mit Ihnen darüber zu diskutieren, sollten Sie sich einen anderen Kunden/Dienstleister suchen. Die folgende Aufstellung zeigt, wie die beteiligten Parteien – Kunde, Dienstleister und Entwicklungs- bzw. Scrum-Team – diese Prinzipien gestalten können, um den Projekterfolg im Sinne aller zu unterstützen.

Die im Folgenden aufgeführten Praktiken sind nur ein kleiner Ausschnitt der Möglichkeiten zur Zusammenarbeit. Sie stehen für einen anderen Umgang zwischen Kunden, Lieferanten und Teams. Scrum oder ein anderes agiles Management-Framework einzusetzen, beeinflusst immer die ganze Organisation. Meist sind aber nicht alle Teile der Organisation in der Lage, alle Aspekte sofort umzusetzen. Daher nehmen Sie die Aufstellung bitte als Hinweis, wohin sich die Beziehungen entwickeln sollten.

Alles geht ums Liefern

> *„Unsere höchste Priorität ist es, den Kunden durch frühe und kontinuierliche Auslieferung wertvoller Software zufriedenzustellen."*

Wie verhalten wir uns als Kunde?

- Wir nehmen an Sprint Reviews teil. Wir schauen dem Dienstleister beim Arbeiten zu oder stellen eigene Leute als Mitarbeiter für die Teams.
- Unsere Betriebsabteilung nimmt fertige Software am Ende eines Sprints an (wenn das schon geht – ansonsten so früh im Ablauf wie möglich). Sie arbeitet mit dem Dienstleister daran, dass der Lieferant tatsächlich auf die richtigen Zielsysteme ausliefern kann.
- Wir integrieren die gelieferte Software möglichst zeitnah in unsere eigenen Systeme. Wir stellen Kollegen ab, die mit dem Dienstleister für die Integration in die eigenen Systeme zuständig sind. Wir integrieren vielleicht sogar Abteilungen von Dienstleistern und Lieferanten.

- Wir geben Feedback kritisch, aber respektvoll. Wir nutzen die Produkte so schnell wie möglich und probieren sie aus. Wir versuchen damit, unseren Job zu perfektionieren und wenn das nicht gelingt, geben wir das als Info und nicht als Vorwurf an unseren Dienstleister weiter.

Wie verhalten wir uns als Dienstleister?

- Unsere Softwareentwicklungsprozesse erlauben es, dem Kunden nach jedem Sprint voll funktionsfähige Software zu zeigen.
- Wir stellen entsprechende Umgebungen zur Verfügung, auf die der Kunde zugreifen kann.
- Wir entwickeln mit dem Kunden und zeigen auch mal Dinge, die noch nicht fertig sind, um möglichst schnell Feedback zu bekommen.

Wie verhalten wir uns als Scrum-Team?

- Wir optimieren unsere Entwicklungspraktiken im Team so, dass am Ende eines Sprints fertige Software vorliegt.
- Wir sprechen intensiv mit den Nutzern und gestalten die Applikationen so, wie es der User benötigt.
- Wir optimieren unser eigenes Wissen darüber, wie noch schneller und produktiver Software entwickelt werden kann.

Exchange for Free

„Nimm Anforderungsänderungen selbst spät in der Entwicklung willkommen entgegen. Agile Prozesse nutzen Veränderungen zum Wettbewerbsvorteil des Kunden.“

Wie verhalten wir uns als Kunde?

- Wir unterscheiden zwischen Anforderungen an die Funktionalität und den Rahmenbedingungen des Projekts.
- Wir sind an der Vision selbst beteiligt und verstehen die technologischen Implikationen.
- Wir sind uns im Klaren, dass wir Änderungen vornehmen dürfen.
- Uns ist klar, dass es eine tiefgreifende Änderung ist, wenn wir die Rahmenbedingungen ändern.
- Wir verstehen den Dienstleister als Partner, der vielleicht sogar bessere Ideen als wir selbst hat.
- **Wie verhalten wir uns als Dienstleister?**
- Wir begrüßen Änderungen.
- Wir entwickeln so, dass wir schnell auf Änderungen reagieren können. Das geht nur mit guter Dokumentation, ständigem Refactoring und offener Kommunikation darüber, was tatsächlich passiert.
- Wir laden den Kunden daher zu Daily Scrums, Sprint Plannings und Reviews ein.
- Wir halten uns nicht an Lastenhefte, sondern entwickeln etwas, das den Kunden begeistert, weil wir sein Business verstehen.
- Wenn sich herausstellt, dass etwas anderes als das ursprünglich Geforderte für den Kunden besser ist, richten wir uns danach aus.

Wie verhalten wir uns als Scrum-Team?

- Wir kommunizieren mit dem Kunden, wollen seine Wünsche erfüllen, denken uns in den Kunden und den User hinein.
- Wir sind offen für Kritik, wenn im Review unsere Applikationen gezeigt werden.
- Wir stehen zu unseren Fehlern und beseitigen diese sofort.
- Wir schreiben die User Stories selbst und denken für den Kunden mit, indem wir uns mit dem User beschäftigen.

Liefere in Iterationen

„Liefere funktionierende Software regelmäßig innerhalb weniger Wochen oder Monate und bevorzuge dabei die kürzere Zeitspanne."

Wie verhalten wir uns als Kunde?

- Wir erscheinen zu Sprint Reviews und geben Feedback.
- Wir integrieren die gelieferten Teilfunktionalitäten so früh wie möglich in unsere existierende Infrastruktur.

Wie verhalten wir uns als Dienstleister?

- Wir laden den Kunden zu Sprint Reviews ein und erklären dort offen den gegenwärtigen Status.
- Wir entwickeln uns selbst weiter. Wir entwickeln für uns eine Infrastruktur, mit der wir ständig Software im Live-Betrieb zeigen können.

Wie verhalten wir uns als Scrum-Team?

- Wir liefern am Ende eines Sprints komplette Funktionalität aus.
- Wir testen selbst. Wir diskutieren nicht mit dem Kunden darüber, ob etwas falsch ist. Wir arbeiten professionell.

User und Developer sitzen zusammen

„Fachexperten und Entwickler müssen während des Projekts täglich zusammenarbeiten."

Wie verhalten wir uns als Kunde?

- Wir stellen dem Entwicklungsteam Experten aus der Fachabteilung zur Verfügung.
- Wir sind da, wenn das Entwicklungsteam Fragen hat.
- Wir nehmen uns Zeit für das Projekt.
- Wir lassen die Entwicklungsteams direkt mit dem User sprechen.

Wie verhalten wir uns als Dienstleister?

- Wir begrüßen es, wenn der Experte auch im Scrum-Team sitzt.
- Wir rufen ihn an, wenn wir Fragen haben.
- Wir laden ihn explizit zum Sprint Planning ein.
- Wir denken darüber nach, wie wir den User im Projekt involvieren können.

Wie verhalten wir uns als Scrum-Team?

- Wir arbeiten täglich mit dem Experten.

- Wir versuchen, den Experten zu verstehen.
- Wir beobachten, wie er arbeitet. Aber wir fragen ihn nicht, was er will, sondern wir arbeiten mit ihm, bis wir wissen, was er braucht.
- Wir machen ständig Vorschläge und versuchen zu verstehen, welche Probleme der User tatsächlich hat.

Vertraue dem Einzelnen

„Errichte Projekte rund um motivierte Individuen. Gib ihnen das Umfeld und die Unterstützung, die sie benötigen, und vertraue darauf, dass sie die Aufgabe erledigen."

Wie verhalten wir uns als Kunde?

- Wir suchen einen agilen Entwicklungspartner.
- Wir stellen den motivierten Fachexperten.
- Wir vertrauen dem Lieferantenteam mindestens für die ersten drei Sprints.
- Wir überprüfen aber auch, ob es liefert, was wir erwarten.

Wie verhalten wir uns als Dienstleister?

- Wir wählen Projektmitarbeiter aus, die wirklich in dem Projekt arbeiten wollen.
- Wir geben ihnen die Werkzeuge, die sie für ihre Arbeit brauchen, und räumen unnötige bürokratische Hürden aus dem Weg.

Wie verhalten wir uns als Scrum-Team?

- Wir sagen offen, wenn wir etwas brauchen oder von etwas behindert werden.
- Wir haben einen ScrumMaster, der Hindernisse aus dem Weg räumt.
- Wir gehen dabei respektvoll mit Kunden und Management um.

Face2Face-Kommunikation ist effektiver

„Die effizienteste und effektivste Methode, Informationen an ein und in einem Entwicklungsteam zu übermitteln, ist das Gespräch von Angesicht zu Angesicht."

Wie verhalten wir uns als Kunde?

- Wir verstehen, dass Dokumente immer nur das Ergebnis einer gelungenen Kommunikation von Angesicht zu Angesicht sind.
- Wir schaffen entweder bei uns oder beim Dienstleister die entsprechende Infrastruktur.
- Wir sind offen, sprechen mit dem Dienstleister und planen Zeit für diese Meetings ein.

Wie verhalten wir uns als Dienstleister?

- Wir kommunizieren offen mit dem Auftraggeber. Alle Informationen, auch die Probleme oder unsere Unzulänglichkeiten, werden dem Kunden gezeigt.
- Wir verstecken nichts.
- Wir arbeiten so transparent wie möglich. Wir nutzen visuelle Managementtechniken. Wir laden zu den entsprechenden Meetings ein.

Wie verhalten wir uns als Scrum-Team?

- Wir sprechen mit dem Anwender.
- Wir verstehen seine Bedürfnisse.
- Wir beobachten den Anwender beim Arbeiten.
- Wir versuchen immer, das Problem des Anwenders zu lösen.

Das Einzige was zählt, ist fertige Funktionalität

„Funktionierende Software ist das wichtigste Fortschrittsmaß."

Wie verhalten wir uns als Kunde?

- Wir fordern von unserem Dienstleister, fertige Software nach spätestens 30 Tagen zu liefern.
- Wir geben uns nicht mit Dokumenten als Fortschrittsergebnis zufrieden.

Wie verhalten wir uns als Dienstleister?

- Wir liefern Software in kurzen Abständen.
- Alle Hindernisse auf Seiten des Kunden werden offen angesprochen, alle Hindernisse auf unserer Seite werden ebenfalls offen angesprochen und gelöst.

Wie verhalten wir uns als Scrum-Team?

- Wir liefern ständig Software aus, die potenziell verwendbar ist.

Sustainable Pace

„Agile Prozesse fördern nachhaltige Entwicklung. Die Auftraggeber, Entwickler und Benutzer sollten ein gleichmäßiges Tempo auf unbegrenzte Zeit halten können."

Wie verhalten wir uns als Kunde?

- Als Kunde drücken wir nicht Funktionalitäten und Endtermine in die Teams, wir fordern keine Überstunden oder Änderungen in allerletzter Minute.
- Wir sind dem Dienstleister gegenüber respektvoll und bleiben fair, auch wenn wir das Gefühl haben, zu wenig zu bekommen.

Wie verhalten wir uns als Dienstleister?

- Wir arbeiten ständig professionell und mit hohem Qualitätsanspruch.
- Wir liefern nur getestete, dokumentierte und refaktorierte Software aus.
- Wir committen keine Funktionalitäten über längere Zeiträume.
- Wir liefern das Bestmögliche im gegebenen Rahmen. Wir arbeiten professionell und respektieren das Budget des Kunden als Grenze, in der wir gute Lösungen finden müssen.

Wie verhalten wir uns als Scrum-Team?

- Wir halten unsere Commitments im Sprint.
- Wir arbeiten im Team stetig daran, gleichmäßig auf hohem Niveau zu liefern.
- Wir liefern ein professionelles Ergebnis, das das Problem löst.

Qualität ist eine Geisteshaltung

„Ständiges Augenmerk auf technische Exzellenz und gutes Design fördert Agilität."

Wie verhalten wir uns als Kunde?

- Wir erwarten eine hohe technische Qualität von unserem Auftragnehmer und wissen, dass das nicht zu Dumping-Preisen zu bekommen ist.
- Wir wählen unsere Dienstleister deshalb nicht nur wegen des Preises aus.

Wie verhalten wir uns als Dienstleister?

- Wir liefern dem Kunden ein exzellentes Design, eine erweiterbare Architektur und wir investieren in die Ausbildung der Mitarbeiter.

Wie verhalten wir uns als Scrum-Team?

- Wir schauen immer in die Zukunft und suchen nach Lösungen, die sich erweitern lassen.
- Wir arbeiten testgetrieben, wir automatisieren und dokumentieren.
- Wir bilden uns ständig fort, um Schwachstellen ausbessern zu können.

Keep it simple, stupid (KISS)

„Einfachheit. Die Kunst, die Menge nicht getaner Arbeit zu maximieren, ist essenziell."

Wie verhalten wir uns als Kunde?

- Wir überprüfen ständig, ob wir noch wollen, was wir wollten.
- Wir brechen Projekte ab, wenn wir bereits haben, was wir brauchen.
- Wir gehen Verträge ein, die diese Haltung zulassen.

Wie verhalten wir uns als Dienstleister?

- Wir liefern schon von Anfang an das für den Kunden wertvollste Feature.
- Wir wollen kurze Projektlaufzeiten.
- Wir liefern schnell und deshalb fakturieren wir nicht in Stunden.

Wie verhalten wir uns als Scrum-Team?

- Wir suchen immer nach der einfachsten Lösung, die sich professionell erzeugen lässt.

Komplexität lässt sich nur mit Selbstorganisation beantworten

„Die besten Architekturen, Anforderungen und Entwürfe entstehen durch selbstorganisierte Teams."

Wie verhalten wir uns als Kunde?

- Wir machen transparent, wie unsere eigenen Systeme aussehen.
- Wir definieren die Lösungen nicht schon im Voraus.
- Wir lassen die Teams ihre Arbeit machen.

Wie verhalten wir uns als Dienstleister?

- Wir bilden die Mitarbeiter so aus, dass in den Teams die erforderlichen Qualifikationen vorhanden sind.

Wie verhalten wir uns als Scrum-Team?

- Wir sagen, wenn wir etwas nicht können oder wenn uns noch die nötigen Skills fehlen.
- Wir fragen aktiv nach.
- Wir arbeiten proaktiv mit dem Kunden.

Lerne aus den Post-Mortems

„In regelmäßigen Abständen reflektiert das Team, wie es effektiver werden kann, und passt sein Verhalten entsprechend an."

Wie verhalten wir uns als Kunde?

- Wir erwarten, von Fehlern in den Teams zu hören, die zu Verbesserungen geführt haben.
- Wir nehmen an Retrospektiven des Projekts auf Einladung hin teil.
- Wir reagieren auf Änderungswünsche und respektieren diese als Potenzial zur Produktivitätssteigerung.

Wie verhalten wir uns als Dienstleister?

- Wir arbeiten mit dem Kunden an der ständigen Verbesserung unserer Beziehung und teilen ihm mit, wo wir Verbesserungspotenzial sehen.

Wie verhalten wir uns als Scrum-Team?

- Wir führen rigoros unsere Retrospektiven durch.

Zusammenfassung

Unternehmen, die den Anforderungen dynamischer Märkte gerecht werden wollen, setzen immer öfter auf agile Methoden der Softwareentwicklung. Das Management-Framework Scrum kommt dabei am häufigsten zum Einsatz. Während Entwicklungsteams auf diese Weise bereits beeindruckende Resultate liefern, sind vielen Einkäufern die Vorteile der agilen Entwicklung noch nicht klar. Daher werden agil entwickelte Produkte und Projekte nach wie vor häufig in unpassende, „traditionelle" Vertragskonstrukte gepresst.

Der wesentliche Nachteil: Wertvolle Prinzipien der Zusammenarbeit zwischen Kunde und Lieferant, wie sie – basierend auf dem Agile Manifesto – in der agilen Denkweise umgesetzt werden sollen, bleiben in diesen starren Konstrukten unberücksichtigt, weil Kunde wie Lieferant nicht ein erfolgreiches Projekt als Ziel vor Augen haben, sondern jeweils ihren eigenen Vorteil. Dabei kämpfen beide Seiten mit dem gleichen Problem: mit dem Unvermögen zu wissen, was man eigentlich braucht und wie sich der Vertragsgegenstand aus unterschiedlichsten Gründen während der Projektdauer verändern wird. Das inhärente Problem aller Softwareentwicklungsprojekte und aller Dienstleistungen ist also die Variabilität dessen, was zu liefern ist.

2 Das fehlende Teil im Puzzle: Der Agile Festpreisvertrag

Wie wir in Kapitel 1 gezeigt haben, sind agile Methoden – sei es als Entwicklungsmethode oder als Management-Framework – bereits etabliert. Und dennoch gibt es erst wenige bis gar keine Ansätze, auch passende vertragliche Rahmenbedingungen zu etablieren. Erst langsam werden den Verantwortlichen in der IT-Branche die Herausforderungen und neuen Anforderungen hinter diesem Thema bewusst. Bei den meisten IT-Projekten kommt derzeit der herkömmliche Festpreisvertrag zur Anwendung. Die zweite gängige Alternative ist der Vertragsrahmen nach Time & Material.

Keiner dieser zwei Vertragsrahmen berücksichtigt aber die neue Form der Zusammenarbeit in agilen Projekten optimal, definiert klare Regeln und hält sie rechtlich bindend fest. Für agile IT-Projekte ist es nötig, einen Vertragsrahmen zu finden, der den Spagat zwischen festem Kostenrahmen (Maximalpreisrahmen) und agiler Entwicklung – zum Beispiel im Rahmen von Scrum – unterstützt. Das ist nicht zwangsläufig eine neue Erfindung, sondern in weiten Teilen die natürliche Evolution des herkömmlichen Festpreisvertrags. Wir bezeichnen diese Vertragsform als *Agilen Festpreis.* Damit wollen wir eine sehr klare Abgrenzung zum Terminus *agiler Vertrag* treffen, der oft für Time & Material-Verträge verwendet wird, in deren Rahmen agil entwickelt wird. Das scheinbare Oxymoron ist hier bewusst und auch in gewissem Maße provozierend verwendet: Kann es denn sein, dass ein Preis feststeht und trotzdem agil ist? Die Antwort ist vielschichtig.

Definition Agiler Festpreis

Der Agile Festpreis balanciert die Interessen von Anbieter und Kunde aus und schafft als neue Vertragsform ein kooperatives Modell für die Umsetzung, indem er Grundsätze der Zusammenarbeit und Flexibilität in der Ausgestaltung der Anforderungen bestmöglich vereint. Im Sinne der Budgetsicherheit und des Kostenbewusstseins in der Umsetzung zieht er eine Preisobergrenze ein. Dieser Vertrag enthält eine klare Methode, wie Teile des Leistungsgegenstands (Sprints) auf Basis des Gesamtkonzepts (Backlog) gemeinsam definiert und umgesetzt werden, aber er enthält keine finale Leistungsbeschreibung.

Zum einfacheren Verständnis sprechen wir in weiterer Folge immer vom „Agilen Festpreisvertrag“, um Verwechslungen mit dem kommerziellen Hauptelement dieser Vertragsform zu vermeiden. Dieses Hauptelement ist der

„echte Festpreis“ oder auch „Maximalpreis“. Dabei handelt es sich um den vereinbarten, maximalen Euro-Betrag, in dessen Rahmen das IT-Projekt umgesetzt wird.

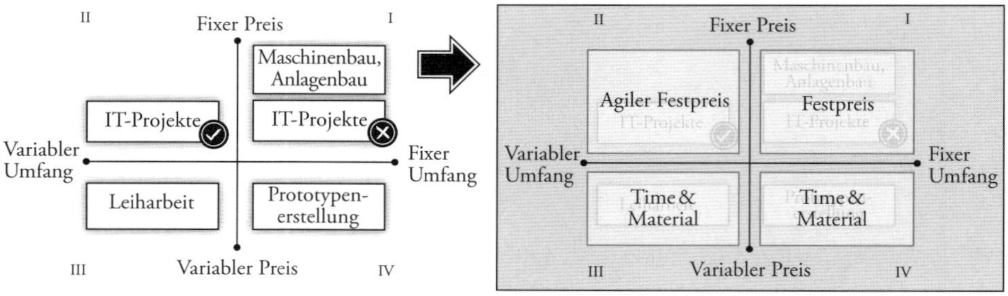

Bild 2.1 Anwendung von Vertragstypen

Bild 2.1 illustriert die grundsätzliche Problematik. In einem Koordinatensystem aus Variabilität des Preises und Variabilität des Umfangs sind in der linken Grafik exemplarisch einige Projektarten angeführt. So zeigt der erste Quadrant (rechts oben) Projektbeispiele mit fixem Preis und fixem Umfang, zum Beispiel Maschinen gleicher Bauart, die immer auf Basis desselben Plans hergestellt werden. Das komplette Gegenteil dazu findet sich im vierten Quadranten (rechts unten): Dort sind Projekte angesiedelt, deren Umfang fix ist, die aber im Preis variieren. Um beim Beispiel des Maschinenbaus zu bleiben, wäre das der Fall, wenn man die ersten Pläne der Maschine kennt (fixer Umfang), aber gerade den ersten Prototypen anfertigt und der Preis daher noch nicht genau fixiert werden kann. Denn es kann während des Baus noch zu Änderungen kommen, die eine Anpassung des Plans und der Ausführung notwendig machen.

Im dritten Quadranten (links unten) sind Projekte zu finden, deren Preis und Umfang variabel sind. Beispiele dafür wären die Neuentwicklung einer Maschine, Leiharbeit oder auch Consulting-Aufgaben, deren Umfang noch nicht genau bekannt ist und deren Preis dementsprechend variiert. Auch manche IT-Projekte kann man in diesem Quadranten ansiedeln, meistens wird man sie in der Praxis aber im Bereich variabler Umfang bei fixem Preis wiederfinden und schon gar nicht (wie fälschlicherweise oft angenommen) im Quadranten fixer Umfang und fixer Preis. Realistischerweise zeichnen sich IT-Projekte durch einen fixen Preis (bzw. fixe Preis- oder Budgetvorgaben), aber einen zumindest über die Laufzeit des Projekts variablen Umfang aus.

Betrachtet man nun die verfügbaren vertraglichen Rahmenbedingungen, sind die Quadranten I, III und IV durch herkömmliche Vertragsarten abgedeckt. Für den zweiten Quadranten (für die IT-Projekte, links oben) fehlt aber eine passende Vertragsart! Mit dem Agilen Festpreisvertrag schließen wir diese Lücke.

Von welchen IT-Projekten sprechen wir?

Eine wichtige Abgrenzung zu Beginn betrifft die Art der IT-Projekte, für die wir den Agilen Festpreisvertrag als klaren Vorteil sehen. Dabei geht es um Projekte, bei denen entweder

Software in eine komplexe IT-Landschaft integriert wird, oder um Projekte, in deren Verlauf neue Funktionalität erstellt wird. Kurzum: Projekte, bei denen bei ehrlicher Betrachtung tatsächlich vieles erst auf dem Weg zum Ziel wirklich klar definiert werden kann. Für stark standardisierte IT-Projekte ist diese neue Vertragsform nur wenig relevant: Wird zum Beispiel das gleiche ERP-System zum hundertsten Mal in einem ähnlichen Umfeld eingeführt, halten sich Überraschungen und Änderungen im Zuge des Projektverlaufs durch die Standardisierung in engen Grenzen.

Für jene Projekte, auf die wir uns hier konzentrieren wollen, bringt es Elmar Grasser, CTO bei Sunrise, auf den Punkt (aus einem Interview mit Andreas Opelt im März 2012):

> „Erst wenn man beginnt, an solchen IT-Projekten zu arbeiten, das heißt, wenn man die ersten Schritte in der Implementierung durchführt und deren Resultat sieht bzw. erkennt, welche Probleme auftreten, lernen Kunde und Lieferant, die richtigen Fragen zu stellen. Derzeitige Vertragsformen unterstützen das nicht und jede Vertragsart, die ein solches Vorgehen klar regelt, ist auf jeden Fall von großem Interesse."

Darüber hinaus sollten Sie aber überlegen, ob es nicht auch für standardisierte IT-Projekte möglich und sinnvoll ist, bereits vorhandene Detailspezifikationen in den Rahmen des Agilen Festpreisvertrags zu inkludieren, wenn die zugrunde liegende (Entwicklungs-) Methode agil – also zum Beispiel Scrum – ist. So ließen sich die Vorteile des Festpreises und jene der Agilität nutzen, falls dann doch etwas nicht ganz so standardisiert abläuft wie gedacht.

Ein paar Definitionen für den Weg durch die Vertragswelt

- **IT-Projekte:** Wenn in diesem Buch von IT-Projekten die Rede ist, so meinen wir damit immer IT-Großprojekte mit einem Umfang von mehr als 200, meist jedoch Tausenden Personentagen. Je kleiner IT-Projekte sind, desto weniger relevant sind die Faktoren, die für ein agiles Projektvorgehen bzw. einen Agilen Festpreisvertrag sprechen (einen Unterschied gibt es immer noch, aber der ist laut Chaos Report für kleine Projekte gering: 58 % erfolgreiche agile Projekte vs. 44 % erfolgreiche Projekte nach dem Wasserfallprinzip). Umgekehrt sind diese Faktoren für große Projekte umso wichtiger: Gemäß Chaos Report 2016 ist die Erfolgswahrscheinlichkeit bei agil umgesetzten großen Projekten sechsmal höher als bei einem Vorgehen nach dem Wasserfallprinzip. Wir erwähnen das so explizit, weil wir in der Praxis manchmal der genau konträren Meinung begegnen. Wir nehmen bei der allgemeinen Betrachtung IT-Projekte aus, die stark standardisiert abgewickelt werden können und für die eine finale Leistungsbeschreibung möglich ist. Auf diese IT-Projekte gehen wir gezielt und punktuell an geeigneter Stelle ein.
- **Erfolgreiches IT-Projekt:** Ob ein Projekt erfolgreich ist oder nicht, hängt oft davon ab, wie das Projekt intern und extern vermarktet wird und welche kommerziellen und politischen Hebel man auf den unterschiedlichen Seiten in Bewegung gesetzt hat, um eine gewisse Darstellung zu forcieren. Teile dieses Vorgehens sind notwendig, die dramatisch schlechte Performance von IT-Projekten scheint die Kreativität in diesen Darstellungen

aber noch zu beflügeln. In diesem Buch halten wir es mit dem Erfolg folgendermaßen: Ein IT-Projekt gilt dann als erfolgreich, wenn keiner der Faktoren Budget, Zeit und Kundenwerterreichung um mehr als zehn Prozent überschritten (bzw. bei der Kundenwerterreichung unterschritten) wurde.

- Als Budget gilt der zu Projektbeginn fixierte Maximalpreisrahmen.
- Als Zeit gilt der kommunizierte Zeitpunkt für die Fertigstellung.
- Als Kundenwerterreichung werden die zu Projektbeginn festgelegten – meist auf dem Business Case basierenden – Wertigkeiten der einzelnen Funktionalitäten gesehen.

Natürlich sind das keineswegs die einzigen Faktoren, die ein IT-Projekt erfolgreich machen, sie sind aber in unserem Zusammenhang und auch in vielen anderen Berichten und Publikationen wichtige Anhaltspunkte.

- **Herkömmlicher Festpreisvertrag:** Diese Vertragsart regelt auf Basis eines Vertragsgegenstands bzw. einer vollständig und final definierten Leistungsbeschreibung die entsprechende Kompensation, die Abnahme und die Liefertermine. Dieser Vertrag basiert auf der Annahme, dass der Kunde genau weiß (oder annimmt zu wissen), was er geliefert haben möchte. Wir bedienen uns der gängigen Ausdrucksweise „Festpreisvertrag“, dem natürlich ein Werkvertrag mit dem kommerziellen Hauptelement „Festpreis“ zugrunde liegt.
- **Time & Material-Vertrag:** Diese Vertragsart regelt meist auf Basis von Erfahrungslevels (Junior, Senior etc.) und Rollen (z. B. Analyse, Tester, Developer, Projektmanager) die Kosten für einen Tag oder eine Stunde an Leistung im Rahmen eines IT-Projekts.

2.1 Die Probleme herkömmlicher Festpreisverträge

Wer profitiert von einem herkömmlichen Festpreisvertrag? Der Kunde oder der Lieferant? Meistens treffen wir auf die Ansicht, der Festpreis stelle aus Kundensicht das geringste Risiko dar. Daher sei auch die Motivation, diese Vertragsgrundlage zu ändern, auf jener Seite am geringsten, die die Wahl hat – also auf Seiten des Kunden als Initiator der Projektausschreibung. Aber sehen wir uns doch einmal an, ob nicht der Lieferant derjenige ist, der den größeren Vorteil aus einer Festpreisbeauftragung zieht.

Ein Festpreisprojekt geht meist von einem klar vorgegebenen Wasserfallprojektablauf aus. Wie in Bild 2.2 dargestellt, bedeutet das also, dass ausgehend von einem Lastenheft in einer großen Iteration (oder manchmal auch in zwei bis drei großen Iterationen = Releases) die Gesamtlieferung des Vertragsgegenstands geschafft werden soll.

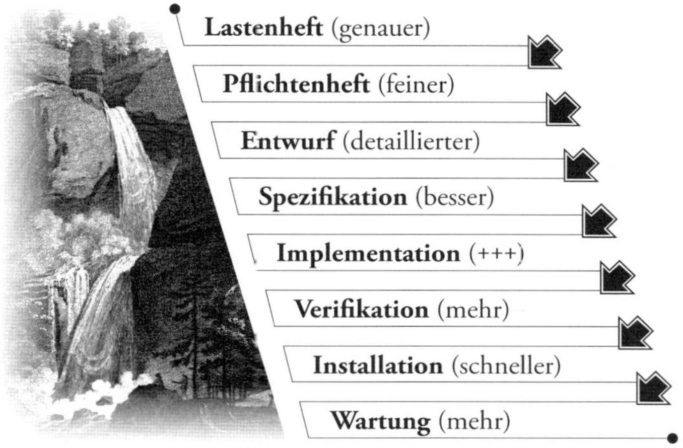

Bild 2.2 Softwareentwicklung nach dem Wasserfallmodell

Treten bei Projekten, die nach diesem Modell vorgehen, Probleme auf (und das kommt häufig vor), ist die erste Reaktion meist diese: Im Rahmen der Ausschreibung und des Vertrags wird der Vertragsgegenstand im Lastenheft noch genauer beschrieben. In das Pflichtenheft und das Design fließt immer mehr Aufwand, um noch feiner und detaillierter zu arbeiten. Die Spezifikation muss immer besser und eindeutiger werden und die Qualität der Implementation sollte auf höchstem Stand sein. Tausende Tests am Ende des Projekts sollen die Qualität sichern – und damit werden zu einem sehr späten Zeitpunkt sehr aufwendig die Fehler behoben.

Das Wasserfallmodell sollte ursprünglich nur dazu dienen, wichtige Arbeitsschritte in großen IT-Projekten aufzuzeigen. Doch es wird seit rund 40 Jahren in der Softwarebranche eingesetzt und das, obwohl es gravierende Nachteile hat:

- **Falsche Annahmen:** Das Wasserfallmodell geht davon aus, dass es möglich ist, den Vertragsgegenstand zum Zeitpunkt des Projektstarts genau zu beschreiben, und dass sich diese Beschreibung während der Projektlaufzeit nicht oder nur marginal ändert. Mittlerweile wissen wir aber, dass die vollständige Beschreibung in der Entwicklung von Individualsoftware und bei Softwareintegrationsprojekten nicht oder kaum möglich ist. Man operiert mit unvollständigem Wissen darüber, wie der Vertragsgegenstand tatsächlich aussehen wird. Und genau das ist der Ursprung für Änderungen, Mehrkosten und Diskussionen.
- **Falsche Erwartungen:** Um die Schwäche der unvollständigen und unvorhersehbaren Information durch haarkleine Beschreibungen auszugleichen, dehnen sich die Projektvorlaufzeiten auf Monate und manchmal sogar Jahre aus. Zwischen Experten und Management, zwischen IT und Fachbereich bleibt aber die Tatsache unausgesprochen, dass Anforderungen nicht einmal annähernd zu 100 Prozent detailliert erfasst werden können. Völlig kontraproduktiv wird damit die Erwartungshaltung erzeugt, dass diese (sinnlose) Vorleistung auch Budgetsicherheit schafft. Im Laufe des Projekts stellt sich oft das Gegenteil ein und dann hat es das Projektteam umso schwerer, die entstandene Erwartungshaltung aufzubrechen.

- **Falscher Zeitpunkt des Detailwissens:** Anforderungen sind ein Gut, dessen Wert über die Zeit abgeschrieben werden muss. In Wasserfallprojekten läuft es häufig so: Zunächst werden ein paar Seiten Anforderungen geschrieben, ein Jahr später startet das Projekt und vielleicht noch einmal 20 Monate später werden die Anforderungen getestet. Viele machen sich nicht ausreichend bewusst, dass der Verfall von Wissen in dieser Zeitspanne enorm ist und sich die Anforderungen massiv ändern können. Um wieder zum ursprünglichen Wert der Anforderungen zu gelangen, muss ein enormer Aufwand betrieben werden. Keinem Automobilhersteller würde es einfallen, ein Jahr vor Produktionsbeginn alle denkbaren Autotüren bereitzulegen. Genau das passiert aber in der Softwareentwicklung bei großen Festpreisprojekten.
- **Falsche Anforderungen:** Die Anforderungen an Softwareprojekte ändern sich um bis zu drei Prozent pro Monat, wenn wir uns an die Ergebnisse der verschiedenen Untersuchungen aus Kapitel 1 erinnern. In eineinhalb Jahren hat sich also die Hälfte der Anforderungen geändert. Das ist wohl der gravierendste Nachteil des Wasserfallmodells. Im Gegensatz zum Wissensverfall geht es hier tatsächlich um die Änderung der Ausgangslage in den Anforderungen.

Übrigens schrieb bereits Winston Royce, der Schöpfer des Wasserfallmodells, in seinem Artikel „Managing the Development of Large Software Systems“, dass das Wasserfallmodell in Reinform riskant sei. Schon Royce meinte, dass Iterationen zwischen den Prozessschritten das Risiko mindern können (Royce 1970).

Markus Hajszan-Meister, damaliger CFO bei Silver Server (ein Tochterunternehmen von Tele2), hat viele IT-Projekte aus der Sicht des Fachbereichs, aber auch aus Sicht des Controllings miterlebt. In einem Gespräch im Februar 2012 hat er uns seine Einschätzung zu den wichtigsten Ursachen gegeben, warum IT-Projekte nach dem herkömmlichen Festpreis nicht erfolgreich waren:

> „Oft mangelte es an der Übersetzung von Business Requirements in ein detailliertes Pflichtenheft. Das führte immer wieder zu unnötigen und teuren Iterationsschleifen im Rahmen von Festpreisverträgen, natürlich meist auf Basis von Change Requests zwischen Auftraggeber und Lieferant. Ebenso – und vermutlich am gravierendsten – kann fehlendes Wissen der entsprechenden Mitarbeiter des Auftraggebers zu Problemen vor allem beim Scope und der Anforderungsformulierung führen. Somit kommt es im Laufe eines Projekts sehr schnell zu einem schleichenden Descoping. In jedem größeren Unternehmen sollte daher der CIO selbst den Projektfortschritt kontrollieren und bei Unstimmigkeiten sehr früh gegensteuern.“

Aus unserer Sicht ist das ein passendes Beispiel für fehlende Kommunikation zwischen den richtigen Leuten und dem Unvermögen (aus unterschiedlichen Gründen), den Vertragsgegenstand zu Beginn eindeutig zu beschreiben. Interessant ist auch, dass hier die erste Diskussion zur Vollständigkeit des Vertragsgegenstands bereits intern beim Auftraggeber, an der Schnittstelle zwischen IT und Fachbereich stattfindet. Die beteiligten Parteien haben nicht die Möglichkeit, iterativ das Wissen und die Kommunikation zu verbessern.

Bild 2.3 fasst den praktischen Sachverhalt zusammen. Man beginnt in einer langen Planungsphase auf der Basis einer Zieldefinition, die zwar nach bestem Wissen und Gewissen gemacht wurde, die sich aber im Projektverlauf eklatant ändert. In dieser Zeit entstehen zwar Kosten, aber kein Wert für den Kunden (Business Value), weil es kein einsetzbares Produkt gibt. An die Planung schließt sich ein umfangreicher Entwicklungszyklus an. Alle

Änderungen des Ziels werden mit massiven Change Requests gehandhabt. Da das Produkt erst am Ende einsetzbar ist, besteht keine Möglichkeit, das Projekt ohne massiven Verlust zu einem gewissen Zeitpunkt abzubrechen. Die Auswüchse dieser Abweichung können von unangenehmen Zusatzkosten und Verschiebungen der Termine bis hin zu unternehmensbedrohenden „Black Swans" ausufern (siehe Kapitel 1).

Welchen rechtlich-kommerziellen Rahmen bräuchten diese Aspekte, damit ein IT-Projekt doch noch erfolgreich ablaufen kann? Wie stellt sich der herkömmliche Festpreis aus Sicht der beteiligten Parteien dar?

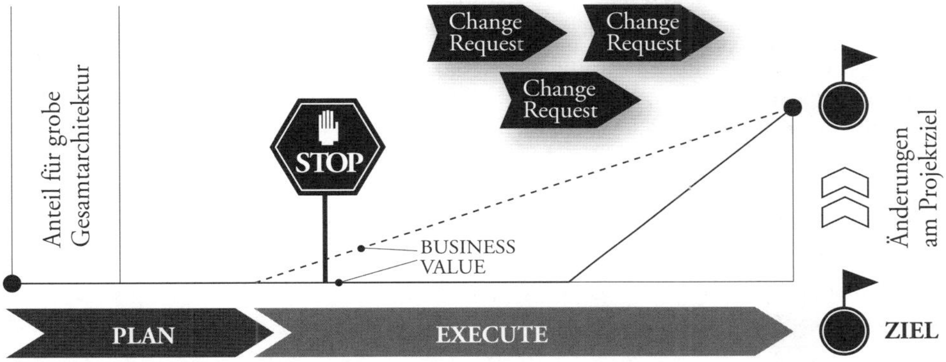

Bild 2.3 Klassisches Scheitern mit der Wasserfallmethode

Der herkömmliche Festpreisvertrag aus Sicht des Kunden

Der herkömmliche Festpreisvertrag resultiert zum Teil aus dem klassischen Vergabeprozess, der in Unternehmen etabliert ist. Der Einkauf sieht ihn häufig noch immer als eine attraktive Variante an, da er den damit verbundenen Einkaufs- und Verhandlungsprozess gewohnt ist und der Preis ex ante betrachtet das geringste Risiko mit sich bringt. Auch die bestehenden Zielerreichungsmodelle des Einkaufs sind meist auf Fixpreisbeauftragungen ausgerichtet. Indem er am Wasserfallprinzip festhält, erspart sich der Einkauf die Umstellung auf eine projektorientierte Sichtweise (siehe Kapitel 7). Aus Sicht des Kunden ist aber genau dieses Zielerreichungsmodell („um wie viel kann das ursprüngliche Festpreisangebot nach unten verhandelt werden?") immer öfter ein Punkt für Diskussionen, da dieses Ziel mit dem übergeordneten Unternehmensziel („das Unternehmen benötigt einen bestimmten Wert bzw. eine bestimmte Funktion und kann dafür ein gewisses Budget ausgeben") nicht zusammenpasst. Tatsächlich nimmt aber auf Kundenseite die Anzahl derer zu, die schon massive Misserfolge miterlebt haben und daher bereit sind, neue Wege zu beschreiten, um das Risiko zu minimieren und Erfolg zu sichern. Oder wie es Markus Hajszan-Meister ausgedrückt hat: *„Ja. Neue Ansätze sind wünschenswert."*

Der herkömmliche Festpreisvertrag aus Sicht des Lieferanten

Aus Lieferantensicht betrachtet, kann man mit einem guten Projektleiter und der entsprechenden Expertise den Nachteilen des herkömmlichen Festpreisvertrags sehr gelassen gegenüberstehen. Schließlich steht im herkömmlichen Festpreisvertrag, dass der Lieferant das zu liefern hat, was im Vertragsanhang spezifiziert ist. Wenn Teile fehlen, gibt es einen Change Request, der – da das Projekt ja bereits an den Lieferanten vergeben ist – ohne Konkurrenzdruck mit einem Preis versehen werden kann. Solche Change Requests entstehen eben dann, wenn sich Anforderungen ändern (das können bei einem 1,5 Jahre dauernden Projekt bis zu 50 Prozent des Gesamtscopes sein!). Das alles ist zusätzlicher Umsatz und gleichzeitig wird allen Versuchen des Lieferanten Tür und Tor geöffnet, etwaige eigene Versäumnisse (z.B. einen zeitlichen Verzug) in der Diskussion um Mehraufwände und geänderte Zeitpläne zu verschleiern. Im Normalfall ist die Expertise über den Projektumfang beim Lieferanten höher als beim Kunden. Insofern enthalten Festpreisangebote meist einen umfangreichen Katalog an Annahmen, die es dem Lieferanten erlauben, sein Angebot trotz lückenhafter oder zu wenig detaillierter Spezifikation gut abzugrenzen.

Vielleicht haben Sie selbst schon einmal ein Haus gebaut. Sehr wahrscheinlich kennen Sie jemanden, der das bereits getan hat. Bestimmt ist Ihre Baufirma in dem Angebot für Ihr Einfamilienhaus freiwillig kein großes Risiko eingegangen. Vermutlich konnte die Baufirma mit ihrer Expertise ganz klar ein Angebot von späteren – oft überteuerten – Regieleistungen abgrenzen und somit am Ende ein passables Geschäft machen. Wenn Sie nicht selbst praktizierender Bautechniker sind, ist der Lieferant klar im Vorteil, wenn ein Festpreis-Scope definiert wird.

Einem Lieferanten kommt es natürlich entgegen, dass unter den Kunden die Meinung vorherrscht, dass man zumindest bei einem möglichst großen Lieferanten mit dem Festpreis auf der „sicheren Seite“ ist. Ein großer Lieferant kann durch sein politisches Gewicht und sein professionelles Projektvorgehen meist noch mehr zusätzlichen Umsatz auf Basis von Change Requests durchsetzen, ohne dass sich der Kunde effektiv wehren kann.

Der herkömmliche Festpreisvertrag aus Sicht des Beraters

Oft werden Berater als externe Experten zur Unterstützung im Auswahlverfahren oder für Schlüsselrollen im Projekt hinzugezogen. Das große Manko: Berater haben meist keine Erfahrung mit agilen Vertragsformen oder sind sich leider zu bewusst, dass sich Kunden derzeit mit dem herkömmlichen Festpreisvertrag wohler fühlen, weil sie damit Erfahrung haben. Daher ist der herkömmliche Festpreisvertrag eine Möglichkeit für sie, die eigene Expertise einzubringen. Denn gerade bei Verträgen, die nicht unbedingt von Kooperationsgeist und gegenseitigem Vertrauen getragen sind, setzen Kunden gerne externe Expertise und Erfahrung ein, um die Wahrscheinlichkeit für einen erfolgreichen Projektverlauf zu erhöhen. Doch der Erfolg ist trotzdem nicht garantiert – und das ist ein Risiko für den Berater, der ja nicht gerne mit scheiternden Projekten in Verbindung gebracht werden will.

Im Grunde dürfte die Zahl der Kunden, die Unterstützung beim Scoping und der Durchführung des Agilen Festpreisvertrags benötigen, groß sein. Und Projekte auf Basis des Agilen Festpreisvertrags dürften für Berater schon deshalb immer interessanter werden, weil sie meist von einer viel besseren Stimmung begleitet werden und somit das Ansehen des Beraters beim Kunden nach einem solchen Projekt weiter steigt.

2.2 Die Probleme von Time & Material-Verträgen

Viele IT-Projekte können im Vorhinein nicht vollständig und eindeutig beschrieben werden. Die eindeutige, vollständige Beschreibung ist nicht einmal sinnvoll, weil man oft nicht wissen kann, was sich im Projektverlauf noch ändern wird. Daher stellt sich die berechtigte Frage, ob man IT-Projekte nicht auf Basis von Time & Material-Verträgen durchführen sollte. Der Kunde kauft dabei die Ressourcen mit entsprechendem Wissen und Erfahrung ein und verwendet sie, um sein Projektziel zu erreichen. Änderungen im Projektziel kann der Projektleiter einfach durch eine Neuausrichtung der Lieferleistung dieser Ressourcen kompensieren. So die verlockende Theorie. Aber sehen wir uns einfach an, wie sich ein Time & Material-Vertrag aus den Perspektiven der Beteiligten in der Praxis darstellt.

Der Time & Material-Vertrag aus Sicht des Kunden

Um aus den zur Verfügung stehenden Ressourcen das Maximum an Wert für ein Projekt herauszuholen, sind Mikromanagement und ständige Kontrolle nötig. Die gesamte Verantwortung dafür, was und wie etwas gemacht wird, liegt beim Projektleiter und somit beim Kunden. Das ist keine leichte Aufgabe, weil ein Projektleiter meist einer Vielzahl von Mitarbeitern des Dienstleisters gegenübersteht. Die Erfahrung lehrt uns: Es muss die ständige Gefahr gebannt werden, dass sich die Ressourcen unabkömmlich („Knowledge Hiding") machen. Dafür muss der Kunde versuchen, Transparenz zu schaffen und den Dokumentationsgrad der Lieferleistung ständig im Auge behalten. Dabei ist die Effizienz meist fraglich und man bezahlt am Ende Zeit statt Leistung.

Haben Sie schon einmal probiert, einen Time & Material-Vertrag mit konkreten Leistungszusagen zu koppeln? Das gelingt meist nur schwer oder man landet bei einem Vertragskonstrukt, das dem Agilen Festpreisvertrag sehr ähnlich ist.

Der Time & Material-Vertrag aus Sicht des Lieferanten

Im Verkaufsprozess schickt der Lieferant stets die besten Pferde ins Rennen. Sie arbeiten unter der Vorgabe, dass die maximale Leistung, Transparenz und Dokumentation für den Kunden erbracht werden muss. Doch häufig dokumentieren die Mitarbeiter des Lieferanten geschickt unzureichend und fördern damit die Abhängigkeit des Kunden. Weitere Aufträge folgen zwangsläufig und die geschickt dokumentierenden Mitarbeiter machen einen Karriereschritt. Das Management des Lieferanten will den Gewinn optimieren und wird innerhalb eines verträglichen Qualitätsrahmens versuchen, die teuren Ressourcen gegen günstigere zu tauschen. Ein Projekt, das so lange dauert, dass es unter dem politischen Terminus „erfolgreiches Projekt" gerade noch akzeptiert wird, ist aus Sicht des Lieferanten kommerziell erfolgreich.

Der Time & Material-Vertrag aus Sicht des Beraters

Das Interesse des Beraters ist bei dieser Vertragsart oft mit dem des Lieferanten gleichzusetzen. Der Berater ist ebenfalls meist ein Lieferant auf der Basis von Time & Material. Davon abgesehen kann der Berater aber als sehr erfahrener Teil in dieser Konstellation den

Nachteilen entgegenwirken, die dem Kunden bei diesen Verträgen entstehen. Er kann beurteilen, ob die Leistung in entsprechender Qualität erbracht oder ausreichend dokumentiert wurde. Allerdings werden auch hier Arbeitsaufwand und Detailtiefe selten ausreichen, um die Leistung über einen längeren Zeitraum zu sichern.

In einem Gespräch im Februar 2012 hat Dr. Walter Jaburek, allgemein beeideter und gerichtlich zertifizierter Sachverständiger für Informationstechnik und Telekommunikation, das Gebiet beschrieben, für das Time & Material-Verträge ein passender Rahmen sind:

> „Im ländlichen Raum kann ein kleiner Lieferant über Jahre erfolgreich für eine Firma im KMU-Bereich auf Basis von Time & Material arbeiten. Die gegenseitige Abhängigkeit sichert die Qualität. Und die Ehrlichkeit, die Grundlage eines funktionierenden Time & Material-Projekts ist, wird noch ernst genommen."

Was dieser Vertragsform fehlt, ist der klare Standpunkt, nicht Zeit, sondern Leistung (Wert bzw. Business Value) zu bezahlen, die für das Erreichen des gemeinsamen Projektziels nötig ist. Genau das ist einer der Kernaspekte des Agilen Festpreisvertrags.

2.3 Etwas Neues: der Agile Festpreisvertrag

Welche Nachteile und Probleme traditionelle Vertragsformen mit sich bringen, haben wir gesehen. Die unaufhaltsame Tendenz zur agilen Entwicklung kennen wir auch. Von beiden Seiten gibt es also deutliche Signale, dass eine neue Vertragsform für IT-Projekte ratsam wäre. Sie müsste unter anderem die Möglichkeit bieten,

- geänderte Anforderungen abzuhandeln;
- aufwendige Detailanforderungen vor dem Projektstart so weit wie möglich zu vermeiden, ohne den Vertragsgegenstand, Prinzipien der Zusammenarbeit und den Preis unbegrenzt zu lassen;
- vorgegebene Qualitäts- und Budgetrahmen einhalten zu können;
- Transparenz und zeitnahe Kommunikation sicherzustellen;
- Leistung in kurzen Abständen zu bewerten;
- früh einen Return on Investment zu bringen durch die Ergebnisse von Sprints, die nach erfolgreicher Abnahme bereits genutzt werden können;
- permanente Feedbackzyklen zu etablieren und die Lernkurve in die weitere Detailplanung einzubeziehen;
- mit einer Projektvision zu arbeiten, die als Grundlage den Zielfokus unterstützt;
- agil entwickelte Projekte klar kapitalisierbar zu machen.

Wie das genau aussehen kann, führen wir in den folgenden Kapiteln aus. Analog zur Darstellung des Festpreises fasst Bild 2.4 die Idee des Agilen Festpreisvertrags zusammen. Nach den ersten Sprints, die zum Teil noch durch Grobarchitekturthemen beeinflusst sind, wird in kleinen Iterationen die Richtung (= Scope) nachjustiert und somit im Projektverlauf eine Anpassung an das sich ändernde Ziel durchgeführt. Von Beginn an wird eine Software erstellt, die einen immer weiter ansteigenden Kundenwert (Business Value) darstellt. Es besteht die Option, das Projekt aus welchen Gründen auch immer zu beenden, da man das bis dahin gelieferte Produkt bereits verwenden kann.

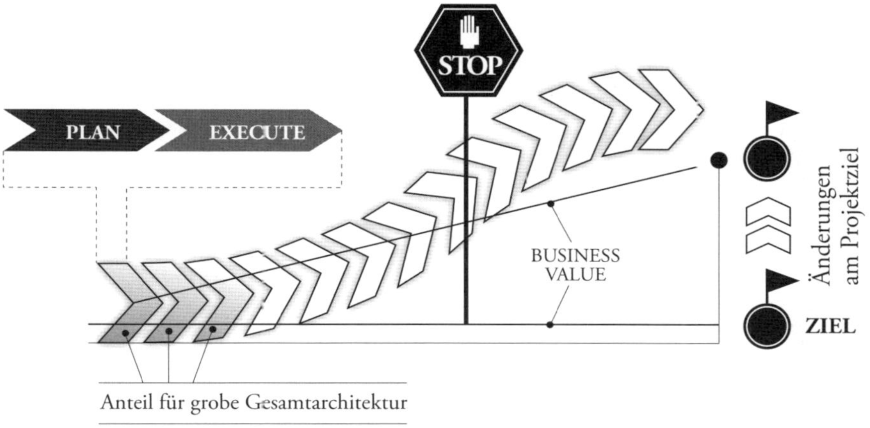

Bild 2.4 Projektverlauf im Rahmen des Agilen Festpreisvertrags

Zusammenfassung

Beim herkömmlichen Festpreis gibt es

- nur einmal ein Regulativ, nämlich in der Ausschreibungsphase;
- einen Scope, der initial eindeutig beschrieben sein muss;
- Scope-Änderungen nur durch teure Change Requests;
- so gut wie keine Transparenz während des Projekts;
- mangelnde Kommunikation, zu wenig Mitarbeit und Verantwortung für den Erfolg auf Kundenseite.

Wie oft haben wir gehört, dass bis zum Ende des Projekts eigentlich alles ganz gut ausgesehen hat ...

Beim Time & Material-Vertrag gibt es

- zwar im optimalen Fall ein permanentes Regulativ,
- aber dieses ist rein auf Preis pro Job-Level festgelegt
- und nicht auf Leistung. Damit gibt es keinerlei Konsequenzen für den Lieferanten, falls das Projekt finanziell aus dem Ruder läuft.

Dafür kann man als Kunde die Methode vorgeben, hat aber den gesamten Aufwand der Projektsteuerung und des Projektrisikos.

3 Was ist der Agile Festpreisvertrag?

Charakteristisch für den Wandel zum agilen Paradigma ist, dass der Umfang des IT-Projekts nicht mehr – so wie beim klassischen Wasserfall – am Anfang im Detail fixiert werden muss (Bild 3.1). Stattdessen werden Kosten und Zeit auf Basis von vereinbarten Grundsätzen im Laufe des Projekts definiert und der Leistungsumfang durch kurze Iterationszyklen (siehe Kapitel 1) Schritt für Schritt entwickelt und umgesetzt. Damit dieses Modell im Vertrag seinen Niederschlag findet, definiert der Agile Festpreisvertrag keinen genauen Umfang („Scope").

Vielmehr schafft der Agile Festpreisvertrag einen Vertragsrahmen, in dem man sich auf Kosten und Termin einigt und ein strukturiertes Vorgehen vereinbart, mit dem man den „Scope" innerhalb eines vereinbarten Rahmens und innerhalb vereinbarter Prozesse im Detail definiert und steuert. Damit reagiert das Vertragsmodell auf zwei Unsicherheiten: Zum einen weiß man bei einem Projekt vor Projektstart nicht genau, was man braucht. Das klingt zwar hart, es deckt sich allerdings mit unserer praktischen Erfahrung: Kunden können sich oft nicht vorstellen, wie sich das entstehende Produkt oder Projekt in der Realität anfühlt. Zum anderen aber braucht man auch nicht alles, was man ursprünglich als wichtig erachtet hat, wie sich meist während des Projektverlaufs oder überhaupt erst nach Abschluss des Projekts herausstellt. Wenn Sie gut priorisieren, können Sie bestimmt ohne die letzten 50 Features live gehen. Und wir würden uns nicht wundern, wenn Sie auch in der Zeit danach viele dieser Features gar nicht mehr umsetzen. Deshalb ermöglicht der Agile Festpreisvertrag eine *Scope-Steuerung*: Noch im Verlauf der Entwicklung kann man entscheiden, ob ein bestimmtes Feature mehr oder weniger komplex sein muss oder ob man es gegen ein anderes austauschen möchte. Was mit dem Agilen Festpreisvertrag natürlich nicht gelöst werden kann, sind klassische Situationen: Etwa dass neue Anforderungen eingebracht werden, aber aufgrund fehlender Priorisierung (aus welchem Grund auch immer) keine bestehenden Anforderungen (aus dem vereinbarten Umfang) herausgenommen werden.

Das „Agil" beim Agilen Festpreis bedeutet nicht, dass der Kunde zu Beginn keine Vorstellung davon hat, was er für sein Geld bekommt. Es bedeutet, dass der Kunde zu Beginn weiß, was er ausgeben muss, um die Businessanforderungen zu erfüllen, die zu Projektbeginn auf einer gewissen Detailebene definiert wurden.

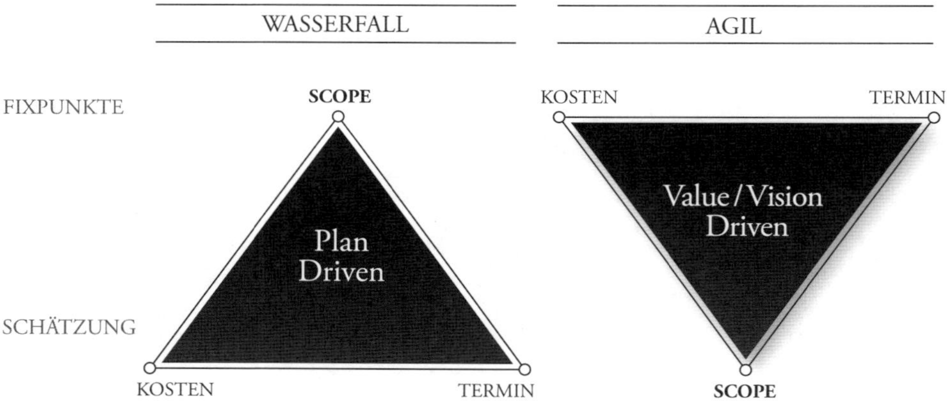

Bild 3.1 Value Driven Projects

3.1 Bisherige Ansätze

In der Literatur rund um agile Methoden findet man zwar immer wieder Hinweise, die genau in die Richtung des hier beschriebenen Vertragsrahmens weisen (z. B. Poppendiek 2003), doch detailliert hat sich noch niemand damit auseinandergesetzt, wie der Gesamtprozess rund um so einen Vertrag aussieht (im Speziellen: wie man diesen ausschreibt und dann ein darauf basierendes Projekt durchführt). Vielmehr liegt der Fokus stets auf der Methodik im Projekt mit wenig Relation zu einem passenden Vertrag. Aus der Vielzahl von Büchern über Scrum und Projektmanagement sei hier stellvertretend das Werk von Roman Pichler erwähnt (Pichler 2012).

Das ist ein echtes Manko, das auch Experten wie Dr. Walter Jaburek so sehen (Interview im Februar 2012): „Wenn agile Methoden geplant sind, muss sich das natürlich im Vertrag widerspiegeln." Doch unsere Recherchen haben ergeben, dass sich mittlerweile die Juristen dieses Themas annehmen. So hat zum Beispiel der Münchner Anwalt Marcus Antonius Hofman ein Template für Projekte ausgearbeitet, die nach agilen Methoden entwickelt werden (*http://www.ra-hofmann.net/de/service/vertragsmuster*). Ein englisches Vertragsmuster ist zum Beispiel beim DSDM Consortium abrufbar (*www.dsdm.com*; Zugang nur für Mitglieder). Zudem sind einige Artikel zu dem Thema verfügbar (z. B. Witte 2010a, Kremer 2010, Müller-Hengstenberg 2008), die rund um die Vertragsgestaltung für agile Methoden speziell die rechtlichen Rahmenparameter diskutieren (Details dazu siehe Kapitel 6). Damit ist immerhin ein Anfang gemacht, auch wenn unserer Ansicht nach hier noch einige praktische Teile zu ergänzen sind, um ein IT-Projekt innerhalb eines echten Festpreises nach agilem Vorgehen zu steuern.

In der Literatur zu IT-Verträgen für Festpreisprojekte (nach Werkvertrag) finden sich Ansätze, die dem agilen Modell nahekommen. Auch die Absicherung von Aufwandschätzungen auf Basis von Referenzwerten wird in der Literatur bereits angesprochen. So wird im „Handbuch der EDV-Verträge“ (Jaburek 2003) auf die Verwendung von Function Points verwiesen, die die Komplexität des Themas festhalten und vergleichbar machen. Auch andere Werke, wie zum Beispiel von Marly (2009), Pfarl et al. (2007), Schneider (2006) und Hören (2012), beleuchten die herkömmlichen Vertragsarten und beschreiten in gewissen Aspekten schon den Weg zum Agilen Festpreisvertrag. Auch in der englischen Literatur wird das IT-Vertragsthema bereits seit einiger Zeit in Angriff genommen – zum Beispiel bei Overly und Kalyvas (2004) oder Landy (2008). Eines der passendsten Werke jedoch findet sich erst in dem 2010 erschienenen Buch von Larman und Vodde (2010), die ein ähnliches Konzept wie den Agilen Festpreis vorstellen. In ihrem Werk fokussiert sich aber die Darstellung stark darauf, wie man bei Juristen ein Umdenken einleiten kann, wohingegen sich dieses Buch stark daran orientiert, wie man den gesamten Prozess inklusive Ausschreibung rund um den Agilen Festpreis aufsetzt. Eine hilfreiche, von Alistair Cockburn (Cockburn 2012) verwaltete Website listet unterschiedliche Arten von „Agile Contracting“ auf. Neben den hier angeführten Werken ist nur wenig Literatur rund um das Thema verfügbar, speziell was den Fokus auf den Gesamtprozess inklusive Ausschreibung betrifft.

Leser, die schon Erfahrung mit dem Agilen Festpreis haben und in einer Kunden-Lieferanten-Beziehung ein Gefühl für Aufwand und Kosten vs. Komplexität erarbeitet haben, können sich auf Basis dieses Vertrauens auch kleinere Stücke (Sprints) vornehmen. Wie man hier vorgehen kann, wird von Jesse Fewell recht anschaulich beschrieben (Fewell 2012). Als Vertrag könnte ebenfalls ein Rahmenvertrag in Anlehnung an den Agilen Festpreis zugrunde liegen. Seit der ersten Auflage dieses Buchs und der englischen Version „Agile Contracts“ (Opelt et. al. 2013) wurden weitere Artikel über die Anwendung und zu unterschiedlichen Aspekten dieser Idee veröffentlicht, wie zum Beispiel von Drew Jemilo (2015).

Ausgehend vom lang erprobten herkömmlichen Festpreisvertrag einerseits und den ersten Ansätzen von Verträgen für Projekte nach Scrum andererseits haben wir das Modell des Agilen Festpreisvertrags entwickelt. Er verbindet den Bedarf an einem fixen Kostenrahmen mit den Grundlagen agiler Entwicklungsmethoden. Wie dieser Spagat gelingt, wollen wir uns im Folgenden ansehen.

3.2 Der Agile Festpreisvertrag

Wir beschreiben zunächst aus praktischer Sicht, welche Schritte nötig sind, um zu einem Agilen Festpreisvertrag zu kommen. Eine passende Vertragsvorlage mit konkreten Formulierungsvorschlägen zu den einzelnen Themen finden Sie anschließend in Kapitel 4.

Der Agile Festpreisvertrag zeichnet sich durch folgende Eigenschaften aus:

- Die initialen Aufwände für eine Detailspezifikation werden auf die Projektphasen verteilt. So können die Anforderungen zeitnah verfeinert werden.

  Diese Vorgehensweise

  - reduziert den Wissensverfall,
  - vereinfacht die Anpassung an Änderungen des Scope,
  - ermöglicht einen schnellen Projektstart und

  - bietet den Vorteil, dass die neuen Teile der Detailanforderungen auf Basis der Erfahrungen erstellt werden, die in der Zusammenarbeit und mit den bisherigen Lieferungen im Rahmen des Projekts gesammelt wurden. So lässt sich die Kommunikation zwischen den Beteiligten iterativ verbessern. Das kommt einer Erweiterung des Deming Cycles (siehe Kapitel 1) in die Phase der Detailspezifikation gleich. Das bedeutet, dass von Kunden und Lieferanten iterativ die Qualität der Detailspezifikation vor jedem Sprint verbessert wird. Für das Verständnis zwischen Fachbereich, IT und Lieferant ist das ein besonders großer Vorteil.
- Änderungen im Projektscope („Exchange for free") sind vorgesehen und ohne Mehrkosten möglich.
- Ein Vorgehen zur gemeinsamen Aufwandschätzung und bewussten Governance wird vertraglich vereinbart.
- Es ist ein Kooperationsvertrag, der neben dem Projekterfolg auch die Projektmotivation auf allen beteiligten Seiten hochhält.
- Aber: Es ist keinesfalls ein Vertrag, der die Möglichkeit bietet, neue Anforderungen unterzubringen, ohne irgendwo anders zu kürzen! Mehr darüber in der in diesem Kapitel folgenden Diskussion, warum es auch hier Change Requests geben kann, aber nicht sollte.

In Kapitel 8 arbeiten wir genauer heraus, welche Vor- und Nachteile der Agile Festpreisvertrag im Vergleich zu bereits etablierten Vertragsmodellen mit sich bringt. Sehen wir uns nun den grundsätzlichen Prozess an, wie man zu den wesentlichen Parametern und Vereinbarungen im Agilen Festpreisvertrag kommt und wie das Vorgehen im Projekt zu verstehen ist. Beispielszenarien zu diesem Prozess aus der Praxis finden Sie in Kapitel 10.

Wie kommt man zum Agilen Festpreisvertrag?

Wenn Sie einen Agilen Festpreisvertrag ausarbeiten, sollten Sie folgende Prozessschritte berücksichtigen:

1. Definieren Sie den **Vertragsgegenstand auf der Ebene von Produkt- oder Projektvision , Themen und Epic s** aus der Sicht der Anwender – also auf einem Level, auf dem der Vertragsgegenstand vollständig, aber noch nicht detailliert beschrieben ist. Mit einem Epic werden die Anforderungen auf einer noch sehr groben Ebene beschrieben. Erarbeiten Sie den für das jeweilige agile Projekt passenden rechtlich-kommerziellen Rahmen. Verhandeln und vereinbaren Sie diesen Rahmen mit dem Partner, um von Anfang an eine solide Basis für die Partnerschaft sicherzustellen.
2. Spezifizieren Sie die **Details eines Epics bis auf die Ebene der User Story**. Daraus resultiert bei geeigneter Auswahl eines Epics eine repräsentative Menge an User Stories unterschiedlicher Komplexität. Eine User Story ist ein Absatz, der einen Teil einer Funktionalität repräsentiert und als Grundlage für detailliertere Überlegungen des Entwicklungsteams dient. Details zu User Stories finden sich zum Beispiel im Artikel „So vermeiden Sie Stolpersteine bei User Stories" von Steffen Thols (2012).
3. In einem gemeinsamen Workshop wird eine Gesamtschätzung der Aufwände, des Implementierungsrisikos und des Business Value vorgenommen. Das Ergebnis ist ein **indikativer Festpreisrahmen**, weil erst in einem späteren Schritt der Preis wirklich fixiert wird. Seit einiger Zeit beobachten wir in der Praxis auch eine Abwandlung: Die Vertragspartner geben jedem Epic einen „Risk Level" und multiplizieren dann die Schätzung

jedes Epics mit diesem Risk Level. Zwar scheint uns das bisher recht gut über die Fibonacci-Zahlen abgebildet zu sein, es ist aber eine zusätzliche Möglichkeit, mit der Unsicherheit transparent umzugehen.

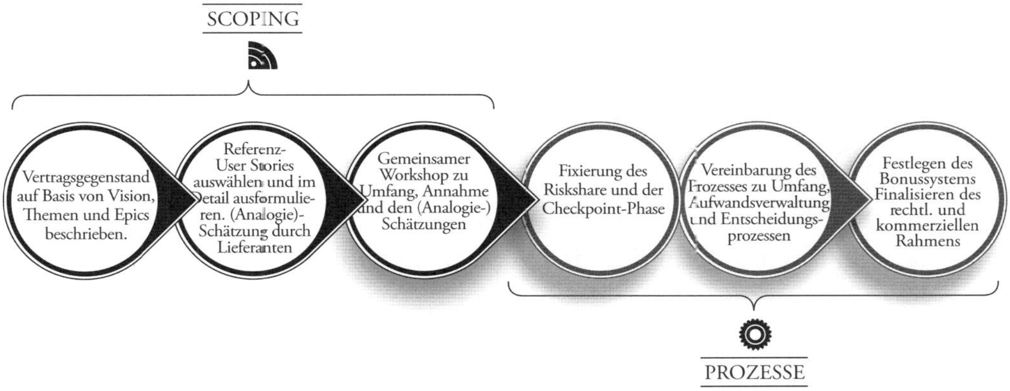

Bild 3.2 Scoping und Prozessdefinition für den Agilen Festpreisvertrag

4. Ein weiterer Schritt ist die Fixierung des **Riskshares, der Ausstiegspunkte** und der **Checkpoint-Phase** (ebenfalls eventuell mit speziellem Riskshare für genau diese Checkpoint-Phase). Keine der beiden Seiten wird dazu genötigt, die Katze im Sack zu kaufen. Bei dieser Vereinbarung wird auch festgehalten, dass nach der Checkpoint-Phase der indikative Festpreisrahmen in einen Festpreisrahmen umgewandelt wird.
5. Vereinbaren Sie den **Prozess zur Scope- und Aufwandsverwaltung** und natürlich für die Governance des Entscheidungsprozesses.
6. Vereinbaren Sie ein **Motivationsmodell** und ein **Kooperationsmodell**: Überlegen Sie sich ein Bonussystem.

Bild 3.2 illustriert diesen Prozess, unterteilt in die Phase des Scopings (d. h. der Umfangsbeschreibung und Aufwandsermittlung) und die Phase der Prozessdefinitionen.

Bei einer Ausschreibung werden sich diese Punkte möglicherweise etwas anders darstellen. Denn in diesem Fall muss der Kunde die Vorgaben natürlich entsprechend eines Prozesses gestalten, an dessen Ende er alle Anbieter vergleichen kann. Mit dieser speziellen Situation werden wir uns in Kapitel 5 genauer befassen.

Definitionen

Indikativer Festpreisrahmen: Basierend auf einem noch nicht granular formulierten Umfang des Vertragsgegenstands (Vision, Themen, Epics) wird vor Beginn der Checkpoint-Phase bereits ein vorläufiger kommerzieller Umfang geschätzt. Dieser ist noch nicht vertraglich bindend.

Riskshare: Der Riskshare beschreibt, in welchem Umfang (Prozentsatz) die bei Misserfolg der Checkpoint-Phase oder bei Überschreitung des Maximalpreisrahmens entstandenen Kosten des Lieferanten dem Kunden verrechnet werden. Dieser Prozentsatz kann für die Checkpoint-Phase und das Gesamtprojekt aber unterschiedlich ausfallen.

Checkpoint-Phase: Eine Zeitspanne von x Sprints oder ein Leistungsumfang von y Storypoints, die bzw. der als Testphase der Zusammenarbeit vereinbart wird. Der abschließende Meilenstein ist ein Checkpoint, nach dem Kunde und Lieferant in die Umsetzung des Gesamtprojekts eintreten – oder auch nicht.

Ausstiegspunkte: Dabei handelt es sich um klar definierte Zeitpunkte, zu denen die Parteien das Projekt geregelt beenden können.

3.2.1 Schritt 1 – Definition des Vertragsgegenstands

Das wesentliche Charakteristikum dieses Vertrags ist, dass der Vertragsgegenstand im Vorfeld – also zum Zeitpunkt des Vertragsabschlusses – noch nicht im Detail definiert und spezifiziert sein muss (siehe Kapitel 1 und 2: Es geht eben nicht und weil es nicht funktioniert, ist es auch nicht sinnvoll). Allerdings muss zu Beginn des Projekts ein guter Überblick darüber herrschen, welches Resultat das Projekt bringen soll, denn der Auftraggeber will wissen, was er bekommt. Es muss also eine Beschreibung des Vertragsgegenstands auf einem gewissen Detaillevel geben. Das braucht zum einen der Kunde, um intern den entsprechenden Business Case zu argumentieren und um einen geeigneten Lieferanten zu wählen. Zum anderen ist es für den Lieferanten notwendig, um zu Beginn ein vollständiges Bild der Gesamtanforderung zu haben.

Dem agilen Vorgehen ist inhärent, dass ein Projekt auf Basis einer Produkt- oder Projektvision definiert wird. Wie zum Beispiel Roman Pichler schreibt, ist es essenziell, dass das gesamte Team vom Product Owner bis zum einzelnen Teammitglied diese Vision mitträgt (Pichler 2012). Deshalb wird als ein erster Meilenstein die **Vision** als zentrales Element im Vertrag verankert. Das klingt sehr einfach, ist aber jener Schlüssel zu einem erfolgreichen Projekt, der oft vernachlässigt wird. Wenn man Kunden darum bittet, auf einer halben Seite ihre Vision, das zu lösende Problem und den Business Value zu beschreiben, ist das manchmal eine Hürde. Die Antwort lautet dann: „Was ich haben will, beschreibe ich sowieso genau." Das ist nur leider nicht das Gleiche. Der Lieferant sollte als Experte eigentlich sagen, was genau gemacht werden soll. Der Kunde kann ihm aber klar sagen, welches Problem er gelöst haben will.

Wie Bild 3.3 zeigt, wird diese Vision in weitere Detailgrade unterteilt:

- Begonnen wird mit den Themen, die die wesentlichen Bereiche auflisten, die das Projekt umfasst.
- Dann wird weiter in Epics verfeinert, die eine inhaltlich zusammenhängende Gruppe von User Stories repräsentieren.
- Auf der granularsten Detailebene weisen die User Stories Eigenschaften entsprechend dem Akronym INVEST auf: Independent, Negotiable, Valuable, Estimatable, Small, Testable. Das heißt, es sind Anforderungen, die umgesetzt werden können und auch als einzelne Elemente bereits einen Mehrwert für den Kunden darstellen. Es sind abgegrenzte Funktionalitäten enthalten, die qualitätsgesichert übergeben werden können (und auch abgrenzbar und separat lieferbar sind).

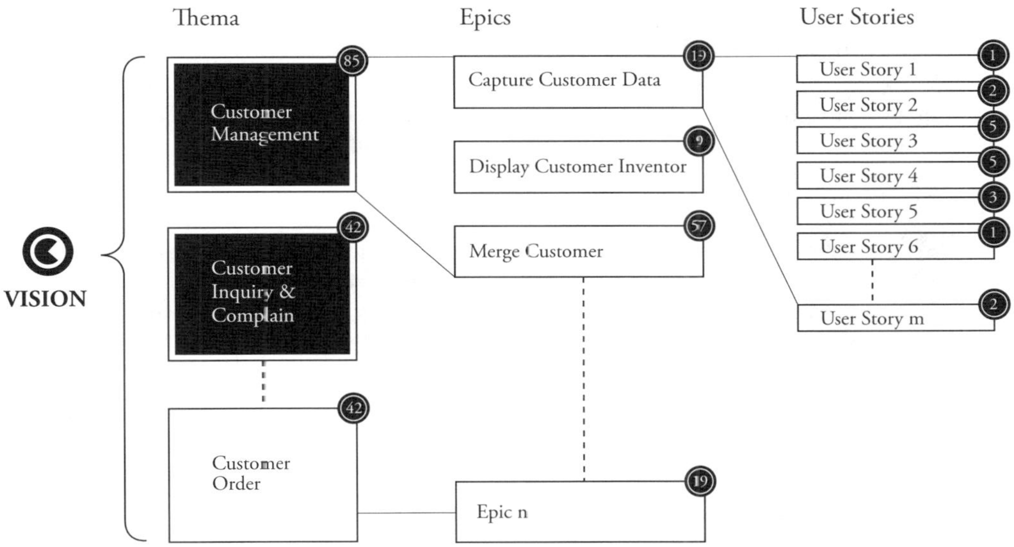

Bild 3.3 Detaillierung der Vision

In diesem ersten Schritt wird der Vertragsgegenstand allerdings nur maximal bis zur Ebene der Epics definiert. Diese Liste aller Themen und aller Epics (das Backlog, siehe Kapitel 1) ist als vollständig zu vereinbaren (wenn etwas hinzukommt und nichts weggenommen wird, ist das weiterhin *nicht* im vereinbarten Lieferumfang enthalten!). Der wesentliche Vorteil dieser Herangehensweise ist, dass die Produktvision meist sehr effizient bis auf die Ebene der Epics beschrieben werden kann. Anforderungen und auch deren Kundenwert sind hier noch ohne besonderen zusätzlichen Definitionsaufwand verständlich.

Wie umfangreich diese Beschreibung der Themen und Epics ausfällt, liegt zu Beginn im Ermessen des Auftraggebers, der den Vertragsgegenstand beschreibt. Allerdings erweist es sich in der Praxis als äußerst sinnvoll, dass Auftraggeber, Dienstleister und sogar das gesamte Entwicklungsteam diesen Schritt gemeinsam durchführen. Auf diese Weise erhält man den größtmöglichen Konsens und das größtmögliche Verständnis auf beiden Seiten. In Schritt 3 besteht noch die Möglichkeit, diese Beschreibungen gemeinsam zu erweitern, um im Wissen beider Parteien gewisse Informationslücken durch Klarstellung oder Annahmen zu füllen. Dadurch kann der Scope – auch wenn er noch nicht im Detail beschrieben ist – zu Projektbeginn schon sehr klar und ohne wissentliche „Komplexitätslöcher" vorbereitet werden. Unter Komplexitätslöchern verstehen wir die Anforderungen auf einem gewissen Detailgrad, hinter denen sich bei genauerer Betrachtung noch sehr viel Aufwand verbirgt, den man aus der initialen Beschreibung nicht erkennen konnte.

Die Herausforderung, die dieser Schritt zu meistern versucht, ist die Eingrenzung des Umfangs auf Basis von Fakten. Diese Fakten sind nicht, wie oft angenommen, Detailspezifikationen, sondern High-Level-Informationen, Komplexität, Annahmen und Unsicherheiten (siehe dazu z. B. Goodpasture 2010). Anstatt viel Aufwand in eine Detailspezifikation zu investieren, legt man den Fokus hier darauf, eine vollständige Liste von Epics mit einer auf Erfahrung basierenden Abgrenzung durch Annahmen zu erstellen.

3.2.2 Schritt 2 – Detailspezifikation einer exemplarischen Menge an Referenz-User-Stories

Im zweiten Schritt wird ein repräsentatives Epic (je nach Projekt können das auch gerne zwei oder drei sein) ausgewählt und der Kunde erstellt die vollständige Liste an benötigten User Stories für dieses Epic.

> *Repräsentativ* bedeutet hier, dass man kein Epic auswählt, bei dem es sich um ein Randthema handelt. Zum Beispiel sollte bei der Implementierung eines CRM-Systems nicht das Epic „System-Health-Checks" ausgewählt werden. Es ist zwar wichtig für den Betrieb des Systems, aber nicht für das Kernthema CRM und die darin speziell abzubildende Komplexität.
>
> Sie stellen sich vielleicht die Frage: „Wie können die Personen aus den einzelnen Fachbereichen mit ihren unterschiedlichen Wissensständen und Interessen – die ein IT-Projekt eben komplex werden lassen – einfach User Stories definieren?" Zum einen sollten diese Personen den Entwicklungsteams als Ansprechpartner zur Verfügung stehen. Zum anderen sollte auf Initiative des kundenseitigen Projektleiters und des Product Owners für die Definition der Anforderungen ein „Scope Governance"-Gremium gebildet werden, in dem alle entscheidenden Personen vertreten sind, die je nach Art der User Story das entsprechende Fachwissen und die Entscheidungsgewalt haben. In diesem Gremium werden die User Stories gemeinsam geschrieben oder es wird über deren Korrektheit entschieden. Eventuell gibt es zwei Ebenen: die Verfasser und die Entscheider.

Diese (für dieses Epic) vollständige Liste der User Stories ist noch nicht im Detail zu spezifizieren, sondern jede User Story zumindest mit einem Absatz zu beschreiben. Je nach Möglichkeit (Zeit, Aufwand, Risikominimierung) wird dann eine möglichst große Anzahl dieser User Stories genauer spezifiziert. Dabei sollten Sie darauf achten, dass User Stories unterschiedlicher Art und mit unterschiedlichen Funktionsumfängen ausgewählt werden. Diese User Stories dienen als Referenz-User-Stories. Ausgehend von diesen Referenz-User-Stories werden als Vorbereitung für den gemeinsamen Workshop mit dem Kunden (Schritt 3) die übrigen Epics vom Lieferanten anhand der groben Beschreibung des Kunden geschätzt.

> Warum sind diese Referenz-User-Stories im Projektverlauf auf Basis des Agilen Festpreises so wichtig? Lassen Sie uns das anhand einer Metapher greifbar machen. Wenn Sie einem Sechsjährigen sagen, dass ein PKW 100 Euro kostet, wird er das vielleicht glauben. Wenn Sie ihm aber drei Autos unterschiedlicher Größe zeigen, ihm somit Referenzen geben, und ihm sagen, dass diese 10 000 EUR, 20 000 EUR und 30 000 EUR kosten, dann werden Sie ihm schwer weismachen können, dass ein Mittelklassewagen nur 100 EUR kostet.

Auf dieser Basis können zum einen Aufwände hochgerechnet werden und zum anderen helfen die Referenz-User-Stories dem Kunden, die Expertise des Lieferanten einzuschätzen. Bei Migrationsprojekten helfen sie bei der Einschätzung, wie gut das verwendete Produkt die geforderte Funktionalität unterstützt.

Die vom Lieferanten angewandte agile Schätzmethodik basiert auf einer Analogieschätzung (A ist doppelt so aufwendig wie B, siehe Kapitel 1). Zusätzlich wird intuitiv eine Triangulierung eingesetzt (A ist aufwendiger als B und nicht so aufwendig wie C). Diese Methode verbessert die Genauigkeit erheblich. Eine Schätzung verstehen wir als genau, wenn sie nahe dem tatsächlichen Wert ist und der Wert bei mehrmaliger Schätzung gleich oder sehr ähnlich ausfällt. Details zu agilen Schätzmethoden sind bei Cohn (2005) und Gloger (2016) beschrieben.

Warum Storypoints und nicht gleich Personentage?

Diese Frage wird häufig gestellt. Wieso wollen wir uns bei der Schätzung der Kosten, die in Personentagen ausgedrückt werden sollen, nicht der traditionellen Personentage bedienen, sondern über den Umweg einer neuen Schätzgröße (Umfang) gehen?

Die Begründung ist recht einfach. Den Projektfortschritt wollen wir in einem agilen Projekt durch die Menge an gelieferter Funktionalität ausdrücken. Wollen wir wissen, wie viele Anteile der Gesamtmenge an Funktionalität innerhalb eines Projekts geliefert sind, so müssen wir auch wissen, wie viele Teile Funktionalität das Gesamtprodukt hat. Storypoints (siehe Kapitel 1) als Wert für die Menge der Funktionalität geben einen sehr guten Aufschluss über die Produktivität eines Teams, nämlich wie viel Anteil an der Gesamtlieferung für das Projekt bereits erbracht wurde und nicht, wie viele Stunden „verbraten" wurden.

Der zweite Grund ist ein Erfahrungswert: Schätzungen auf Basis von Storypoints können viel schneller durchgeführt werden als herkömmliche Aufwandsschätzungen. Gepaart mit der von Boris Gloger eingeführten Schätzmethode Magic Estimation können sehr umfangreiche Projekte in wenigen Stunden durchgeschätzt werden.

Magic Estimation

Das in Kapitel 1 beschriebene Planning Poker versagt bei großen Teams und umfangreichen Backlogs. Aus einer Idee von Lowel Lindstorm entwickelte Boris Gloger ein Schätzspiel, das alle bisherigen Verfahren in Genauigkeit und Geschwindigkeit übertrifft und mit dem ein Team in kürzester Zeit bessere Einschätzungen als mithilfe des Planning Poker erzielt. Magic Estimation ist nicht nur schneller, es kann auch in großen Gruppen und mit mehr als 100 Backlog Items gespielt werden. Ein Backlog mit ca. 70 Einträgen kann von einer Gruppe von ca. 10 Personen in etwa 20 Minuten ausreichend genau geschätzt werden.

Magic Estimation – Das Spiel

1. Der Product Owner bereitet alle Backlog Items auf Karten oder Ausdrucken vor.
2. Er bereitet eine Zahlenskala von 1 bis 100 vor und versucht, beim Aufbau dieser Zahlenreihe durch die Abstände zwischen den Zahlen die Verhältnisse darzustellen (es muss nicht genau sein), etwa so:

   1, 2, 3, . 5, .. 8 .... 13 .... 20 .... 40 100
3. Der Product Owner verteilt nun die Backlog-Item-Karten an das Team. Jedes Teammitglied bekommt ungefähr gleich viele Karten.
4. Das Spiel wird ab nun vollkommen schweigend gespielt. Man darf sich mit niemandem austauschen.
5. Jedes Teammitglied liest seine Backlog Items durch und legt sie zu der Zahl, die seiner Meinung nach das Verständnis dieses Backlog Items repräsentiert. Dabei gilt: Je größer die Zahl, desto geringer das Verständnis. Es gelten nur jene Werte, die die Skala zeigt – keine Zwischenwerte.
6. Wenn ein Teammitglied seine Karten verteilt hat, liest es die Karten, die von anderen Teammitgliedern ausgelegt wurden, und verändert die Position einer Karte, wenn es der Meinung ist, dass diese Karte an eine andere Position gehört. Dieses Lesen und „Verlegen" führen alle Teammitglieder parallel und ohne sich mit anderen zu beraten durch.
7. Der Product Owner beobachtet das Team beim Durchführen dieser Aktion. Wenn er sieht, dass eine Karte springt, markiert er diese Karte. Eine Karte springt, wenn sie von Teammitgliedern immer wieder auf eine andere Position gelegt wird. Daran lässt sich klar erkennen, dass eine Meinungsverschiedenheit vorliegt.
8. Letzter Schritt beim Verteilen der Karten: Wenn ein Teammitglied nicht weiß, was eine Karte bedeutet, so wird diese Karte auf die 100 gelegt.
9. Das Spiel ist beendet, wenn sich keine Karte mehr bewegt oder es nur noch „springende" Karten gibt. Auch wenn sich mehr und mehr Teammitglieder abwenden und sichtlich gelangweilt sind, ist das Spiel beendet.
10. Zum Abschluss schreiben die Teammitglieder die ermittelten Zahlen auf die Backlog-Item-Karten.
11. Der Product Owner erhält als Ergebnis alle Backlog Items nach dem Verständnis bewertet = geschätzt.

Was bei diesem Vorgehen auffällt: Es gibt keinen Referenzwert. Er wird überflüssig, weil durch das Spiel automatisch jede Karte zur Referenz für jede andere wird.

Damit es auch in größeren Gruppen funktioniert, müssen alle Backlog Items lesbar geschrieben sein. Je größer das Team ist, desto mehr Platz wird benötigt. Die Karten sollten daher so geschrieben werden, dass man sie auch aus vier Metern Entfernung lesen kann (GROSSE BUCHSTABEN).

Bei diesem Spiel geht es um eine „intuitive“ Schätzung des Umfangs der Funktionalität. Diese Schätzung ist, wie unsere Erfahrung zeigt, wesentlich genauer als alle anderen Verfahren. Dieses Verfahren gehört in die Kategorie „Man muss es mal ausprobiert haben“. Jedes Team, das sich darauf eingelassen hat, ist begeistert und verwendet es weiter.

3.2.3 Schritt 3 – Workshop zum Gesamtscope

Nach dem zweiten Schritt sind alle User Stories des Epics in ihrem Aufwand bzw. ihrer Komplexität in Storypoints geschätzt. Dies dient als Grundlage für den gemeinsamen Workshop zum Gesamtscope. In Bild 3.3 sehen Sie, wie diese Schätzungen in Form von Storypoints als Zahlen in den Kreisen bei den User Stories eingetragen werden. Die Summe dieser Storypoints ergibt den Aufwand für das erste Epic. Zu diesem Zeitpunkt ist es im Sinne der Transparenz (die eine der Kernideen dieses Vorgehens ist) empfehlenswert, diese Schätzung in einem Workshop gemeinsam mit dem Kunden offen zu verifizieren.

Ein gemeinsamer Workshop hat folgende Vorteile:

- Der Kunde versteht, an welchen Stellen der Lieferant die Komplexität sieht.
- Beide Parteien verstehen, wie die jeweils andere die geschriebene Anforderung interpretiert.
- Im Zuge des Workshops können die Beschreibungen der Epics und Themen ergänzt und erweitert werden, um die Unklarheiten durch Klarstellungen oder Annahmen gemeinsam zu beseitigen. So kann einerseits der Kunde mit einem besseren Verständnis den Aufwand eingrenzen und andererseits der Lieferant die Unsicherheit der Schätzungen minimieren.

In Zuge dieses Workshops wird nun die Liste der Epics geschätzt. Im letzten Durchlauf werden die Epics für die Themen aufsummiert, wobei davon ausgegangen wird, dass alle Epics vorliegen.

Es ist möglich, dass alle Themen definiert sind, nicht aber alle Epics existieren. In diesem Fall kann auf Themenebene erneut mit Analogieschätzung die Schätzung auf Basis von Storypoints vervollständigt werden.

Wir empfehlen eine zusätzliche Verifikation und Plausibilisierung anhand der Summen zu den Themen. Das bedeutet, dass man die Summen auf Ebene der Themen zum Abschluss des Workshops noch einmal gegeneinander prüft. Zum Beispiel würde ein Thema „Administrationsoberfläche“ mit 200 Storypoints gegenüber einem Thema „Kundenmanagement“ mit 20 Storypoints auf einen eventuellen Fehler in der Bottom-up-Schätzung hinweisen (außer diese Komplexitätsverteilung ist das Merkmal dieses Projekts). Das Resultat ist die Gesamtanzahl der Storypoints für das Projekt. In der gemeinsamen Diskussion zwischen Lieferant, Berater und Kunde kann die ursprünglich von nur einer Seite mit den vorhandenen Informationen getroffene Aufwandsannahme (in Schritt 2) durch gemeinsam getroffene, ergänzende Abgrenzungen massiv beeinflusst werden. Hier sind Schwankungen bis +500 und −80 Prozent im Vergleich zur ursprünglichen Schätzung keine Seltenheit. Diese Unsicherheit würde im herkömmlichen Festpreisprojekt eine der Parteien zu tragen haben bzw. würde diese Unsicherheit die Wahrscheinlichkeit des Projektmisserfolgs erhöhen. Dieser Workshop als essenzieller Bestandteil des Prozesses zum Agilen Festpreisvertrag reduziert genau diese Unsicherheit.

Sehr empfehlenswert ist es, nach oder auch im Zuge dieser Aufwandsschätzung zu jedem Element (Thema, Epic, User Story) folgende Werte zu schätzen:

- **Geschäftswert (Business Value):** Dabei legt der Kunde offen, warum welches Feature für ihn welchen Wert im Geschäftsbetrieb darstellt. Zum Beispiel kann ein Mapping-Feature, das aus Lieferantensicht recht unwichtig erscheint, beim Kunden die Ablöse eines Systems bedeuten, das derzeit hohe operative Kosten hat. Eine praktikable Strukturierung des Geschäftswerts ist zum Beispiel die MuScoW-Methode (Gloger 2016) oder auch eine konkrete Hinterlegung mit erwarteten Einsparungen oder Umsatz in den nächsten x Jahren durch dieses Feature. Leider erleben wir immer noch beim Großteil der IT-Projekte, dass dies einer der schwierigsten Punkte ist. Es wird zwar hurtig angefordert, aber Überlegungen zumindest in einer gewissen Granularität, was die Umsetzung einer Anforderung an Geschäftswert bringt, werden meist nicht angestellt. Oft hilft es aber, trotzdem bei Scope-Governance-Meetings (siehe unten) auf dieser Frage zu beharren, denn nur so trifft man die richtige Entscheidung: Was müssen wir nicht machen und was sollten wir vielleicht gar nicht machen?
- **Umsetzungsrisiko:** Hier wird angegeben (z. B. in den Werten *small*, *medium*, *high*), welche der Anforderungen bei der Umsetzung welches Risiko birgt. Die Gründe dafür können verschieden sein – zum Beispiel ein komplexer Algorithmus, der schwer zu testen ist, oder ein Umsetzungsteil, mit dem das Team noch nicht viel Erfahrung hat. Wichtig ist, dass es klar und offen besprochen wird.

Ohne diese Transparenz laufen die Priorisierung und Steuerung des Projekts sehr oft in die falsche Richtung. Wenn man nicht versteht, warum eine Partei ein bestimmtes Feature bevorzugt behandelt haben will, besteht die Gefahr, dass jeder darauf beharrt, dass die eigene Wahrnehmung die richtige ist. Das ist auch für den späteren Scope-Governance-Prozess eine essenzielle Hilfestellung, da man die ersten Argumente, warum was gemacht werden soll, schon zur Hand hat.

Der Kunde ist aber immer an den Kosten des Projekts interessiert. Insofern fehlt noch eine letzte Schätzung. Der Lieferant schätzt die bereits im Detail spezifizierten User Stories in ihrem Umfang (das Vorgehen aus Sicht der Ausschreibung ist etwas anders, nachzulesen in Kapitel 5). Das ist einer der Knackpunkte, an denen die gesamte Erfahrung des Lieferanten zum Tragen kommt. Mit der größten Expertise zum Thema, dem Wissen über die eigenen Teams und Ressourcen sowie einer Einschätzung des Kunden wird hier ein Wert abgegeben. Dieser Wert sollte dem Kunden auch erläutert werden, damit er ihn besser verstehen kann. Dadurch kann der Kunde eventuelle Unterschiede zwischen mehreren Lieferanten nachvollziehen und das eigene Risiko (siehe Schritt 4 zum Thema Riskshare) minimieren. Diese Schätzung wird oft von einem sehr erfahrenen Gremium aus Seniorentwicklern, Architekten und Projektleitern durchgeführt. Mit der Erfahrung und der Vielzahl der Schätzer kann man eine verhältnismäßig gute Genauigkeit erreichen.

Der Wert, den man nun für eine repräsentative Menge von User Stories erhält, wird gemittelt. Das Ergebnis ist ein Umrechnungswert von Storypoints zu Teamkosten. Dabei handelt es sich um einen Initialwert, der im Zuge der später beschriebenen Checkpoint-Phase verifiziert und ggf. auf eine realistischere Velocity korrigiert wird. (*Anm.: Unter Velocity versteht man die Anzahl der Storypoints, die ein Team in einem Sprint umgesetzt hat.*)

Natürlich wäre es besser, wenn der Kunde nur Storypoints bekäme und sich Zeitachse und Kosten nach und nach ergäben (siehe Zitat von Mitch Lacey in Kapitel 1). Aber wir dürfen die Realität in großen Unternehmen nicht ignorieren. Jeder Kunde muss Budgetsicherheit haben und vorab die Kosten kennen, damit ein Business Case überhaupt zur Freigabe des Projekts führt.

Abschließend besprechen Kunde und Lieferant den anzuwendenden Sicherheitsaufschlag, der aufgrund der Ausprägung der folgenden Faktoren höher oder niedriger ausfallen kann:

1. Komplexität des Themas
2. Wissen auf Kundenseite
3. Expertise auf Lieferantenseite
4. Qualität der Beschreibung des Vertragsgegenstands

Das Wichtigste ist aber, dass beide Parteien das Zustandekommen der Aufwandschätzung mitgestalten und verstehen.

> Am Ende dieses dritten Schrittes liegt ein Maximalpreis vor, den wir **„echter Festpreis“** für agile IT-Projekte nennen. Dieser Preis wird von beiden Parteien mitgestaltet, verstanden und getragen.

Im Gegensatz zum herkömmlichen Festpreisvertrag ist so ein Vertragsrahmen entstanden, der von allen Parteien

- verstanden wird,
- auf Annahmen beruht, die beide Parteien gemeinsam bewusst getroffen haben,
- und durch den dem Lieferanten, aber auch allen Beteiligten auf der Kundenseite der Wert der einzelnen Funktionen bewusst ist.

3.2.4 Schritt 4 – Riskshare, Checkpoint-Phase und Ausstiegspunkte

Vertrauensvolle Zusammenarbeit ist die wesentliche Grundlage des Agilen Festpreisvertrags. Keine der Parteien schiebt der anderen bei Vertragsabschluss den schwarzen Peter zu. Dazu werden folgende drei Grundhaltungen einer Kooperation vertraglich vereinbart:

1. **Riskshare:** Wenn etwas nicht so läuft wie geplant (natürlich innerhalb des vereinbarten Scopes), tragen beide Parteien den Mehraufwand gemeinsam.
2. **Checkpoint-Phase:** Keiner soll ins Ungewisse losarbeiten. Grundlage und Partnerschaft werden zunächst in einer ersten Phase überprüft (Checkpoint-Phase mit meist recht attraktivem Riskshare für den Kunden).
3. **Ausstiegspunkte:** Mit einem vernünftigen Vorlauf kann jede der Parteien das Projekt verlassen.

Wir sehen uns jetzt genauer an, wie die Details des Riskshares, der Checkpoint-Phase und der Ausstiegspunkte gehandhabt werden können. Wichtig ist, dass die Parameter individuell gestaltet werden sollten. Jede Partei muss sich bewusst sein, dass es die Grundidee eines agilen Vertragsrahmens ad absurdum führt, wenn Parameter zu stark zugunsten einer Seite verändert werden. Denn genau das provoziert auf der anderen Seite unerwünschtes Verhalten. Wie so oft gilt auch hier: *Structure creates behaviour.*

Riskshare

In Schritt 3 wurde der indikative Festpreisrahmen fixiert, der nach der Checkpoint-Phase zu einem echten Festpreis (Maximalpreisrahmen) umgewandelt wird. Der Kunde legt hier natürlich Wert auf einen realistischen Preis. Er will vermeiden, dass unrealistische Werte festgelegt werden und die Differenz im Projektverlauf durch Change Requests kompensiert wird. Genauso wenig will der Kunde – meist realistische – Sicherheitsaufschläge zahlen. Der Lieferant will in erster Linie ein auch kommerziell erfolgreiches Projekt liefern und langfristige Kundenzufriedenheit erreichen. Das lässt sich aber weder durch erhöhte Sicherheitsaufschläge erreichen (denn dann macht das Projekt jener Lieferant, der in diesem Punkt täuscht und später die Rechnung präsentiert) noch durch übermäßiges Überschreiten des Projektbudgets des Kunden durch – wenn auch berechtigte – Forderungen von Zusatzaufwänden durch Change Requests.

Sind sich beide Parteien dieser Situation bewusst, gibt es im Wesentlichen zwei Lösungen:

1. Um Change Requests zu vermeiden und keinen zu hohen Sicherheitsaufschlag zu bezahlen, sollte der Lieferant als Experte genau schätzen können, nachdem der Kunde genau beschrieben hat, was gefordert ist. Wenn Sie diese Lösung bevorzugen, legen wir Ihnen noch einmal Kapitel 2 ans Herz.
2. Beide Parteien erkennen, dass hier ein Henne-Ei-Problem vorliegt, und stehen einem Riskshare-Modell offen gegenüber. Dieses Modell ist einfach: Lässt es sich trotz der im Rahmen der beschlossenen Governance durchgeführten Maßnahmen nicht vermeiden, dass der Maximalpreis überschritten wird, werden die Mehraufwände des Lieferanten nur zu x Prozent der vereinbarten Teamkosten (bzw. möglicherweise in Tagessätzen je Mitarbeiterlevel) verrechnet. Die Höhe von x sollte zwischen 30 – 70 Prozent liegen und ist einer der Parameter, der bei der Verhandlung fixiert werden muss. Wichtig ist aber der Hinweis, dass das gesamte Modell bei einer Unterschreitung von 30 Prozent ad absurdum geführt wird oder eben bewusst zu einem Zweck so gesetzt wird. Der Riskshare kommt zum Tragen, wenn beide Seiten einen Fehler bei der Abgrenzung und Beschreibung eines Epics machen. Wenn jedoch eine neue oder geänderte Anforderung umgesetzt werden muss, so bietet der Agile Festpreis das „Exchange for free“-Prinzip. Wir verwenden das in der Literatur „Change for Free“ genannte Modell unter der Bezeichnung „Exchange for Free“, weil es beim Agilen Festpreisvertrag immer darum geht, entweder etwas im gleichen Umfang zu ändern oder aber Zusatzaufwand durch nicht so wichtige Teile in der Umsetzung auszutauschen. Wenn das nicht klappt, ist und bleibt auch hier ein Change Request unumgänglich. Sollte es Ihnen jedoch passieren, dass in einem Projekt immer neue Sachen hineinkommen müssen, aber nichts unwichtiger als das Neue ist, dann ist es Zeit, das Projekt zu hinterfragen! Eine Vielzahl von Features, die in IT-Projekten erstellt werden, sind nämlich von sehr geringem Wert, und es würde uns wundern, wenn gerade Sie jenes Projekt durchführen, in dem alles gleich wichtig und essenziell ist.

> Geht der Wert des Riskshares gegen 0 Prozent (d. h. der Kunde trägt bei Überschreitung alle Kosten), nähert man sich dem Time & Material-Vertrag an. Im Gegenzug werden hohe Werte, die gegen 100 Prozent tendieren, einem herkömmlichen Festpreisvertrag ähneln. Die Prozesse innerhalb des Agilen Festpreisvertrags bleiben dann auch weiterhin anders, greifen bei dieser einseitigen Motivation aber nicht so gut.

Wie der Wert x festgelegt wird, hängt von folgenden Faktoren ab:

a) Wissen des Kunden und somit Einschätzung dieses Risikos.

b) Erfahrung mit der strikten Scope-Steuerung nach der in Schritt 5 angeführten Scope Governance.

c) Erfahrung des Lieferanten bei der kostenbasierten Umsetzung von Features. Das heißt: Hat der Lieferant Teams, die nicht die beschriebene Lösung implementieren, sondern Mitarbeiter, in deren Mindset bereits verankert ist, für den veranschlagten Aufwand eine technische Lösung zu finden, die den Kunden zufrieden stellt?

Checkpoint-Phase

Prinzipiell ist jedes Projekt für alle Beteiligten Neuland. Daher vereinbaren die Parteien, dass sie zunächst bis zu einem bestimmten Checkpoint miteinander arbeiten. Wir empfehlen zwei bis fünf Sprints, da in den ersten zwei Sprints die Anlaufeffekte noch über die wirkliche Leistung hinwegtäuschen können. Nach fünf Sprints sollte sich ein Projekt eingeschwungen haben. Diese erste Phase bis zum Checkpoint wird zwar so gelebt, als wären es eben die ersten Sprints des Projekts, allerdings kann jede Partei das Projekt beim Checkpoint verlassen. In diesem Fall werden dem Lieferanten entweder 100 Prozent der Leistung vergütet und die Lieferung wird an den Kunden übergeben – was nach agilem Vorgehen ja möglich ist, da ein verwendbares Inkrement entstanden ist. Oder der Mehrwert dieser Lieferung wird beim Kunden nicht gesehen, die erstellte Software bleibt im Eigentum des Lieferanten und nur x Prozent der durchgeführten Arbeit (entsprechend des für die Checkpoint-Phase vereinbarten Riskshares) werden dem Kunden in Rechnung gestellt. Handelt es sich um ein Systemintegrationsprojekt, wird zum Projektstart eine Softwarelizenz benötigt. In diesem Fall wird zwischen den Parteien vereinbart, dass bis zum Ende der Checkpoint-Phase die Lizenz noch nicht bezahlt werden muss und entsprechend retourniert werden kann. Bei einem Projektabbruch am Checkpoint kann der Kunde die Lieferung also nicht annehmen oder nur annehmen, wenn er die Softwarelizenz zu diesem Zeitpunkt bezahlt.

Am Checkpoint werden von beiden Seiten die Erfahrungen dieser Phase mit den zuvor getroffenen Annahmen und Schätzungen abgeglichen. In einem gemeinsamen Termin werden die Definitionen und Annahmen des Vertragsgegenstands verifiziert und ggf. überarbeitet. Es kann auch zu einer Adaption des Maximalpreises kommen. Von der Steering Group muss das schriftlich bestätigt werden, da der Vertrag ja bereits unterzeichnet wurde. (*Anm.: Die Steering Group ist eine Gruppe von Entscheidern aller beteiligten Parteien, die sich trifft, um richtungsweisende Entscheidungen im Projekt zu beschließen – siehe* Abschnitt 3.2.5) Im vorgeschlagenen Prozess in Kapitel 5 können diese Phasen (Checkpoint-Phase und nachfolgende Gesamtprojektphase) auch in getrennte Projekte unterteilt werden.

Wird am Checkpoint auf Basis der ggf. geänderten Ausgangsbedingung von beiden Seiten beschlossen, das Projekt weiterzuführen, wird der in der Checkpoint-Phase geleistete Aufwand als Teil des Maximalpreisrahmens gesehen und entsprechend der vertraglichen Zahlungsvereinbarung abgerechnet. Wir vergleichen die Checkpoint-Phase gerne mit den ersten Stunden bei einem Blind Date. Wenige sind kühn genug, schon vor diesen ersten gemeinsamen Stunden die unbekannte Person zu heiraten!

> Besteht schon eine längere Zusammenarbeit mit einem Kunden, empfehlen wir, das in diesem Buch beschriebene Vorgehen leicht abzuwandeln. Aus Kundensicht können dann einfach immer Pakete aus x Sprints bestellt werden. So wird der Maximalpreis auf kleine Pakete angewendet. Das ist ein essenzieller Unterschied zur Beauftragung nach Time & Material, da Leistung bezahlt wird und nicht Zeit.

Ausstiegspunkte

Der erste Ausstiegspunkt im Projekt ist der oben beschriebene Checkpoint. Zum Zeitpunkt des Checkpoints ist die Zusammenarbeit in der Praxis erprobt worden und beide Parteien treffen die Entscheidung, das Gesamtprojekt gemeinsam erfolgreich durchzuführen (oder eben nicht). Das ist aber nur der erste Tag einer langen Reise durch ein in weiten Teilen noch unbekanntes Terrain, in dem sich noch dazu die Umgebungsbedingungen ständig ändern. Beim kooperativen Ansatz eines agil entwickelten IT-Projekts sollte demnach jeder Partner die Möglichkeit haben, die Zusammenarbeit – unter Einhaltung einer für den Partner akzeptablen Frist – zu beenden.

> Eine angemessene Frist sollte zumindest zwei Sprints umfassen. So kann der Kunde noch dringend benötigte Features in diesen Sprints priorisieren. Auf der anderen Seite kann der Auftragnehmer die Ressourcen innerhalb dieses Zeitraums entsprechend umplanen, um Stehzeiten und Mehrkosten zu vermeiden.

Das klingt sehr unsicher? Wie kann man einen Vertrag abschließen, aus dem man jederzeit aussteigen kann? Um das zu beantworten, sollten wir zunächst die herrschenden Rahmenparameter rekapitulieren:

1. Der Kunde bekommt nach jedem Sprint ein Stück lauffähige Software. Der Kunde hat am Ende jedes Sprints den aktuellen Entwicklungsstand als getestete, dokumentierte und lauffähige Software. Im Falle einer Standardsoftwarelizenz als Grundlage eines Systemintegrationsprojekts sollte je nach Ausstiegspunkt eine eventuell degressive Lizenzrückzahlung vereinbart werden.
2. Der Auftragnehmer bekommt in regelmäßigen Abständen (z. B. nach jedem Sprint) seine Leistung abgegolten.
3. Wir wollen entsprechend der agilen Werte agieren und den Kunden bzw. Lieferanten nicht an uns binden.

Das bedeutet, der Investition steht jeweils ein erhaltener Business Value gegenüber. Beendet der Auftragnehmer das Projekt vorzeitig, kann demnach der Kunde die Entwicklung an einen anderen Auftragnehmer übergeben. Beendet der Kunde das Vertragsverhältnis, kann der Auftragnehmer sich einem anderen Projekt zuwenden, da seine Leistungen bezahlt wurden.

Warum sollte eine der Parteien einen Ausstiegspunkt nutzen? Hier ein paar Aussagen aus der Praxis, die Sie so oder in abgewandelter Form sicher auch schon gehört haben.

- **Kunde:** „Das Projekt ist wegen äußerer Umstände nicht mehr so wichtig."

  Frage an Sie als Lieferant: Wollen Sie so ein Projekt unbedingt weiterführen, obwohl die Unterstützung auf Kundenseite stetig nachlässt, weil das Produkt nicht mehr gebraucht wird? Vergessen Sie als Lieferant nicht, dass Ihre Leistung am Ende jedes Sprints bezahlt wird und Sie nicht mit lukrativen Change Requests am Projektende rechnen können.

- **Lieferant:** „Der Kunde liefert permanent falsche oder unzureichende Spezifikationen in den User Stories, es entsteht ständig Mehraufwand."

  Frage an Sie als Kunde: Wollen Sie ein Projekt von einem unzufriedenen Lieferanten geliefert haben oder ist es etwa so, dass auf Kundenseite die Vorbereitung oder die Bereitschaft für das Projekt noch nicht gegeben ist? Denken Sie, so wird das Projekt noch erfolgreich?

- **Kunde:** „Die Features, die ich benötige, wurden umgesetzt. Mehr brauche ich eigentlich gar nicht."

  Frage an Sie als Lieferant: Wollen Sie den Kunden zwingen, Geld für Dinge auszugeben, die er nicht braucht, oder wollen Sie eine der seltenen Pressemitteilungen herausgeben, dass Sie innerhalb des vereinbarten Budgets volle Kundenzufriedenheit im Projekt erreicht haben? Je nach vereinbarter Bonusklausel kann das verbleibende Budget anderweitig verwendet werden oder es ist nur ein Bruchteil davon an den Lieferanten zu bezahlen.

- **Kunde:** „Der Lieferant lässt in seiner Leistung von Sprint zu Sprint nach. Dieser Trend ist durch keine Reaktion aufzuhalten, und es besteht das Risiko, dass aus genau diesem Grund die Kosten aus dem Ruder laufen. Was trotz Riskshare nicht gut ist!"

  Frage an Sie als Lieferant: Dass die Leistung ständig nachlässt, wird einen Grund haben. Aus der Sicht der Reputation ist es ein klarer Vorteil agiler Modelle, dass man dem Kunden eingestehen muss, dass er sich im Bedarfsfall nach Alternativen umsehen sollte.

Aus folgenden Gründen wird der **Auftragnehmer** eine Beendigung des Vertrags nicht bewusst forcieren:

- Es ist ein Schaden für seine Reputation.
- Es hat Einfluss auf die langfristige Kundenzufriedenheit und entfaltet eine Referenzwirkung gegenüber anderen Kunden.
- Der Aufwand, der zum Projekt geführt hat, sollte auch möglichst zu einem Projekt in der geplanten Größenordnung führen.

Aus folgenden Gründen wird der **Kunde** eine Beendigung des Vertrags nicht bewusst forcieren:

- Das Projekt wurde nicht ohne Grund gestartet, es steht also ein Business Case dahinter.

- Ein gestopptes Projekt bedeutet einen internen Gesichtsverlust. Ein Nachteil für alle Beteiligten, auch wenn der Schaden durch den Agilen Festpreisvertrag im Normalfall gering gehalten werden kann.
- Es entstehen zusätzliche Übergabekosten und -zeiten, falls ein anderer Auftragnehmer das Projekt übernimmt.

Man kann also davon ausgehen, dass Ausstiegspunkte für beide Seiten etwas Gutes sind. Wenn sie benötigt werden, schützen sie meist beide Parteien vor Nachteilen. Im Normalfall will grundsätzlich keine der Parteien aus dem Vertrag aussteigen. Im Sinne eines Kooperationsvertrags sollte dieser bilaterale Vertrauensvorschuss an die Partnerschaft, aber auch die Methodik, vertraglich verankert werden.

3.2.5 Schritt 5 – Vereinbarung zur Scope-Governance

Für ein erfolgreiches IT-Projekt nach dem Agilen Festpreisvertrag ist auch eine vertraglich festgelegte Steuerung des Projektinhalts – hier als Scope-Governance bezeichnet – notwendig. Dieser Scope-Governance kommt im Agilen Festpreisvertrag eine spezielle Rolle zu, da es gilt, von einem High-Level-Scope iterativ zu einem Detail-Scope zu navigieren. Die Scope-Governance ist ein Prozess, der von vertraglich festgelegten Rollen (Organisationsstruktur) gesteuert wird. Diese Rollen sind:

- **Projektmanager/Product Owner:** Das sind der verantwortliche Ansprechpartner auf Kundenseite (Projektmanager) und der Projektmanager auf Lieferantenseite (auch Product Owner genannt, siehe Kapitel 1).
- **Scope Steering Group:** Setzt sich aus den Projektmanagern (bzw. Product Ownern) und entscheidungsbefugten Vertretern beider Parteien zusammen. Die Scope Steering Group trifft sich alle zwei Wochen (unter der Annahme, dass ein Sprint zwei Wochen dauert).
- **(Executive) Steering Group:** Setzt sich aus den Projektmanagern (bzw. Product Ownern) und entscheidungsbefugten Vertretern beider Parteien zusammen. Die Steering Group trifft sich alle vier Wochen. Im Anlassfall wird zugesichert, dass sich die Steering-Vertreter innerhalb von fünf Werktagen zu einer Entscheidung zusammenfinden müssen.
- **Unabhängige Instanz:** Ein IT-Gutachter, der vor Projektbeginn von beiden Parteien einvernehmlich ausgewählt wird. Für IT-Projekte ist das ein neuer Schritt, allerdings soll auch eine einfache, pragmatische Lösung für grundlegende Differenzen in Bezug auf den Scope gefunden werden. Das kann passieren, soll aber nicht den Erfolg des IT-Projekts verhindern. (*Anm.: Im Bauwesen gibt es zum Beispiel schon seit Langem den externen Prüfingenieur.*)

Ausgangspunkt für die Scope-Governance ist der – in Schritt 1 und 2 dieses Prozesses – auf Basis des Highlevel Backlogs (Themen, Epics und nur eine gewisse Anzahl von Referenz-User-Stories) definierte Vertragsgegenstand. Zusätzlich müssen jetzt zu jedem Sprintstart die am höchsten priorisierten Anforderungen als detailspezifizierte User Stories ausformuliert vorliegen. Die Anzahl der User Stories, die jeweils in dieser Form ausformuliert werden, sollte etwa um 50 Prozent größer sein als die voraussichtliche Velocity der Teams – auf Basis der Schätzung von Storypoints für die Epics hochgerechnet.

Diese zusätzliche Vorarbeit im Sinne der Spezifikation steht zwar der verbreiteten Meinung entgegen, man solle gerade genug User Stories gerade rechtzeitig im Detail spezifizieren (Cohn 2005). Es erleichtert allerdings den folgenden Prozess dadurch, dass bei Abweichung und Uneinigkeit einfach eine User Story „on hold" gesetzt werden kann, der Durchsatz eines Sprints aber nicht gefährdet wird. Auch in den neueren Werken zum agilen Projektmanagement wird empfohlen, zum Haushalten im Backlog etwas von der von Mike Cohn geprägten optimierten Variante abzuweichen (z. B. Pichler 2012).

Im Zuge eines Estimation Meetings (oder auch im Rahmen des Sprint Plannings, siehe Kapitel 1, aber auch z. B. Pichler 2012, Gloger 2016, Schwaber 2003) bearbeitet das Entwicklungsteam gemeinsam mit dem Product Owner entsprechend der Priorität im Backlog nacheinander die User Stories. Die User Story wird solange besprochen, bis das Entwicklungsteam im Detail verstanden hat, was erwartet wird. Geklärt werden die Anforderungen, die Tests, die Constraints (*non-functional requirements*) und die Akzeptanzkriterien. Häufig wird auch noch eine detaillierte Skizze erarbeitet, sodass alle ein Bild davon haben, wie die Funktionalität aus Sicht des Anwenders aussehen soll. Dann wird die Komplexität dieser User Story geschätzt (z. B. mit Planning Poker). Sollte sich dabei herausstellen, dass der Funktionsumfang der Story doch höher ist als ursprünglich geschätzt wurde (wenn zum Beispiel die 10 von geplanten 12 User Stories eines Epics geschätzt sind und bereits absehbar ist, dass der ursprünglich geschätzte Wert für das Epic nicht haltbar ist), kann es zu unterschiedlichen Szenarien kommen. Diese sind zum Beispiel:

1. Der Kunde bezweifelt, dass die Komplexität der Anforderung wirklich höher ist, als man ursprünglich ahnen und auch nicht abgrenzen konnte. Oft geschieht das aus Mangel an Erfahrung.
2. Der Lieferant hat ähnliche Referenz-User-Stories unterschätzt, und somit fehlt nun die Vergleichbarkeit.

In jedem Fall, bei dem Uneinigkeit oder eine Abweichung der Komplexität entsteht, greift der **Scope-Governance-Prozess**. Führt er nicht zum gewünschten Erfolg, folgt als Nächstes der **Scope-Eskalationsprozess** (siehe unten). Wenn die Aufwände zwar abweichen, der Kunde das aber nachvollziehen kann, weil die Komplexität der User Story generell wegen falscher Annahmen oder fehlender Informationen zu niedrig geschätzt wurde, wird direkt der Scope-Eskalationsprozess gestartet.

Scope-Governance-Prozess

Um den Maximalpreisrahmen einzuhalten, wird der Scope-Governance-Prozess als Vorbereitung jedes Sprints wie folgt festgelegt:

1. Liegt der Funktionsumfang der User Story innerhalb der im Rahmenvertrag vereinbarten Sicherheitsgrenzen, so wird dieser Wert in die Scope-Governance-Liste eingetragen.
2. Bei jeder User Story, deren Funktionsumfang nun erhöht ist *und* die den vereinbarten Sicherheitsaufschlag übertrifft, wird der nächste Schritt im Prozess eingeleitet.
3. Beide Parteien versuchen gemeinsam, die bereits definierten User Stories *on the fly* zu vereinfachen. Dabei muss der Kundennutzen erhalten bleiben. Dies kann dadurch geschehen, dass der Lieferant in der Diskussion einen Weg findet, eine Anforderung schlauer umzusetzen, oder indem der Kunde mit einer leicht adaptierten Variante der Anforderung immer noch zufrieden ist. Die Werte für die alten und die neu definierten User Sto-

ries werden von den Projektleitern in eine Scope-Governance-Liste eingetragen und markiert. Auf diese Weise kann nachvollzogen werden, wie aus einer User Story eine neue mit weniger, aber nun ausreichender Funktionalität erzeugt worden ist. Der Prozess kann für diese User Story damit beendet und für die nächst priorisierte User Story fortgesetzt werden.

4. Wenn Punkt 3 keine Lösung bringt, betrachten die Parteien andere User Stories oder definieren die Parteien die User Stories für Epics, die nachfolgend – also in einem der anderen Sprints – durchgeführt werden sollen, und versuchen dabei, als Ausgleich deren Aufwand zu reduzieren. Auch hier muss der Kundennutzen erhalten bleiben, der Umsetzungsaufwand muss aber im Vergleich zur Analogieschätzung zumindest um so viel weniger werden, wie er bei der aktuell im Prozess befindlichen User Story zu hoch ist. Die Werte für diese User Stories werden entsprechend von den Projektleitern in eine Scope-Governance-Liste eingetragen und markiert. Der Prozess kann für diese User Story damit beendet und für die nächste User Story im Backlog fortgesetzt werden.
5. Haben die obigen Punkte nicht zum Ziel geführt, wird im nächsten Schritt ein Vorschlag erarbeitet, welche User Stories oder Epics aus dem Backlog eliminiert oder maßgeblich (den Kundennutzen verändernd) adaptiert werden könnten, um weiterhin den erzielten Business Value innerhalb des Maximalpreisrahmens zu maximieren. Unsere Erfahrung zeigt, dass es möglich ist, weil die letzten Teile der Anforderungen meist nur mehr einen begrenzten Business Value bringen. Diese Maßnahme kann erst *nach* Bestätigung durch die Executive Steering Group in den nächsten Sprint einfließen. (*Anm.: Im Unterschied zu dem in* Kapitel 2 *beschriebenen „schleichenden" Scope-Verfall bei herkömmlichen Festpreisprojekten.*)
6. Sollte keine dieser Möglichkeiten für beide Parteien akzeptabel sein, kann jede der Parteien die Executive Steering Group anrufen, um eine Entscheidung zu fällen (Scope-Eskalationsprozess siehe nächster Abschnitt). Die Parteien sind demnach einig, dass dieser Aufwand höher ist als ursprünglich geschätzt. Das können sie nicht auf eine zu aggressive Schätzung der Referenz-User-Stories zurückführen, sondern einfach auf „versteckte" Komplexität. Die Projektleiter können keinen Weg (nämlich einen der obigen Punkte) aufzeigen, das Problem innerhalb des Budgetrahmens auszusteuern.

Scope-Eskalationsprozess

Wichtigster Punkt jedes Treffens der Executive Steering Group ist, dass die Scope-Governance-Liste vorgelegt und bewertet wird, und zwar hinsichtlich Ist, Plan und auch der aus obigem Prozess resultierenden Abweichungen. Die Executive Steering Group muss diese Liste im jeweiligen Executive Steering-Group-Protokoll mit ggf. entsprechend gesetzten Entscheidungen und Maßnahmen unterzeichnen.

Falls also im Rahmen des Scope-Governance-Prozesses keine Einigung möglich ist, wird der folgende Scope-Eskalationsprozess initiiert:

- Die Steering-Vertreter bekommen den Sachverhalt präsentiert, der von den Projektleitern aufgearbeitet wurde. Dabei wird das Augenmerk darauf gelegt, welche Aktionen bereits – erfolglos – probiert wurden.
- Die Steering-Vertreter versuchen, sich zu einigen und einen Kompromiss zu finden. Je nach Sachverhalt kann dieser unterschiedlich aussehen. Ein Beispiel wäre, dass beide

Parteien sehen, dass niemand es hätte vorhersehen können und es deshalb akzeptiert und dann – wenn nicht woanders kompensierbar –im Rahmen des Riskshares abgehandelt wird. Es muss aber nicht immer voll in den Riskshare gehen, auch hier kann gehandelt werden. Wenn der Sachverhalt zum Beispiel so liegt, dass der Auftragnehmer klar eine Annahme vergessen hat, könnte der Auftragnehmer nur die Hälfte des Mehraufwands berechnen (der dann bei Gesamtüberschreitung nach Riskshare abgehandelt wird). Die Gefahr, dass eine Seite das auszunützen versucht, ist gering, weil weiterhin der Riskshare bei Gesamtüberschreitung des Maximalpreisrahmens in Kraft ist (d. h. es geht weder um überteuerte Change Requests noch um Scope Creep, der zur Gratislieferung führt), weil es Ausstiegsmöglichkeiten gibt und es generell Zeitverzug bedeuten würde – was wiederum den Projekterfolg in Gefahr bringt.

- Wenn die Steering-Vertreter aber einig sind, dass dies eine *neue* Anforderung ist, und nichts anderes reduziert werden darf, dann kann auch ein herkömmlicher Change Request beschlossen werden. Es geht beim Agilen Festpreis ja nicht darum, anwachsenden Scope unter einen Festpreis zu bringen, sondern sich ändernden Scope.
- Sollte im Steering keine Einigung gefunden werden, wird innerhalb von fünf Werktagen der vorab bestimmte Sachverständige mit dem Sachverhalt betraut, sofern das eine der Parteien wünscht. Die Kosten werden – außerhalb des Maximalpreisrahmens – zu gleichen Teilen von beiden Parteien getragen. Der Sachverständige liefert seine Einschätzung, die beide Parteien als Information in die weitere Projektgestaltung aufnehmen.

Während dieses Prozesses wird auf der Arbeitsebene das Projekt selbst ungehindert weitergeführt. Beide Parteien verstehen, dass es sich bei der Bearbeitung um einen normalen *Change-Prozess* in einem Projekt handelt – anders als im herkömmlichen Festpreisvertrag, wo dies das äußerste Eskalationslevel wäre, das mit Projektstopp und Rückabwicklung verbunden ist.

Diese höchste Eskalationsstufe sollte dennoch zurückhaltend in Anspruch genommen werden und es wird zumindest im Vertrag festgehalten, dass zum Beispiel nach der dritten Entscheidung durch einen Sachverständigen jede Partei das Recht hat, mit der Vorlaufzeit von nur einem Sprint das Projekt zu beenden (der herkömmliche Ausstiegspunkt kann gleich nach einem oder erst nach mehreren Sprints liegen).

3.2.6 Schritt 6 – Wie das Kooperationsmodell zum Motivationsmodell wird

„Dieses Projekt wird ein Erfolg, jeder Mitarbeiter trägt die Produktvision des Projekts mit." Genau diese Haltung soll vom Vertragswerk unterstützt werden. Die Praxis ist aber meist nicht so einfach und oft spielt Unternehmenspolitik direkt und indirekt in das Projekt hinein. Daher soll das Kooperationsmodell zusätzlich gestärkt und durch eine weitere Maßnahme zu einem Motivationsmodell werden.

Das Motivationsmodell erhöht auf Basis einer funktionierenden Kooperation die Effektivität beider Seiten. Das wird durch folgende zwei Haltungen ermöglicht:

- „Teile die Einsparungen, die auftreten können."
- „Sei der effektivste Lieferant."

Aufteilen der Einsparungen

Darunter versteht man die vertragliche Regelung der Frage, was passieren soll, wenn das Projekt kostengünstiger geliefert werden könnte, es also wesentlich unter dem vereinbarten Maximalpreis beendet wird. Unter *beendet* verstehen wir dabei, dass der Kunde seinen Businessnutzen durch die Lieferung in ausreichender Qualität erfüllt sieht, und nicht, dass alle initial geplanten Features umgesetzt wurden.

Der Kunde wird diese Option wählen, wenn er die Kosten nicht wie bei einem klassischen Festpreis trotzdem bezahlen muss und deshalb normalerweise das ursprünglich Vereinbarte geliefert bekommen möchte. Der Lieferant hingegen wird das Projekt unter dem Maximalpreisrahmen beenden wollen, wenn er eine Form von Bonus auf die bereits geleistete Lieferung bekommt.

Zwei praktikable Ansätze für einen solchen Bonus sind zum Beispiel, dass

- der Lieferant entweder einen Prozentsatz vom Preis des Restumfangs erhält oder
- der Auftraggeber dem Lieferanten einen neuen Auftrag im Wert des Restumfangs zusichert.

Sei der effektivste Lieferant

Durch das Kooperationsmodell kann jede Seite das Projekt relativ unkompliziert verlassen. Da die Lieferungen eigenständig lauffähige Software darstellen, kann der Kunde diese Option natürlich auch nutzen, wenn die Performance des Lieferanten nachlässt. In Bild 3.4 ist auf der linken Seite dargestellt, wie die Performance des Teams über die Zeit gleichbleibt. Das heißt, im Mittel wird pro Sprint immer gleich viel Funktionalität geliefert (Storypoints). In diesem Fall positioniert sich der Lieferant nicht positiv im Vergleich zu Konkurrenten, denn jeder davon könnte vielleicht die gleiche Funktionalität mit dem gleichen Aufwand liefern. Also wird der Lieferant bestrebt sein, durch das über die Projektlaufzeit gesammelte Wissen und die Erfahrung des Teams die Effizienz zu steigern. So kann diese Motivation dafür genützt werden, dass – wie auf der rechten Seite der Abbildung gezeigt – die Menge der pro Sprint gelieferten Funktionalität permanent gesteigert wird. Die Effizienzsteigerung sollte nicht über die ersten Sprints gemessen werden, da hier noch Anlaufeffekte wirken. Später wird die Effizienzsteigerung wachsen und sich bei einem gesteigerten Wert einpendeln, von dem aus nur mehr eine leichte Veränderung stattfindet.

Im Steering Report sollte deutlich werden, dass auch der Kunde an der steigenden Effizienz des Lieferanten partizipiert. Schließlich soll der Kunde im Sinne der Kooperation und der „Open Books“ auch über seine Vorteile informiert sein (siehe Kapitel 9).

Jede langfristige Kundenbeziehung ist das Resultat von Leistung und Offenheit. Trotz des „offenen“ Vertrags mit möglichen Ausstiegspunkten kann der Lieferant seine Position hier absichern. Zusätzlich relativiert sich beim Lieferanten im Zeitverlauf der Preis pro Storypoint. Wenn der Lieferant keine Leistungssteigerung schafft, dann stimmt entweder etwas mit dem Projekt oder mit dem Lieferanten nicht und das Steering Committee sollte diesen Fall beleuchten.

Damit über die Zeit keine „Inflation der Storypoints“ stattfindet, sollten der Product Owner und der Projektmanager auf Kundenseite in regelmäßigen Abständen neue Schätzungen gegen die ursprünglichen User Stories verifizieren. Dadurch sind recht leicht inflationäre Schätzungen erkennbar und man kann dem entgegenwirken.

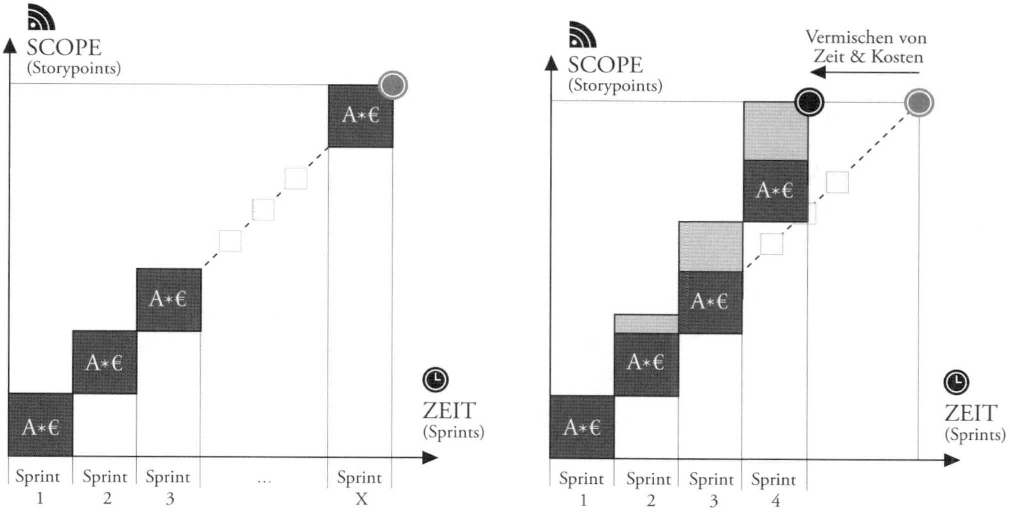

Bild 3.4 Optimierung der Stückkosten und Absicherung der Lieferantenposition

3.2.7 Keine Mehrkosten durch den Agilen Festpreis

Sehr oft wurden wir in den letzten Jahren gefragt, ob man mit dem Agilen Festpreis nun keine Mehrkosten mehr habe, da Change Requests entsprechend im Prozess und durch den Riskshare abgedeckt wären. Leider ist der Agile Festpreis keineswegs die Lösung für das Problem, dass man für eine gewisse Menge Geld nur eine gewisse Menge Ware (in dem Fall Software) bekommt. Der Vertrag stellt Prozesse vor, die es ermöglichen, mit gewissen Unsicherheiten im Prozess vom High-Level-Scope zur detaillierten User Story umzugehen. Der Riskshare ist deshalb wichtig, da man eine gewisse Unsicherheit bei diesem Prozess nicht ausschließen kann. Um die extremen Positionen (teurer Change Request vs. entsprechend gratis in den Scope hineinreklamieren) zu entschärfen, bietet der Riskshare den Vorteil, dass beide Seiten hier „leidtragend" sind, wenn man den Aufwand innerhalb des vorgegebenen Rahmens nicht in der vereinbarten Grenze halten kann. Des Weiteren bietet der Vertrag klare Handhabe, um Teile des Scopes gegen neue Anforderungen zu tauschen, ohne Mehrkosten zu erzeugen (sofern sich der Teil des Scopes noch nicht in der Umsetzung befindet).

Keineswegs kann aber der Auftraggeber einfach neue Themen (Anforderungen) im Laufe des Projekts einbringen und ohne Austausch gegen etwas anderes erwarten, dass der Lieferant den Riskshare trägt. Ein IT-Projekt ist und bleibt auch mit dem Agilen Festpreis immer eine Herausforderung. In der Arbeit mit dem Agilen Festpreisvertrag ist immer klarer geworden, dass eine der essenziell notwendigen Fähigkeiten eines Projektteams das Priorisieren ist. Klingt einfach, ist es aber nicht. Die meisten Projektteams sind – aus unterschiedlichen Gründen – nicht in der Lage, zu priorisieren. Probieren sie es mal in Ihrem Projekt aus. Wenn mehr als 70 Prozent der Anforderungen Priorität 1 haben, wissen Sie, dass es noch Übungsbedarf gibt!

Stimmen aus der Praxis

Dipl.-Ing. Viktor Lutz war viele Jahre in der Unternehmensberatung tätig und verantwortet nun den Bereich Geschäftsentwicklung und Strategische Projekte im Geschäftsfeld E-Commerce Innovation Management bei der Österreichischen Post AG. Auch auf Initiative der Einkaufsabteilung hat er zuletzt ein Großprojekt nach dem Agilen Festpreis abgewickelt. In einem Gespräch im März 2017 hat er uns erzählt, an welchen Stellen er das Prozedere leicht abgewandelt hat und wo er Vorteile, aber auch Herausforderungen erkannt hat.

Wie sehr trifft die Digitalisierung derzeit die Österreichische Post AG? War das ein wichtiges Projekt im Gesamtkontext?

Die Digitalisierung ist für die Post Fluch und Segen zugleich: Absatzrückgang im Briefgeschäft, dafür Absatzsteigerung im Paketgeschäft. Wir versuchen darüber hinaus, bei der Digitalisierung der Kauf- und Bestellprozesse und der nachgelagerten Warenströme – von der Lagerung und dem Fulfillment über den Versand und die Zustellung – für uns und den österreichischen Handel Impulse zu setzen. Dafür investiert die Post mit *www.shöpping.at* in einen eigenen Online-Marktplatz für Österreich. Ich verantwortete die Umsetzung bzw. Entwicklung der technischen Plattform als übergeordneter Product Owner und gleichzeitig Leiter der IT.

Das Projekt haben wir mit einer leichten Adaption des Agilen Festpreises abgewickelt. So ist hervorzuheben, dass wir und der Auftragnehmer vor dem Realisierungsprojekt *alle* User Stories statt nur eine Teilmenge definiert haben. Vertraglich war vereinbart, dass User Stories einvernehmlich (Schriftformgebot) geändert, gestrichen oder ergänzt werden dürfen. Diese Änderungen mussten unter der Vereinbarung eines fixen Abnahmedatums – „fixed time" – und eines Maximalpreises – „fixed price" – für die Umsetzung aller User Stories im Rahmen des „Release 1" vereinbart werden. Unterm Strich war das Projekt sehr erfolgreich, zumal die Kosten und der Zeitplan eingehalten wurden und ein entsprechend qualitativ hochwertiges Ergebnis erbracht wurde. Die Umsetzung des letztendlich realisierten funktionalen Umfangs wäre innerhalb des gegebenen Zeit- und Preisrahmens mit dem Wasserfallmodell so nicht möglich gewesen."

Welche weiteren Learnings hat dieses Projekt für Sie gebracht?

Da gibt es für mich vier wesentliche Punkte. Learning Nr. 1 lautet: Die Erwartungen an das Projekt müssen vor dem Start abgestimmt und Spielregeln festgelegt werden. Auftraggeber und Auftragnehmer sollten ihre Erwartungshaltungen bezüglich der Zusammenarbeit, der Projektabwicklung und vor allem der erforderlichen Flexibilität bei der Interpretation der funktionalen, technischen sowie grafischen Anforderungen der User Stories im Rahmen der Sprint-Cycles transparent machen. Über diese Punkte muss zwischen Auftraggeber und Auftragnehmer vor Beginn der Umsetzung Klarheit und Einigung herrschen – auch dann, wenn der Vertrag diese Themen scheinbar klar definiert, denn Flexibilität ist ein dehnbarer Begriff. Geht beispielsweise der Auftragnehmer davon aus, dass die bereits definierten User Stories für eine Funktionalität als „Standardfunktionalität" der eingesetzten Software umgesetzt und daher nicht mehr abgeändert bzw. angepasst werden, und hat der Auftragnehmer auf Basis dieser Annahme seinen fixen Maximalpreis und den Zeitplan angeboten, so wird es zu gröberen Verwerfungen kommen, wenn der Product Owner des Auftraggebers bezüglich der Umsetzung einzelner Funktionalitäten eine abweichende Erwartungshaltung hat und damit wesentliche Punkte in Frage stellt. Etwa, wenn im Shopsystem anstelle eines „Standardfeatures" – zum Beispiel Prozent-Rabatt auf den Gesamtbetrag – eine geschäftsübliche Funktionalität wie „Prozent-Rabatt nur auf rabattfähige Produkte oder die eines ausgewählten Händlers" umgesetzt werden soll. Dies unabhängig davon, dass laut Vertrag Flexibilität gelebt werden soll und die Scrum-Prinzipien Vertragsbestandteil sind. Hier müssen klare Spielregeln bzw. Guidelines vereinbart werden: Zu welchem Zeitpunkt ist welche Art von Anpassungen erlaubt? In welchem Ausmaß sind diese Detaillierungen bzw. Änderungen innerhalb einer User Story erlaubt? Und wie sehen in diesem Zusammenhang die Kommunikationswege und Abstimmungsprozesse zwischen dem Product Owner bzw. dem Produktmanagement des Auftraggebers und dem Projektleiter des Auftragnehmers und dessen Entwicklungsteam aus?

Mein Learning Nr. 2 lautet: Eine Governancestruktur etablieren und leben. Durch den Abtausch und das Verändern von User Stories sowie durch die gesamte Projektumsetzung befinden sich die Projektleiter beider Seiten in einer ständigen – wenn auch kooperativen – Verhandlungssituation. Führen die jeweils ranghöheren Manager parallel dazu Gespräche bzw. Verhandlungen über inhaltliche oder operative Themen und Belange des Projekts, so torpedieren dabei selbst in guter Absicht getroffene Entscheidungen den Projektfortschritt und damit in weiterer Folge den Projekterfolg. Die Verantwortung und der Entscheidungsbereich der Projektleiter müssen eindeutig definiert sein. Das darüberliegende Management sollte nur als Eskalationsstufe in klar geregelten Fällen dienen und einem klar geregelten Eskalationsprozess folgen. Sonst enthebt man die Projektleiter ihrer Verantwortung und schwächt ihre Durchsetzungskraft, die für eine effiziente operative Umsetzung sowie Kontinuität und Transparenz des Projekts unverzichtbar ist. Dadurch besteht die Gefahr, dass bei strittigen oder konträren Fragestellungen nicht mehr die Entscheidung des Product Owners bzw. Projektleiters gilt – man wartet ab, bis der nächsthöhere Manager entscheidet.

Learning Nr. 3: Formalismus kann behindern. Wie erwähnt waren in unserem Projekt alle funktionalen Kernelemente vor dem Start in Form von User Stories definiert. Daher war der Prozess zur Abänderung sehr formalistisch vereinbart: Jede Änderung musste schriftlich festgehalten und unterschrieben werden und es musste auch bei der Abrechnung entsprechend schriftlich festgehalten werden, was ja dem Agilen Festpreisvorgehen entspricht.

Mit zunehmender Projektdauer gewann das Team während der Umsetzung neue Erkenntnisse - durch neue Erfahrungen, Markteinflüsse und Trends. Das mündete in neuen oder abgeänderten Anforderungen, die möglichst nahtlos und effizient in die laufende Programmierung integriert werden mussten. Den Projektleitern fiel es mit steigendem Zeitdruck immer schwerer, veränderte Features in User Stories formal so zu ändern und per Formular zu dokumentieren, dass im Nachgang jederzeit nachvollziehbar war, was geändert worden war. Der formale Dokumentationsprozess, inklusive Neubewertung und -schätzung der Änderung bzw. Ergänzung, war in vielen Fällen um ein Vielfaches zeitintensiver und damit teurer als die Änderung selbst. Vom Verlust der Flexibilität und dem Zeitverzug ganz zu schweigen. In künftigen Projekten werden abgeänderte User Stories online vermerkt, dokumentiert und zeitnah umgesetzt. Damit erhöht man die Flexibilität und reduziert formale Papierarbeit. Daraus resultierende, überschaubare Mehr- oder Minderaufwände können anschließend schnell und unkompliziert mit dem Restbudget abgeglichen werden. Ein weiterer Nachteil eines Agilen Festpreisprojekts liegt auch darin, dass man im Vergleich zu Time & Material vor der Umsetzung Zeit für die Beschreibung braucht - das ist kein unwesentlicher Kostenfaktor. Die Mehrkosten für die Dokumentation der geänderten Akzeptanzkriterien im Rahmen des Werkvertrags waren jedoch bei der Abnahme der Basisplattform im Sinne der zweijährigen Gewährleistung für eventuelle Mängel an der Softwarelösung mehr als gerechtfertigt - bei Lieferung nach Time & Material (Dienstvertrag) wäre das Gewährleistungsrisiko zur Gänze beim Auftraggeber verblieben.

Und schließlich Learning Nr. 4: Verantwortung verteilen! Aufgrund der bereits zu Projektbeginn vorliegenden User Stories und dem Start-up-Charakter des Projekts wurde auf ein dediziertes Produktmanagement-Team verzichtet. Die Fachteams wurden auf Basis der vorliegenden Kompetenzen und Erfahrungen innerhalb der Teams mit der Umsetzung und Abnahme „ihrer" User Stories betraut. Während der Umsetzung war es daher wichtig, die Interaktion der Fachteams mit den Programmierern themenbezogen auf verschiedene Personen zu verteilen. Die verantwortlichen Teamleiter bzw. Manager - zum Beispiel aus den Bereichen Marketing, Vertrieb, Customer Care - müssen in der Lage sein und sind darauf angewiesen, ihre User Stories und daraus resultierende Anforderungen eigenverantwortlich mit den Programmierern abzustimmen. Nehmen die Fachteams die Verantwortung für die eigenständige fachliche Umsetzungsbetreuung in diesem Setup nicht wahr, sondern wälzen sie auf den Product Owner ab, kann Folgendes passieren: Der Product Owner läuft Gefahr, sich aufgrund der Vielzahl der nun bei ihm angesiedelten Themen fachlich und zeitlich zu überfordern und in Folge dessen suboptimale Entscheidungen zu treffen. Der „Buy-in" und Rückhalt aus dem Fachteam fehlen und getroffene Entscheidungen werden im Nachgang von den fachlich Verantwortlichen in Frage gestellt oder kritisiert.

Welche Anforderungen stellt es an die Einstellung und Kompetenz des Teams, wenn ein so herausforderndes Projekt agil und dann auch noch nach einem Agilen Festpreisvertrag abgewickelt wird?

In einer Start-up-Situation sollten Hierarchiedenken und eingefahrene Arbeitsweisen großer Unternehmen keine Rolle spielen. Andernfalls entstehen komplexe Entscheidungswege, die eine rasche und effiziente Umsetzung fast unmöglich machen. Die fachlich für die jeweiligen User Stories Verantwortlichen brauchen inhaltliche Kompetenz, Verantwortungsbewusstsein und Entscheidungswillen, um die Projektumsetzung rechtzeitig und qualifiziert unterstützen zu können. Es ist eine zentrale Aufgabe der Geschäftsleitung, das Mindset der Mitarbeiter und Projektmitglieder in diese Richtung zu entwickeln, alle Beteiligten diesbezüglich zu motivieren und die Identifikation mit dem Endprodukt zu stärken. So schafft man eine schlagkräftige Mannschaft, die mit dem Projekt durch dick und dünn geht und das Projekt so zum Erfolg führt.

War es der richtige Vertragstyp und die agile Vorgehensweise generell die bessere?

Beachtet man die eingangs geschilderten Dos & Don'ts, dann rechtfertigt ein größeres Software-Projekt oft den Aufwand und die damit verbundenen Kosten eines Vertrags und Projekts nach dem Agilen Festpreis. Die finale Abnahme der Initialphase und die zentralen Themen Bug Fixing und gesetzliche Gewährleistung sind für den Auftraggeber mit einer Kostenobergrenze und einer klaren Leistungsdokumentation leichter durchzuführen und zu argumentieren. Der Druck liegt auf Seiten des Auftragnehmers. Die Kosten für übliche Änderungen und Detaillierungen der User Stories nach den vereinbarten Spielregeln bzw. Guidelines sind im Preis inbegriffen.

Die permanenten kleineren und größeren Weiterentwicklungen nach dieser Initialphase können vom Auftraggeber effektiv über „kleine Agile Festpreise" (Werkvertrag), aber auch als Time & Material (Dienstvertrag) abgedeckt werden. Dabei definiert man wie beim initialen Agilen Festpreis Sprints mit einer Gesamtdauer von ca. 10 bis 20 Tagen mit zugehörigen User Stories. Beim Agilen Festpreis wird zudem eine entsprechende Kostenobergrenze (=Budget) definiert und abgerechnet. Bei Time & Material erfolgt die Abrechnung nach tatsächlichem Aufwand. Das Risiko hinsichtlich der Gewährleistung bei diesen zusätzlichen Softwareerweiterungen ist aufgrund des überschaubaren Umfangs des beauftragten Sprints aber kalkulierbar und damit zu vertreten. Die Erfahrung des Initialprojekts macht beide Arten der weiteren Zusammenarbeit möglich ■

Zusammenfassung

Der Agile Festpreisvertrag stellt einen Rahmen dar, in dem das Projektteam ein erfolgreiches IT-Projekt im vorgegebenen Budgetrahmen liefern kann. Die Kernelemente dieses Vertragsrahmens sind:

- Die Definition des Vertragsgegenstands in Form einer etwas detaillierteren Vision (Epics).
- Die Festlegung der Aufwände auf Basis von Referenz-User-Stories.
- Eine Checkpoint-Phase, um die Hypothese zu verifizieren, auf der die Kooperation und das Projekt aufsetzen.
- Ein Kooperationsmodell, in dem Leistung und Zusammenarbeit zählen, ein Ausstieg aus dem Projekt einfach möglich ist und keinerlei fixe Bindung der Vertragsparteien besteht.
- Ein Scope-Governance-Prozess.
- Ein Scope-Eskalationsprozess.
- Faktoren, um die Motivation weiter zu erhöhen.

Natürlich wird hinter diese Planung auch ein fixer Fertigstellungstermin gelegt. Bei herkömmlichen Methoden wird der Eindruck erweckt, dass der im Vertrag vorgestellte oder bei Projektbeginn im Detail ausgearbeitete Plan sehr realistisch ist. Der Agile Festpreisvertrag geht hingegen von einem einfachen Meilenstein für den Beginn der Endabnahme aus. Das restliche Projekt ist einfach in Sprints unterteilt. Frei nach dem Zitat von Helmuth Karl Bernhard Graf von Moltke, „Planung ist alles, Planung ist nichts, und kein Plan übersteht den Kontakt mit der Realität“, wird das Essenzielle vereinbart. Es werden keine weiteren Details in einen Plan gegossen, der sich laufend ändert.

4 Muster für einen Agilen Festpreisvertrag

Nachdem das letzte Kapitel die Idee des Agilen Festpreisvertrags und den allgemeinen Prozess für die Vorbereitung eines agilen Projekts beschrieben hat, enthält dieses Kapitel eine Vertragsvorlage. Diese sollte nicht unüberlegt übernommen werden, sondern als Ausgangspunkt für die Erstellung Ihres eigenen Agilen Festpreisvertrags dienen. In Kapitel 6 gehen wir noch detaillierter auf die rechtlichen Besonderheiten des agilen Modells ein.

Wir haben nun schon einige Male mit Kunden zusammengearbeitet und diese Vertragsvorlage als Ausgangspunkt für einen Teil der Ausschreibung verwendet. Wenngleich jeder Kunde gewisse Spezifika ergänzt oder Änderungen vornimmt, ermöglicht es diese Vorlage, bereits im ersten Kontakt mit dem Kunden (der Ausschreibung), aber auch in der nachfolgenden Vertragsverhandlung den neuen Kontext eines Agilen Festpreisvertrags zu vermitteln. Wir haben in den letzten Jahren somit zahlreiche Rückmeldungen zu einzelnen Paragraphen erhalten. Jede dieser Rückmeldungen hatte eine Berechtigung, meisten waren darin jedoch Spezifika der Organisation, des juristischen „Geschmacks" oder des Projekts abgebildet. Insofern gibt es kein allgemein gültiges Template, aber wir sind überzeugt, dass Sie gute 90 Prozent dieses Templates übernehmen können. Diverse andere Autoren und Unternehmen haben Abwandlungen dieses Vertrags publiziert (zum Beispiel unter *www.denovo.at/AgilerFestpreis*).

Die Vertragsvorlage beinhaltet in manchen Teilen Erklärungen und Hinweise (*kursiv* hervorgehoben), die Ihrem Verständnis dienen, aber nicht Teil des eigentlichen Vertrags sind. Auch die Aufteilung der Vertragsteile in Hauptvertrag und Anhänge ist nur ein Vorschlag. Eine derartige Aufteilung hat den Vorteil, dass während der Ausschreibung verschiedene Teams in Besprechungen zu Details parallel arbeiten können – zum Beispiel die Techniker zum technischen Annex, die Juristen zu den rechtlichen Rahmenbedingungen, was auch viel Zeit spart. Nichtsdestotrotz ist es notwendig, dass zumindest die Projektmanager und Entscheidungsträger alle wesentlichen Parameter der Vereinbarung kennen. Dies klingt zwar selbstverständlich, wir haben aber in vielen Projekten erlebt, dass sich nicht einmal die wesentlichen Personen im Projekt den Vertrag und die darin enthaltene Prozessvereinbarung genau durchgelesen haben. Starten Sie als Sponsor Ihr Projekt vielleicht mit einer kleinen Abfrage zum Vertragsinhalt – um sicher zu gehen!

Vertrag über das Softwareprojekt

„[PROJEKTNAME]"

---

abgeschlossen zwischen

[AUFTRAGNEHMER]

(im Folgenden „Auftragnehmer" genannt)

und

[AUFTRAGGEBER]

(im Folgenden „Auftraggeber" genannt)

Präambel

> [**Hinweis:** *In diesem Abschnitt ist es besonders wichtig, die wesentlichen Grundgedanken als Hintergrund für das Projekt klar hervorzuheben.*]

Entsprechend der definierten Anforderung (Backlog in Appendix B) für dieses Projekt und dem aktuellen Stand der Technik für Softwareentwicklung vereinbaren die Parteien ein agiles Vorgehen für die Durchführung dieses Projekts, wobei insbesondere folgende Grundsätze gelten:

a) Maximale Kostentransparenz für beide Parteien;

b) Maximale Preissicherheit für den Auftraggeber;

c) Nach jedem Sprint liefert der Auftragnehmer an den Auftraggeber ein getestetes Inkrement lauffähiger Software, welches den Qualitätskriterien gemäß Appendix D entspricht.

d) Permanente kommerzielle und technische Kontrolle des Vertragsfortschritts durch beide Parteien;

e) Klare Prinzipien, nach denen das Projekt durchgeführt wird, und eine klare Projektvision als Darstellung des Projektziels;

f) Partnerschaftliche Zusammenarbeit der Projektteams:

- Zeitnahe und praxisnahe Spezifikation der Anforderungen durch User Stories/Sprints, wobei der Auftraggeber bei deren Definition aktiv mitwirkt und diese verantwortet.
- Sofortige Kommunikation im Falle von Problemen, auch wenn die Zusammenarbeit dadurch gefährdet wird.

g) Maximale Flexibilität bei der Realisierung des Projekts:

- Sollte es eine der Parteien für erforderlich halten, den Umfang des Projekts – aus welchem Grund auch immer – im Laufe des Projekts zu ändern, wird die jeweils andere Partei prüfen, ob diesem Begehren – beispielsweise durch Komplexitätsänderungen anstehender Sprints – entsprochen werden kann, ohne dass sich der vereinbarte Maximalpreisrahmen ändert.

- Gegebenenfalls – z. B. im Falle von unüberwindbaren Problemen in der Zusammenarbeit zwischen den Parteien oder mit Dritten – kann das Softwareprojekt ohne großen finanziellen Aufwand beendet oder an dritte Auftragnehmer übertragen werden.

§ 1 Begriffsdefinitionen und Klarstellungen

[**Hinweis:** *Um Missverständnisse zu vermeiden, sollten Definitionen für die wichtigsten Begriffe festgelegt und angeführt werden.*]

a) Definitionen zu Anforderungen

Alle existierenden Anforderungen werden im Backlog gesammelt.

Die Anforderungen des Gesamtprojekts werden zu Vertragsabschluss in unterschiedlicher Granularität spezifiziert: Das Gesamtprojekt wird durch das in Appendix B definierte Backlog beschrieben. Dieses Backlog gliedert sich in einzelne Themen. Diese werden in detaillierten Epics zu verschiedenen Unterthemen weiter detailliert. Für die tatsächliche Realisierung wird ein Epic im Laufe des Projekts in die erforderliche Anzahl von User Stories unterteilt.

- **Backlog:** Die Liste aller Themen mit einer entsprechenden Priorisierung und Komplexitäts-/Aufwandsbewertung – inklusive der darin enthaltenen Epic(s) und User Stories, sofern schon definiert. Zumindest auf der Detailebene der Epics ist das Backlog eine vollständige Beschreibung des Vertragsgegenstands.
- **Thema:** Eine Gruppe von Anforderungen aus Geschäftssicht, wobei jedes Thema auf einem sehr hohen Abstraktionsniveau und prägnant in einem kurzen Absatz beschrieben ist. Die Beschreibung ist für Experten ausreichend, um die Komplexität und damit den Arbeitsumfang abzuschätzen.
- **Epic:** Ein Thema gliedert sich in funktional zusammenhängende Gruppen von User Stories. Diese Subthemen werden Epics genannt. Ein Epic wird prägnant in einem Absatz beschrieben.
- **User Story:** Die Beschreibung – aus Benutzersicht – eines konkreten, funktionell unabhängigen Anwendungsfalls sowie eine ausreichende Anzahl an Testfällen (zumindest drei Gut- und eventuell Schlechtfälle) zur Überprüfung der korrekten Funktion dieses Anwendungsfalls.

b) Weitere Definitionen

- **Projektvision:** Beschreibt die wesentlichen Projektziele, die aus Sicht des Auftraggebers erreicht werden müssen, um den Projektnutzen zu gewährleisten.
- **Dokumentation:** Quellcode der Software mit Inline-Dokumentation, User Stories und Designdokument. Die Dokumentation ermöglicht dem Auftraggeber jederzeit, das Projekt auch ohne den Auftragnehmer weiterzuentwickeln bzw. ggf. zu Ende zu führen, wenn entsprechende einschlägige Expertise vorhanden ist.
- **Exchange for free -Vorgehen:** Anforderungen können im Laufe des Projekts gegen nicht im Projektumfang beinhaltete Anforderungen ausgetauscht werden, sofern der Umfang für deren Umsetzung äquivalent ist und sich die ausgetauschte Anforderung noch nicht in der Umsetzung befindet.
- **Gutfall:** Die Beschreibung eines gewünschten Ergebnisses einer User Story.
- **Schlechtfall:** Die Beschreibung eines nicht gewünschten Ergebnisses einer User Story.

- **Sprint:** Die [X]-Wochen-Iteration, bei welcher der Auftraggeber die User Stories mit der höchsten Priorität aus dem Backlog in die Entwicklung des Auftragnehmers übergibt. Der Auftragnehmer entwickelt und testet die Funktionalität und übergibt sie bei Sprintende an den Auftraggeber. Die Projektmanager beider Parteien unterzeichnen die User Stories vor Übergabe an das Entwicklungsteam und bestätigen damit deren Vollständigkeit und Verständlichkeit. Das Entwicklungsteam selektiert aus dieser priorisierten Liste von User Stories den Inhalt für den nächsten Sprint. Nach Lieferung des Projektinkrements zum Abschluss jedes Sprints nimmt der Projektmanager jeden Sprint schriftlich ab.

  Der in einem Sprint definierte Leistungsinhalt kann - soweit nicht anders vereinbart - innerhalb von zwei Wochen erarbeitet und abgenommen werden.

c) Projektmanager:

[NAME FUNKTION] Auftraggeber

[NAME FUNKTION] Auftragnehmer[1]

Die Projektmanager beider Parteien sind ermächtigt, alle Entscheidungen für dieses Projekt selbstständig zu treffen, soweit das Steering Board nicht gewisse Entscheidungen von seiner Zustimmung abhängig macht.

> [**Hinweis:** *Dies sollte nach Möglichkeit bereits in der ersten Sitzung geschehen. Wobei es ratsam ist, den Projektmanagern möglichst wenige Einschränkungen aufzubürden, um den Projektfortschritt nicht zu hemmen.*]

Entscheidungen werden in zumindest wöchentlichen Abstimmungen dokumentiert und schriftlich bestätigt.

d) Scope Steering Board: Dieses Gremium besteht aus folgenden Personen:

[NAME] entscheidungsbefugter Vertreter des Auftraggebers,

> [**Hinweis:** *Für Situationen, in denen mehrere Abteilungen einen Teil des Projektumfangs bestimmen, muss der Auftraggeber entweder einen entscheidungsbefugten Vertreter nominieren oder - was meist realistischer ist - je Abteilung einen Vertreter in dieses Gremium entsenden.*]

[NAME] entscheidungsbefugter Vertreter des Auftragnehmers,

[NAME] Projektmanager des Auftraggebers,

[NAME] Product Owner des Auftragnehmers.

Jedes Treffen des Scope Steering Boards resultiert in einem verbindlichen, von beiden Parteien unterzeichneten Protokoll.

Jede Entscheidung des Scope Steering Boards bedarf der Zustimmung der entscheidungsbefugten Vertreter des Scope Steering Boards.

[1] Diese Rolle wird im agilen Vorgehen als Product Owner bezeichnet, etwas anders definiert und umfasst ein sehr stark inhaltlich involviertes Bindeglied zwischen Scrum-Team und Kunde.

e) Steering Board: Das Gremium besteht aus folgenden Personen:

[NAME] entscheidungsbefugter Vertreter des Auftraggebers,

[NAME] entscheidungsbefugter Vertreter des Auftragnehmers,

[NAME] Projektmanager des Auftraggebers,

[NAME] Product Owner des Auftragnehmers.

Jedes Treffen des Steering Boards resultiert in einem verbindlichen, von beiden Parteien unterzeichneten Protokoll.

Jede Entscheidung des Steering Boards bedarf der Zustimmung der entscheidungsbefugten Vertreter des Steering Boards.

f) Schriftform:

Schriftform ist gegeben, sofern eine bevollmächtigte Person ein Dokument unterzeichnet (Übermittlung als PDF möglich). Alle Willenserklärungen – wie beispielsweise Abnahmen, Spezifikation von Sprints etc. – nach diesem Vertrag bedürfen der Schriftform.

> [**Hinweis:** *Mit Schriftform ist hier die „Unterschrift" eines Dokuments gemeint, da die Massen von E-Mails oft die Wichtigkeit solcher Entscheidungen abschwächen und deren Nachvollziehbarkeit reduzieren.*]

§ 2 Vertragsgegenstand und Hierarchie der Dokumente

> [**Hinweis:** *Im Falle von unterschiedlichen Auffassungen wird als erster Schritt die schriftliche Vereinbarung zur Lösung herangezogen. Dafür ist es wichtig, die Hierarchie der Dokumente festzulegen. Das ist die Antwort auf die Frage: Welches Dokument „sticht" das andere? Wird erst in der Bestellung des IT-Projekts durch den Auftraggeber beim Auftragnehmer auf die Hierarchie hingewiesen, kann das zu großer Unsicherheit führen.*]

Der Backlog in Appendix B definiert den Vertragsgegenstand **[BEZEICHNUNG]** und enthält die Projektvision, alle Epics und die User Stories eines Epics **[BEZEICHNUNG DES EPICS] zum Zeitpunkt des Vertragsschlusses.**[2]

Mindeststandard für die Ausführung ist der im Zeitpunkt der Auftragserteilung bestehende aktuelle Stand der Technik im Sinne des anerkannten Industriestandards unter Berücksichtigung des vertraglichen Zwecks.

Hierarchie der Dokumente in absteigender Priorität:

a) Von allen entscheidungsbefugten Vertretern des Steering Boards unterzeichnete angenommene Empfehlung des Sachverständigen

b) Von allen entscheidungsbefugten Vertretern unterzeichnetes Protokoll des Steering Boards

c) Von beiden Projektmanagern unterzeichnete Anforderungen (User Stories) oder Änderungen an Epics oder Themen, sofern sich diese von den ursprünglichen Referenz-User-Stories und Epics in Appendix B unterscheiden

d) Dieser Vertrag

[2] Insbesondere diese Bestimmung wird anders definiert sein.

e) Appendix A „Commercial Provisions“

f) Appendix B „Technical Provisions – Backlog“

g) Appendix D „Qualitätskriterien und Definition of Done“

h) Appendix C – „12 Prinzipen der Kooperation“

Die oben definierten Dokumente stellen das gesamte Übereinkommen der Parteien dar. Mündliche Nebenabreden sind nicht gültig.

[**Hinweis:** *Wir gehen davon aus, dass* Appendix B *nur die Referenz-User-Stories für ein Epic enthält, ansonsten ist hier die Liste anzuführen. Hinsichtlich der Betrachtung aus dem Ausschreibungsprozess siehe auch* Kapitel 5. *Das Verhandlungsprotokoll oder die Bestellung sollten in dieser Hierarchie der relevanten Dokumente nach Möglichkeit nicht aufgenommen werden. Dies ist zwar eine Standardpraxis, führt aber immer wieder zu rechtlichen Unsicherheiten.*]

§ 3 Nutzungsrechte am Vertragsgegenstand

[**Hinweis:** *Regelungen für eine Lizenz für ein zu verwendendes Softwareprodukt sind in einer separaten Lizenzvereinbarung zu verfassen. In diesem Vertrag sollte in so einem Fall aber die Regelung übernommen werden, was mit der Lizenz nach dem Agilen Festpreis bei z.B. einer Beendigung des Projekts zu welchem Zeitpunkt geschieht.*]

Der Auftragnehmer überträgt dem Auftraggeber sämtliche im Rahmen dieses Vertrags und seiner Erfüllung entstandenen, entstehenden oder hierfür von ihm erworbenen oder zu erwerbenden urheberrechtlichen Nutzungsrechte, Leistungsschutz- und sonstigen Schutzrechte. Weiterhin verpflichtet sich der Auftragnehmer, über den Umfang dieser Rechte auf Verlangen des Auftraggebers durch Vorlage der entsprechenden Unterlagen jederzeit Auskunft zu geben.

Der Auftraggeber ist berechtigt, die ihm übertragenen Rechte an Dritte zu deren freier und uneingeschränkter Verwendung weiterzugeben.

Die Urheberpersönlichkeitsrechte des Auftragnehmers bleiben unberührt.

[**Hinweis:** *Hier ist zu entscheiden, ob im Projekt wirklich Eigentum übergeben wird. Urheberpersönlichkeitsrechte können in manchen Ländern übertragen werden und in manchen nicht. Wenn z.B. der Auftragnehmer eine juristische Person ist, wird er die Urheberrechte eventuell nicht haben können. Das ist entsprechend des Vertragsgegenstands und des Umfelds abzustimmen.*]

§ 4 Transparenz und „Open Books“

[**Hinweis:** *Dieser Paragraph legt dar, dass eine Verpflichtung zur Transparenz besteht. Es ist wichtig, das festzuhalten, weil der im Agilen Festpreisvertrag vorgesehene Ablauf nur im Falle von Transparenz funktionieren kann.*]

Der Auftragnehmer ist verpflichtet, das Projekt, die Dokumentation und damit auch den Source Code während der Projektumsetzung jederzeit so zu dokumentieren, dass der Auftraggeber das Projekt zu jeder Zeit mit einem über die nötige Expertise verfügenden Dritten oder selbst weiterentwickeln bzw. nutzen kann.

Der Auftragnehmer verpflichtet sich, 14-tägig einen genauen Bericht über bereits entstandene Aufwände, den Projektfortschritt im Vergleich zum Plan sowie einen Forecast für die Gesamtkosten und die Projektlaufzeit an den Auftraggeber zu übermitteln.

Weiterhin ist der Auftraggeber berechtigt, jederzeit am Entwicklungsprozess und an Besprechungen vor Ort beim Auftragnehmer teilzunehmen, um sich ein Bild vom Aufwand und der Arbeitsweise des Auftragnehmers zu verschaffen. Dies ist im Rahmen des hier vereinbarten Verfahrens sogar erwünscht.

Der Auftragnehmer verpflichtet sich zu Daily Scrums (tägliche Besprechungen der Entwicklungsteams), die vom Kunden besucht werden können.

Der Auftragnehmer verpflichtet sich zum Führen einer Impediment-Liste (Liste der Dinge, die den Entwicklungsfortschritt behindern), die ebenfalls offen zugänglich ist und mindestens 14-tägig zwischen Auftragnehmer und Auftraggeber besprochen wird.

Der Auftragnehmer verpflichtet sich, alle Impediments, die älter als 48 Stunden sind, an das Steering Board zu eskalieren, um klarzustellen, dass eine schnellstmögliche Lösung notwendig ist.

Der Auftraggeber verpflichtet sich, einen Ansprechpartner auf seiner Seite zu definieren, der zeitnah für die Lösung von Impediments auf Kundenseite sorgt.

Der Auftragnehmer verpflichtet sich, dem Kunden jederzeit zusätzlich zu den 14-tägigen Lieferungen vollen Einblick in den Entwicklungsfortschritt zu gewähren.

§ 5 Abnahme

[**Hinweis:** *Dieser Paragraph ist nicht erschöpfend formuliert, sondern dient lediglich der Darstellung, dass es eine Endabnahme und Zwischenabnahmen geben sollte. In Beispiel 1 finden Sie in einem Vertragsbeispiel eine weitreichendere Formulierung. Die Formulierung der Endabnahme ist hier aber noch - entsprechend etwaiger Standards - zu ergänzen.*]

Das agile Vorgehen ermöglicht beiden Parteien, die Qualität der Softwareteillieferungen (Sprints) zeitnah sicherzustellen und abzunehmen. Dies wird durch Zwischenabnahmen von Sprints sichergestellt.

Abnahmen von Sprints sind entsprechend von beiden Projektmanagern zu unterzeichnen und hinsichtlich der abgenommenen Funktionalität bindend. Diese Teilabnahme beinhaltet den Source Code, die Funktionalität und die Dokumentation des gelieferten Softwareinkrements. Wenn spätere Änderungen im Umfang zu Änderungen bei schon teilabgenommenen Funktionalitäten führen, ist dieser Aufwand entweder durch Reduktion des Umfangs im Maximalpreisrahmen auszugleichen oder als Zusatzaufwand außerhalb der Regelung des Riskshares zu betrachten.

[**Hinweis:** *Diese Feststellung ist wichtig, da die Möglichkeit, später noch den Umfang zu ändern, auch impliziert, dass eventuell bestehende Teile wieder überarbeitet werden müssen. Das muss zu Lasten des Gesamtaufwands jeder geplanten Änderung gehen und kann nicht vom Lieferanten oder im Sinne des Riskshares gesehen werden. In Müller-Hengstenberg 2008 wird das Thema der Teilabnahmen bei iterativer Entwicklung speziell* *betrachtet und festgehalten, dass jeweils das strukturierte Testverfahren und eine Abnahme erfolgen soll.*]

Eine finale Abnahme folgt nach Abschluss der Gesamtleistung und betrifft die noch zu verifizierenden integrativen Anteile des Systems – d. h. Funktionen, die erst durch die Gesamtintegration überprüft werden können, sowie die Leistungsfähigkeit des Gesamtsystems. Funktional bereits getroffene Zwischenabnahmen werden davon nicht mehr aufgehoben.

Beide Parteien verstehen, dass bei Abnahmen im Sprint gewünscht ist, dass neue Ideen für Funktionalitäten entstehen. Diese neuen Ideen werden begrüßt, jedoch führen diese Ideen nicht dazu, dass sie automatisch in den Scope des Projekts aufgenommen werden. Diese Ideen werden im Nachgang zu den Reviews (Abnahmen) von beiden Parteien besprochen und es wird entschieden, ob diese neuen Funktionalitäten als neue Einträge ins Backlog aufgenommen werden sollten. Wird eine neue Funktionalität aufgenommen, so wird diese im Anschluss vom Entwicklungsteam geschätzt. Das Steering Board kann dann entscheiden, ob diese Funktionalität in den Scope des Projekts aufgenommen wird und welche andere Funktionalität stattdessen aus dem Scope des Projekts herausgenommen wird.

[**Hinweis:** *Zusätzliche Anforderungen an die Abnahmeprozedur wie Zeitrahmen für die Durchführung der Abnahme oder die Bereinigung gefundener Fehler sollten hier je nach Bedarf so wie in klassischen Verträgen ergänzt werden.*]

§ 6 Zusammenarbeit bei der Projektentwicklung

[**Hinweis:** *Hier handelt es sich um einen der Kernparagraphen, der den Prozess der Zusammenarbeit – im Gegensatz zu anderen Vertragsarten – bereits bei Vertragsabschluss klar regelt. Die Formulierung sollte nicht stark verändert werden, damit der essenzielle Nutzen erhalten bleibt.*]

Der Auftraggeber hat folgende Mitwirkungspflichten, welche die Projektmanager zu Projektbeginn in Analogie zu den Sprints in den folgend beschriebenen Zyklen fixieren (die Projektmanager können einvernehmlich eine andere Regelung treffen):

a) **Spezifikation der User Stories:** Der Auftraggeber spezifiziert die User Stories **gemeinsam mit dem Auftragnehmer** vorab, zumindest im Umfang für die voraussichtliche doppelte Lieferleistung des nächsten Sprints im vertraglich vereinbarten Format (siehe Appendix B).

[**Hinweis:** *Es ist wichtig, dass die Spezifikation gemeinsam vorgenommen wird, da man sonst wieder im klassischen Lastenheftvorgehen des Wasserfallmodells landet.*]

Die Projektmanager besprechen und finalisieren in einem Workshop im Ausmaß von **[x]** Stunden User Stories, die den Vorschlag für den Umfang des nächsten Sprints darstellen, und priorisieren diese Liste von User Stories entsprechend.

Vor Beginn eines Sprints nehmen beide Projektmanager die jeweilige Spezifikation dieser User Stories gemeinsam und schriftlich ab. Diese Lieferleistung ist als voraussichtliche Lieferleistung zu betrachten, da die tatsächliche Lieferleistung erst nach Schätzung des Teams vereinbart wird (im Schätzmeeting oder im Sprint Planning). Sollte diese tatsächliche Lieferleistung in einem Sprint jedoch unter dem zwischen den Projektmanagern pro

Sprint zu liefernden vereinbarten Umfang (und somit auch dem hinsichtlich des Zeitrahmens hochgerechneten notwendigen Umfangs für einen Sprint) sein, wird analysiert, ob der Umfang im Rahmen dieses Sprints geändert wurde oder welche Impediments dazu geführt haben, und dann entsprechend der Scope-Governance-Prozess aus Appendix B durchgeführt. Wenn der Umfang nicht geändert wurde, wird der Auftragnehmer innerhalb von **[x]** Wochen das/die Umsetzungsteams umstellen/erweitern, sodass die entsprechend notwendige Geschwindigkeit in der Umsetzung erreicht werden kann. Dies betrifft lediglich die Lieferleistung, basierend auf dem vereinbarten Umfang, nicht aber etwaigen zusätzlichen Umfang. Im Fall von zusätzlichem Umfang ist der Prozess wie in Appendix B beschrieben einzuleiten.

[**Hinweis:** *Der Auftragnehmer ist gehalten, den Eskalationsprozess entsprechend auszunutzen, wenn Zweifel aufkommen, ob hier nicht „schleichend" der Umfang erweitert wird. Es darf nicht passieren, dass durch inkonsequente Governance der Auftragnehmer in kleinen Schritten immer mehr liefern muss, aber nirgends vom noch zu liefernden Backlog Komplexität reduziert wird und dann vielleicht Monate später reklamiert wird, dass der Umfang sich geändert habe.*]

b) **Verfügbarkeit für Rückfragen:** Innerhalb eines Entwicklungszyklus (Sprint) stehen die Experten des Auftraggebers für Rückfragen zur Verfügung und sind entweder telefonisch erreichbar oder beantworten schriftliche Anfragen innerhalb von **[EINEM]** Werktag. Sollten bei diesen Diskussionen von einer Partei Änderungen am Umfang der Anforderung angemeldet werden, so ist diese Änderung erst nach schriftlicher Zustimmung der Projektmanager (Product Owner) gültig.

c) **Zwischenabnahmen des Projektfortschritts:** Im Umfang von **[x]** Tagen führen die Projektmanager nach jedem **[x.]** Sprint eine bindende Teilabnahme durch, bei der die Projektmanager in einem gemeinsamen Meeting die Funktionalität entsprechend der pro User Story vereinbarten Gut- und Schlechtfälle verifizieren. Bei Zwischenabnahmen entstandene Fehler werden bis zur nächsten Zwischenabnahme oder entsprechend einer zwischen den Parteien vereinbarten Priorisierung vom Auftragnehmer bereinigt und bei der Zwischenabnahme des nächsten **[x.]** Sprints erneut verifiziert. Werden Funktionen nach **[ZWEIMALIGER]** Überprüfung immer noch als fehlerhaft erkannt, wird dies in das Steering Board eskaliert.

d) **Finale Abnahme:** Standardvorgehen zur Abnahme unter Berücksichtigung bereits abgenommener funktionaler Teile der Zwischenabnahmen. Die finale Abnahme bedarf der schriftlichen Zustimmung des Scope Steering Boards.

[**Hinweis:** *Das Standardvorgehen für eine finale Abnahme ist hier wie in Standardverträgen zu ergänzen und in diesem Vertrag entsprechend zu fixieren. Dies beinhaltet bekannte Parameter, welche Fehler welcher Prioritäten noch offen sein dürfen, bzw. innerhalb welcher Zeit die Abnahme auszusprechen ist. Dazu gibt es bereits eine Vielzahl von Meinungen und Best Practices aus dem IT-Vertragsrecht.*]

Die Vertragsparteien vereinbaren, auch im Falle von unterschiedlichen Ansichten im Projekt transparent, sachlich und offen zu kommunizieren.

§ 7 Mitwirkungspflichten des Auftraggebers

[**Hinweis:** *Es wurde von manchen Juristen angemerkt, dass* Appendix C *zu unspezifisch sei und man entweder konkrete Mitwirkungspflichten festhält oder diesen Appendix weglässt. Wir sind der Meinung, dass* Appendix C *den Kontext der Zusammenarbeit setzt. Trotzdem scheint es sehr hilfreich, ein paar der konkreten Mitwirkungspflichten (ergänzend zu § 6) aufzulisten. Es obliegt der Situation und dem Stil der Beteiligten, wie man § 6, § 7 und* Appendix C *ausgestaltet. Ein Vorschlag von uns findet sich wie folgt. Sollten diese Pflichten nicht eingehalten werden, empfehlen wir beiden Partnern, sofort die rote Karte zu zeigen, bzw. das Projekt abzubrechen!*]

a) Der Auftraggeber ist verpflichtet, die vereinbarte Anzahl von User Stories, welche gemeinsam mit dem Auftragnehmer definiert wurden, innerhalb von drei Tagen zu begutachten und entweder Anmerkungen einzubringen oder diese zu akzeptieren.

b) Der Auftraggeber verpflichtet sich, jeden [x.] Sprint an den Teilabnahme-Workshops mit dem Auftragnehmer teilzunehmen, und trägt dafür Sorge, dass am Ende jedes Teilabnahme-Workshops eine Liste der Mängel an den Auftragnehmer übergeben wird.

c) Der Auftraggeber ist verpflichtet, innerhalb von 10 Kalendertagen, nachdem der Auftragnehmer alle Akzeptanzkriterien erreicht hat, die finale Abnahme auszusprechen.

d) Wenn der Auftraggeber den hier, und in § 6 angeführten Mitwirkungspflichten nicht nachkommt, so ist der Auftragnehmer verpflichtet den Auftraggeber schriftlich über dieses Versäumnis zu informieren. Außerdem muss der Projektmanager des Auftragnehmers diesen Punkt umgehend dem Steering Board melden.

e) Sofern der Auftragnehmer durch die Nichteinhaltung der Mitwirkungspflichten durch den Auftraggeber nicht oder nur teilweise nicht in der Lage ist, die Leistungen zu erbringen, so erlischt die Verantwortung des Auftragnehmers, die Leistung in entsprechender Zeit, Form und Qualität zu erbringen, sofern er seiner Rügepflicht nachgekommen ist.

§ 8 Eskalation an das Steering Board und an den Sachverständigen

[**Hinweis:** *Dieser Paragraph gibt die Vereinbarung wieder, dass man sich im Falle einer Uneinigkeit zu Aufwänden einer zusätzlichen Instanz – im normalen Projektvorgehen – bedienen kann. Es wird nicht oft genutzt, allein die Möglichkeit schafft aber schon positive Motivation auf den Ebenen davor und im Zweifel auch Klarheit.*]

Jede der Parteien kann in folgenden Konstellationen einen gemeinsam festgelegten unabhängigen Sachverständigen anrufen:

- Wenn es keine Einigung des Steering Boards über Aufwandsfestlegung eines Sprints gibt.
- Wenn es keine Einigung des Steering Boards über die Abnahme eines Sprints oder über die Zwischen- bzw. Endabnahme gibt.
- Die Parteien einigen sich, dass folgender Sachverständiger das Projekt gegebenenfalls durch seine Entscheidung unterstützen soll:

  [NAME – ADRESSE – E-MAIL – TELEFONNUMMER]

Die Parteien tragen für jeden Anlassfall die Kosten für den Sachverständigen zu gleichen Teilen.

Die Parteien sind zwar nicht an die Entscheidung bzw. die Empfehlung des Sachverständigen gebunden, überdenken allerdings gegebenenfalls ihre jeweilige Position auf Basis der neuen Information.

Sollte der Sachverständige - aus welchem Grund auch immer - verhindert sein, bestimmt das Steering Board einen anderen geeigneten Sachverständigen.

Der guten Ordnung halber wird festgehalten, dass die Entscheidung des Sachverständigen nicht rechtsverbindlich ist und keine der Parteien daran hindert, die ordentlichen Gerichte anzurufen.

Beide Parteien stimmen zu, dass dieser Vertrag ein partnerschaftliches Kooperationsmodell definiert. Zum Wesen dieser Kooperation gehört, dass keine Partei die andere zwangsweise an sich bindet. Daher kann jede der Parteien das Projekt mit einer Vorlaufzeit von **[2]** Sprints für beendet erklären und sich von ihrer Leistungspflicht lösen. Da zum einen der Auftragnehmer nach jedem Sprint eine für den Auftraggeber einsetzbare Software mit der entsprechend bis dahin umgesetzten Funktionalität erhalten hat und zum anderen der Auftragnehmer jeweils für die Leistungen der Sprints zum Großteil bezahlt wurde und keine massiven Skaleneffekte oder Vorleistungen für zukünftige Funktionalitäten geleistet hat, ist dieses Vorgehen für beide Parteien zuträglich und stellt eine der Grundlagen für den Kooperationsmodus dar. Bei einem Projektabbruch kann jedoch der Auftragnehmer die von den bereits geleisteten Sprints jeweils verbliebenen **[x]** % nicht mehr geltend machen.

> [**Hinweis:** *Dieser Punkt ist Teil der Verhandlung. Wie sehr trifft den Auftraggeber ein Lieferantenwechsel und wie sehr traut sich der Auftragnehmer zu, das Projekt auch - sicher - durchzuziehen?*]

Da das Vorgehen dem Auftraggeber gewährleistet, dass die bereits gelieferte Funktionalität funktionsbereit ist und dem Auftragnehmer die bereits getätigten Aufwände in entsprechend den in Appendix A vereinbarten Abständen abgegolten werden, ist dies eine für beide Parteien tragbare Regelung.

§ 9 Projektzeitraum

Die Parteien vereinbaren, den in Appendix B festgehaltenen Projektumfang bis zum **[xx.xx.xxxx]** fertigzustellen. Die Übergabe des letzten Sprints erfolgt mit **[xx.xx.xxxx]** und daraufhin folgt eine Abnahmephase von [x] Wochen, welche dann zur Abnahme zum oben genannten Fertigstellungstermin führt.

> [**Hinweis:** *Diese eher rudimentäre Formulierung soll signalisieren, dass es keine komplizierten Meilensteinpläne gibt, sondern einen festgelegten Zeitraum jeder Iteration und einen Fertigstellungstermin des letzten Sprints, bevor die Abnahme beginnt, sowie die Dauer eben dieser Abnahme. Das kann grafisch untermauert und gegebenenfalls auch im Appendix eingebracht werden. Wichtig ist jedoch, dass keine weiteren Planungen gemacht werden (wie z. B. „Am 3. April ist die User-Verwaltung fertig“). Man würde damit den agilen Prozess untergraben. Es kann aber eine indikative Release-Planung geben (mit eben dem Vermerk: indikativ).*]

§ 10 Gewährleistung und Schadensersatz

[**Hinweis:** *Diese Bestimmung ist auftraggeberfreundlich formuliert. Es empfiehlt sich, vor allem diese Bestimmung für den Anlassfall gut zu überdenken. Die Gewährleistung wird im rechtlichen Rahmen in* Kapitel 6 *genauer beleuchtet.*]

Die Gewährleistungsfrist beträgt **[ZEITRAUM]**. Die Gewährleistungsfrist beginnt für jeden Teil der Software mit der Verwendung in Produktion oder mit Endabnahme – je nachdem, welches Ereignis früher eintritt.

[**Hinweis:** *Manchmal ist es sinnvoll, die Gewährleistung zumindest über einen Teil der gelieferten Inkremente der Software zu spannen, da man möglicherweise später, wenn die gesamte Software geliefert wurde, die einzelnen Komponenten in ihrer Gewährleistung nur schwer auseinanderhalten kann.*]

Innerhalb der Gewährleistungsfrist muss der Auftraggeber dem Auftragnehmer den Mangel nachweisen.
Es gelten die gesetzlichen Schadensersatzbestimmungen.

[**Hinweis:** *Der letzte Satz ist stark aus Sicht des Auftraggebers formuliert. In der Verhandlung sollte man einen Mittelweg in der Begrenzung der Haftung finden, allerdings ist das kein spezielles Thema des Agilen Festpreises.*]

§ 11 Haftungsbegrenzung

[**Hinweis:** *Dieser Absatz ist in jedem Agilen Festpreisvertrag essenziell, wird aber jeweils den Anforderungen entsprechend gestaltet und ist nicht anders als bei herkömmlichen IT-Verträgen. An dieser Stelle fügen Sie Ihre bevorzugte Formulierung und Forderung ein.*]

§ 12 Vergütung des Auftragnehmers

[**Hinweis:** *Für die Vergütungsklausel geben wir ein Beispiel, wo nach erbrachter und teilabgenommener Leistung nach jedem oder ein paar Sprints bezahlt wird. Es besteht aber auch die Möglichkeit, größere Abstände für die Zahlungsmeilensteine zu hinterlegen. Wichtig ist aber die Festlegung auf gelieferte Software und nicht auf Zeit oder Zwischenergebnisse.*]

Die Vergütung des Auftragnehmers für das geleistete Werk erfolgt auf Basis der in Appendix A angegebenen Preise und Zahlungsmeilensteine.

§ 13 Höhere Gewalt

Führt der Eintritt höherer Gewalt zu einer Unterbrechung der Arbeiten, werden die Parteien von ihren Verpflichtungen aus dem Vertrag für die Zeit der Unterbrechung ihrer Leistungsverpflichtung frei.

Wird im Falle des Eintritts höherer Gewalt die Erfüllung der Leistung auf Dauer gänzlich verhindert, so sind die Parteien berechtigt, den Vertrag zu beenden. Schadensersatzansprüche sind für diesen Fall ausgeschlossen.

Als höhere Gewalt gelten insbesondere folgende Ereignisse: Krieg, Verfügungen von höherer Hand, Sabotage, Streiks und Aussperrungen, Naturkatastrophen, geologische Veränderungen und Einwirkungen.

Jede Vertragspartei ist verpflichtet, unverzüglich nach dem Eintritt eines Falles höherer Gewalt der anderen Partei Nachricht mit allen Einzelheiten zu geben. Darüber hinaus haben die Parteien über angemessene zu ergreifende Maßnahmen zu beraten.

§ 14 Geheimhaltung

Beide Vertragsparteien verpflichten sich, die ihnen jeweils überlassenen Daten und Unterlagen ausschließlich für die Erbringung der Leistungen zu verwenden. Jedwede andere Nutzung bedarf der vorherigen schriftlichen Zustimmung der jeweiligen Vertragspartei, wobei ausdrücklich festgehalten wird, dass der Auftraggeber über den Vertragsgegenstand und die Dokumentation frei verfügen kann.

Beide Parteien sind verpflichtet, über alle im Zusammenhang mit der Erbringung der Leistungen bekannt werdenden Vorgänge der jeweils anderen Partei Stillschweigen zu bewahren. Die Verpflichtung zum Stillschweigen erstreckt sich auf alle Mitarbeiter der Parteien. Diese Verpflichtung hat der Auftragnehmer durch geeignete Maßnahmen seinen Mitarbeitern aufzuerlegen.

Beide Vertragsparteien handeln gemäß den folgenden einschlägigen Bestimmungen der Datenschutzgesetze:

[AN DIESER STELLE WERDEN DIE ANWENDBAREN UND GÜLTIGEN BESTIMMUNGEN EINGEFÜGT]

Beide Parteien verpflichten sich, die ihnen bekannt gegebenen Daten nach Beendigung des Projekts zu vernichten oder zurückzugeben, es sei denn, die Daten werden zur Führung eines Rechtsstreits mit der jeweils anderen Partei benötigt.

§ 15 Salvatorische Klausel

Sollten einzelne Bestimmungen dieses Vertrags nichtig sein, so wird hierdurch die Rechtsgültigkeit im Übrigen nicht berührt. An die Stelle der nichtigen soll eine gültige Bestimmung treten, die dem Sinn des Vertrags gemäß und durchführbar ist. Entsprechendes gilt, sofern sich bei der Vertragsabwicklung zeigen sollte, dass einzelne Bestimmungen undurchführbar sind.

§ 16 Erfüllungsort, Gerichtsstand und anwendbares Recht

Erfüllungsort und Gerichtsstand ist **[SITZ DES AUFTRAGNEHMERS ODER AUFTRAGGEBERS]**. Es gilt das Recht der **[BUNDESREPUBLIK DEUTSCHLAND]** unter Ausschluss des Internationalen Privatrechts und der Bestimmungen des Übereinkommens der Vereinten Nationen über Verträge über den internationalen Warenkauf.

[ORT], am **[DATUM]**

[AUFTRAGGEBER] **[AUFTRAGNEHMER]**

Appendix A: Kommerzielle Vereinbarungen

Preise

[**Hinweis:** *In diesem Absatz werden die Preise festgelegt, wobei das Template verschiedene Optionen anbietet. Sinnvoll ist es, nicht eine Verbindung zu Personen, Erfahrungslevels und Tagen darzustellen, sondern Resultate zu bepreisen. Im Hintergrund oder auch zwecks Transparenz können dafür die Teamkosten verwendet werden. Im Wesentlichen ist aber auch das nur informativ, da der Lieferant, wenn zum Beispiel das ursprünglich geplante Team nicht so viel leistet wie bei Vertragsabschluss geschätzt, auf Kosten seines Deckungsbeitrags das Team umstellen oder erweitern muss. Die Initialphase zur Erreichung des Agilen Festpreises mittels indikativem Maximalpreis kann auch in einem eigenen kurzen Vertrag, basierend auf Time & Material inklusive einem eventuellen Riskshare, festgehalten werden.*]

Der indikative Maximalpreis in der Höhe von

EUR [BETRAG]

ergibt sich aus einer Expertenschätzung durch den Aufragnehmer und basiert auf folgenden Elementen:

- Aufwand für die Referenz-User-Stories des bereits in Appendix B vollständig beschriebenen Epics;
- Liste aller Epics aus dem Backlog, wie in Appendix B beschrieben;
- Gesamtaufwand auf Basis einer Analogieschätzung für alle Epics;
- Unsicherheitsaufschlag in Höhe von [X] Prozent.

Für beide Parteien ist der oben definierte Maximalpreis im Rahmen dieses Agilen Festpreisvertrags zum Zeitpunkt des Vertragsabschlusses nachvollziehbar.

[**Hinweis:** *Es bestehen zwei Möglichkeiten, den Aufwand zu bepreisen. Im endgültigen Vertrag sollte eine davon ausgewählt werden.*]

OPTION (A)

Preise auf Basis der Komplexität von User Stories

	Typ 1	Typ 2	Typ 3
Sehr komplex	EUR **[BETRAG]**	EUR **[BETRAG]**	EUR **[BETRAG]**
Mittlere Komplexität	EUR **[BETRAG]**	EUR **[BETRAG]**	EUR **[BETRAG]**
Einfach	EUR **[BETRAG]**	EUR **[BETRAG]**	EUR **[BETRAG]**

OPTION (B)

Preise auf Basis von Komplexitätspunkten von User Stories

Entsprechend der Komplexitätspunkte (bezeichnet als Storypoints), die den in Appendix B angegebenen Referenz-User-Stories zugeordnet sind, wird festgehalten, dass für alle zukünftigen zusätzlichen User Stories folgende Kosten anfallen:

1 Storypoint = EUR **[BETRAG]**

[**Hinweis:** *In ihrem Inhalt sind die beiden Varianten gleich. Bei der einen versucht man, Komplexität durch entsprechende Klassen zu beschreiben, bei der anderen durch Punkte. Der jeweils wichtige Aspekt ist die Festlegung der Komplexität einer repräsentativen Menge an Referenz-User-Stories.*]

Optional: Stundensätze für Time & Material-Beauftragung

Sollten die Parteien auf Time & Material-Basis zusammenarbeiten, gelten folgende Preise:

- Junior Consultant: EUR **[BETRAG]**
- Senior Consultant: EUR **[BETRAG]**

[**Hinweis:** *Wie der Name sagt, ist dieser Absatz* **optional** *und bedeutet nicht, dass innerhalb des Agilen Festpreisvertrags mit den Erfahrungslevels auf Basis von Tagessätzen gerechnet wird. Im Wesentlichen rechnet man einfach das Team ab – das Team schätzt aus der Erfahrung, dass es im Durchschnitt x Komplexitätspunkte pro Sprint schaffen wird. Das kommerzielle Angebot und die internen Sicherheitsaufschläge obliegen dann dem Key Account Manager oder Engagement Manager. Der Kunde muss dabei nicht wissen, wer an dem Projekt arbeitet, es geht ausschließlich um Resultate. Die Tagessätze finden sich deshalb im Vertrag wieder, um für wirkliche Zusatzaufwände oder Folgeprojekte einen entsprechenden Richtwert zugesagt zu bekommen. Zu bevorzugen ist hier aber auch, dass weiter auf Basis der Komplexität von User Stories und deren vereinbarten Preisen gearbeitet wird.*]

Kommerzielles Vorgehen im Projekt

[**Hinweis:** *Dieses Kapitel beinhaltet den Prozess von der Preisindikation (indikativer Maximalpreisrahmen) zum eigentlichen Festpreis (fixierter und somit finaler Maximalpreisrahmen). In den Verhandlungen sollten beide Seiten darauf achten, die kommerziellen Parameter nicht zu sehr zu den eigenen Gunsten zu verhandeln. Warum auch immer eine der Parteien das machen würde: Es provoziert lediglich unfaires Verhalten, das nicht im Sinne des Agilen Festpreisvertrags ist.*]

Initialphase (Checkpoint-Phase)

Um die Schätzung und Qualität der Zusammenarbeit zu verifizieren, vereinbaren die Parteien eine Initialphase im Umfang von **[50]** Personentagen. Ziel ist, innerhalb dieser Personentage **[2–5]** Sprints zu definieren und umzusetzen.

Nach Abschluss der Initialphase kann jede Partei das Vertragsverhältnis ohne Angabe von Gründen auflösen. Beispielsweise kann die Definition von User Stories oder die jeweilige Leistungsfähigkeit einer Partei nicht den Erwartungen der anderen Partei entsprechen. In diesem

Fall werden (im Sinne eines Riskshare-Modells) dem Lieferanten nur **[50]** % seiner Tagessätze oder des Preises pro Storypoint abgegolten.

Vereinbarung eines finalen Maximalpreises

Ist die Initialphase aus Sicht beider Parteien erfolgreich verlaufen, so vereinbaren die Parteien einen finalen Maximalpreis, ggf. mit ergänzenden Annahmen. Dieser Maximalpreis ist insofern ein Fixpreis, als der Auftragnehmer sich verpflichtet, zusätzliche Aufwände zu einem um **[50]** % reduzierten Tagessatz zu erbringen. Ausgenommen davon sind Zusatzanforderungen, die nicht nach dem „Exchange for free"-Vorgehen kompensiert werden konnten. Zusätzliche Aufwände werden entweder einvernehmlich oder durch den im Vertrag in Punkt **[7]** definierten Eskalationsprozess festgelegt. Erneut bedarf es einer Bestätigung durch die Vertreter des Scope Steering Boards in Schriftform.

> [**Hinweis:** *Wie bereits angemerkt, kann man die Initialphase in einem eigenen Vertrag regeln und daher auch separat ausschreiben. Je nach Projektgröße kann man diese Phase sogar mit zwei Lieferanten parallel abwickeln. Erst in einem zweiten Schritt wird dann der Maximalpreis („echter Festpreis") ausgeschrieben.*]

Preisfindung im Rahmen des Maximalpreises für einzelne Sprints während der Umsetzung

Beide Vertragsparteien vereinbaren eine enge Zusammenarbeit sowie Transparenz im Vorgehen hinsichtlich des Aufwands nach folgenden Prinzipien:

Zu Beginn jedes Sprints werden auf Basis der bis dahin final vorliegenden User Stories die Aufwände der Analogieschätzung durch eine Schätzung mit dem Detailwissen der ausformulierten User Story verifiziert und schriftlich vereinbart.

Sollte der Aufwand eines Epics nicht der initialen Analogieschätzung entsprechen, versuchen die Parteien eine Lösung im Maximalpreisrahmen nach folgendem Vorgehen zu finden:

- **Option 1:** Der Projektleiter des Auftragnehmers befindet, dass die Abweichung innerhalb des – eventuell mit einem Sicherheitsaufschlag versehenen – Agilen Festpreises liegt. In diesem Fall wird der kundenseitige Projektleiter über die Änderungen der Aufwände per E-Mail verständigt und die Änderungen werden in einem zentral geführten Dokument schriftlich von beiden Projektmanagern vermerkt und akzeptiert.
- **Option 2:** Der Projektleiter des Auftragnehmers informiert den Projektleiter des Auftraggebers schriftlich, dass die Aufwände in diesem Sprint entgegen den Erwartungen wesentlich höher ausfallen. In diesem Fall wird eine Besprechung vereinbart, um – soweit möglich – für den konkreten Sprint oder für zukünftige bereits im Ansatz konkret bekannte User Stories eine Komplexitätsreduktion oder Elimination von Anforderungen zu vereinbaren. Auch diese Vereinbarung wird schriftlich festgehalten.

Eskalationsprozess

Erzielen die Projektleiter keine Einigung über den konkreten Aufwand der Spezifikation (User Story oder Epic), wird das Scope Steering Board zu einer Entscheidung einberufen. Der weitere Eskalationsprozess über das Steering Board und den Sachverständigen ist in Punkt 7 des Vertrags definiert.

Sollte es den Projektmanagern nicht möglich sein, den finalen Maximalpreis durch eine vertretbare Reduktion der Komplexität von User Stories zu sichern, wird der Mehraufwand über dem finalen Maximalpreis entsprechend dem vereinbarten Riskshare (natürlich nach entsprechender Freigabe durch das Steering Board) geteilt. Ausgenommen ist hier jedoch zusätzlicher Projektumfang, der nicht im initialen Umfang enthalten war. Sollte der Auftraggeber hier nicht gegen Epics/User Stories selber Komplexität tauschen, so ist der Auftragnehmer berechtigt, den Mehraufwand außerhalb des vereinbarten Maximalpreisrahmens und ohne Berücksichtigung des Riskshares, aber unter Bezugnahme auf die Referenz-User-Stories und den Preis pro Storypoint, abzurechnen.

Effizienzbonus am Ende des Projekts

Die Parteien können im Falle einer erfolgreichen Fertigstellung des Projekts im geplanten Umfang unter dem finalen Maximalpreis vereinbaren, dass

- **[50]** % der Differenz zwischen finalem Maximalpreis und tatsächlichem Preis als Effizienzbonus an den Auftragnehmer gezahlt werden oder
- die verbleibende Summe in einem Folgeprojekt beim Auftragnehmer innerhalb von **[x]** Wochen bestellt wird.

Zahlungsmeilensteine

> [**Hinweis:** *Die Zahlungen sollten nach jedem Sprint (oder ggf. Drops, also nach zwei bis drei Sprints) auf Basis der teilabgenommenen User Stories erfolgen. Das Prinzip, dass jeder Sprint funktionierende Software liefert, führt auch zur Bereitschaft des Kunden, diese Leistung zu bezahlen. Diese Vereinbarung bewirkt auch, dass die Zwischenabnahmen mit großer Ernsthaftigkeit betrieben werden. Der Umfang der Endabnahme ist entsprechend ihrer Wichtigkeit für das Projekt zu gewichten. Werte weit über 20 - 30 Prozent scheinen zumeist übertrieben und können zum einen die Teilabnahmen entwerten, zum anderen den finalen Maximalpreis bzw. den echten Festpreis künstlich erhöhen, weil der Auftraggeber sich teilweise finanzieren und Risiko für die Endabnahme bewerten muss.*]

Die Lieferleistung im Agilen Festpreisvertrag, die in dem hier festgelegten finalen Maximalpreis enthalten ist, beinhaltet einen

Gesamtaufwand von **[X]** Storypoints.

Die Lieferung dieser Storypoints umfasst die in Appendix B beschriebene Lieferleistung entsprechend der in Appendix D festgelegten Qualitätskriterien.

> [**Hinweis:** *Wenn auf Basis von Komplexitätsklassen von User Stories gearbeitet wird, werden hier Komplexitätsklassen angegeben.*]

Der Auftragnehmer ist berechtigt, jeweils nach Abnahme von zwei Sprints mit einem Leistungsumfang von zumindest **[X]** User Stories eine Rechnung im Umfang von **[80]** % der Gesamtvergütung für den/die jeweiligen Sprints zu legen.

Die letzten **[20]** % der Vergütung sind jeweils an die Endabnahme gekoppelt und erst nach erfolgreicher Endabnahme in Rechnung zu stellen.

Als Zahlungsziel werden 30 Tage netto vereinbart.

Appendix B: Technischer Umfang und Prozess

Anforderungen

[**Hinweis:** *Das Format der hier eingebrachten Beschreibung der Anforderungen ist als Vorschlag zu sehen. Natürlich können auch andere Mechanismen gewählt werden, um Aufwände zu schätzen, wir wollen aber den Arbeitsprozess veranschaulichen. In jedem Fall sollten die Anforderungen aus Sicht des Benutzers beschrieben werden.*]

Der gesamte Vertragsgegenstand ist durch das im Folgenden aufgelistete Backlog definiert. Es ist zu beachten, dass die User Stories 1, 2 und 3 als Referenz-User-Stories gelten und den vereinbarten Ursprung für die Preisfindung und Analogieschätzung darstellen.

No.	Priorität	Backlog Item	Typ	Storypoints
1	1000	Create User	User Story	8
2	995	Search User	User Story	5
3	990	Delete User	User Story	3
4	985	Manage User Requests	Epic	21
5	980	Manage User Roles	Epic	13
...	...	...	...	...

Die Einzelheiten der einzelnen Backlog-Einträge finden sich unter der folgenden Liste von User Stories und Epics.

Epics:

Epic-Nummer	5
Epic-Name	Manage User Roles
Epic-Beschreibung	Dieses Epic beinhaltet die gesamten Funktionalitäten, die in der Software für die Benutzerverwaltung benötigt werden. Dies umfasst Anzeigen, Suchen, Löschen, Editieren und Neuanlegen von Benutzern sowie deren Zuordnung zu Benutzergruppen.
Abgrenzung	▪ Die Zuordnung von Autorisierungen basierend auf Nutzergruppen ist in der Software standardmäßig hinterlegt. Die Benutzergruppen werden nicht neu angelegt, sondern die Zuordnung von Benutzern zu diesen ist erlaubt. ▪ Die Suchfunktion ist mit reiner Suche nach dem Nachnamen eingegrenzt. ▪ Doppelte Anlage von Benutzern wird nur durch die Vermeidung doppelter User-Namen abgesichert. ▪ Es werden Benachrichtigungen via E-Mail mit den User Credentials geschickt.

Prozess für Entwicklung und Abnahme

> [**Hinweis:** *Dieser Prozess für die Umsetzung ist ein weiterer essenzieller Punkt und legt fest, wann welcher Teil des „beweglichen Systems" zu fixieren ist. Das Wichtigste für diesen Punkt ist, dass die Geschwindigkeit der Entwicklung vom Team vorgegeben wird und die Projektleiter mit dieser Information entsprechende Maßnahmen setzen können.*]

Die Projektmanager vereinbaren schriftlich, welche User Stories vor einem Sprint von beiden Seiten ausreichend und vollständig beschrieben vorliegen (ein Beispiel einer solchen User-Story-Struktur finden Sie in Bild 4.1) und wie deren Priorisierung ist. Dies stellt die Basis für die in jedem Sprint bevorzugt (entsprechend der Priorisierung) umzusetzende Funktionalität dar.

FEATURE/ USER STORY GEPLANT FÜR SPRINT	TITEL 2	TEAM:
Teamfreigabe:	⊗ NEIN	*) Bestätigung durch Team
Architekturcheck:	⊗ NEIN	*) Bestätigung durch Solution Architekt
Abnahme erfolgreich:	⊗ NEIN	*) Bestätigung durch Product Owner
1. STORY DETAILS/ FEATUREBESCHREIBUNG		
Erreicht / Zugesagt:		
2. RAHMENBEDINGUNGEN		
2.1 2.2 2.3		
3. ACCEPTANCE KRITERIEN		
3.1 Wie / Wo möchte ich das Ergebnis sehen?		
3.1.1 3.1.2		
3.2 GUTFÄLLE		
3.2.1 3.2.2 3.2.3 3.2.4 3.2.5		
3.3 SCHLECHTFÄLLE (wie soll in bestimmten Fehlersituationen reagiert werden)		
3.3.1 3.3.2 3.3.3 3.3.4		

Bild 4.1 Beispiel zur Struktur einer User Story

Diese Vereinbarung erfolgt spätestens eine Woche vor Sprintstart in Form von hinreichend detaillierten User Stories mit entsprechenden Gut- und Schlechtfällen.

Sollte der Auftraggeber eine Woche vor Beginn eines Sprints nicht genügend Anforderungen in Form von User Stories spezifiziert haben, so werden die Aufwände des bereits geplanten Teams in einer pauschaliert vereinbarten Höhe von **[XXX]** EUR trotzdem in Rechnung gestellt und das Scope Steering Board über diese Mehraufwände und diese kritische Situation umgehend informiert.

Sollte der Auftraggeber nach schriftlicher Vereinbarung einer User Story Änderungen einfordern, können Mehraufwände entstehen. Um weiterhin den vereinbarten Gesamtpreis zu erreichen, wird auf den Prozess zur Steuerung des Umfangs in Punkt **[X]** dieses Appendix verwiesen.

Das Team des Auftraggebers nimmt beim Sprint Planning entsprechend der Priorisierung die User Stories vom Backlog und gibt am Ende des ersten Tages des Sprints Rückmeldung an den Projektleiter, wie viele User Stories sich das Team in diesem Sprint zur Umsetzung zutraut.

Die Projektmanager planen, wie viel der Komplexität in jedem Sprint ungefähr umgesetzt werden muss, um den Projektendtermin zu halten, und können aufgrund dieser Aussage bereits frühzeitig Maßnahmen ergreifen, falls die Geschwindigkeit der Umsetzung zu gering ist.

[**Hinweis:** *Es ist hier wichtig hervorzuheben, dass es zu Lasten des Auftragnehmers geht, wenn die Geschwindigkeit nicht ausreichend ist, außer es gibt eine Ursache auf Seite des Auftraggebers (z. B. fehlender Zugang zu Testschnittstellen, obwohl in der User Story vermerkt). In beiden Fällen ist das Steering Board zu informieren.*]

Der Auftragnehmer führt die Entwicklung mit vollständigen Tests durch und übergibt am Ende jedes Sprints dem Auftraggeber ein Stück lauffähige Software inklusive Dokumentation und Testprotokoll, welches den Kriterien laut Appendix D entspricht. Im Sinne eventueller User Stories, welche die Gesamtarchitektur betreffen, können die Projektmanager für die ersten **[X]** Sprints schriftlich vereinbaren, dass die abgelieferten Teile der Software noch nicht vollständig lauffähig sind.

Der Auftraggeber verpflichtet sich, innerhalb von **[X]** Werktagen den übergebenen Sprint inklusive Dokumentation zu überprüfen und abzunehmen bzw. Mängel an den Auftragnehmer zu melden.

Beide Parteien verpflichten sich, die User Stories nach folgenden Kriterien zu priorisieren:

- Geschäftswert für den Kunden
- Komplexität der Detailspezifikation
- Technische Komplexität bzw. Risiken

Es herrscht Einverständnis darüber, dass jede andere Priorisierung den Vertretern des Scope Steering Boards zur Kenntnis gebracht werden muss, da dies ein Projektrisiko darstellt.

[**Hinweis:** *Das entspringt dem klaren Bedenken, dass der Agile Festpreisvertrag nicht dafür genutzt werden darf, ungemütliche Fragen auf einen späteren Zeitpunkt im Projekt zu verschieben, um dann zu spät zu bemerken, dass man ein massives Problem hat. Die Formulierung soll sicherstellen, dass das Steering Board informiert wird und sein Augenmerk darauf legt, wenn eine Anforderung komplex, aber noch nicht ausreichend bekannt ist.*]

Änderungen am Vertragsgegenstand (Exchange for free)

[**Hinweis:** *Einer der wesentlichen Vorteile des Agilen Festpreisvertrags ist die klare Regelung, dass man Anforderungen - innerhalb des gleichen Umfangs - ändern oder austauschen kann. Allerdings bedeutet das nicht, dass man einfach neue Dinge hinzufügen kann, ohne etwas anderes wegzunehmen!*]

Prozess zur Steuerung des Umfangs

Bei jeder User Story, bei welcher der geschätzte Aufwand jenen übersteigt, der ursprünglich auf Basis der Analogieschätzung geschätzt wurde, wird wie in Appendix A beschrieben dieser Prozess zur Steuerung des Umfangs initiiert. Der Prozess beinhaltet folgende Schritte:

1. Beide Parteien versuchen gemeinsam, andere User Stories zu vereinfachen, oder
2. die Parteien definieren die User Stories für Epics, die noch nicht in User Stories definiert sind, bei denen aber Potenzial zur Vereinfachung und Komplexitätsreduktion erkannt wird, und versuchen, dabei Komplexität zu reduzieren, oder
3. nicht unbedingt erforderliche User Stories aus dem Produkt Backlog zu eliminieren.
4. Sollte keine dieser Möglichkeiten für beide Parteien akzeptabel sein, kann jede der Parteien das Scope Steering Board anrufen, um eine Entscheidung zu fällen. Die Parteien sind demnach einig, dass dieser Aufwand höher ist als ursprünglich geschätzt, und können dies nicht auf eine zu aggressive Schätzung der Referenz-User-Stories zurückführen, sondern einfach auf „versteckte" Komplexität.

Exchange for free

Der Auftraggeber hat die Möglichkeit, jeweils vor der Fixierung des Sprint Backlogs für den jeweiligen Sprint auch neue Anforderungen gegen bestehende im Produkt Backlog mit demselben Aufwand zu tauschen. Wenn die bestehende Anforderung aber nicht aus dem Produkt Backlog eliminiert wird, wird vereinbart, dass diese Zusatzanforderungen nicht im vereinbarten Maximalpreis inkludiert werden, sondern klar als Mehraufwand (Change Request) anfallen. Der obenstehende Prozess wird auch in diesem Fall angewandt, um dies zu entscheiden. Essenziell ist, dass eben genau diese neuen Anforderungen den bekannten Schätzungen (Referenz-User-Stories) gegenübergestellt werden, um dem Auftraggeber Preissicherheit zu gewährleisten.

Mehraufwand für Leistungen außerhalb des vereinbarten Umfangs, die nicht nach dem „Exchange for free"-Prinzip getauscht werden, sind per se nicht Teil der vereinbarten Lieferleistung.

Lieferleistung

> [**Hinweis:** *Die Lieferleistung ist im Agilen Festpreisvertrag meist nicht an den klassischen Deliverables aus herkömmlichen IT-Verträgen festzumachen. In manchen Fällen besteht aber die Möglichkeit, auch aus dem agilen Prozess einige dieser Dokumente iterativ generieren zu lassen. Das ist in diesem Absatz festgehalten. Dies bedeutet nicht, dass der Agile Festpreis und das agile Vorgehen überflüssig sind, wenn man unbedingt ein Detaildesign oder ähnliche Dokumente nach einer konkreten Formatvorlage benötigt.*]

Die Lieferleistung des Auftragnehmers umfasst folgende Punkte:

- Das gepflegte Backlog für Kommunikation, Reporting und Besprechung der Anforderungen mit dem Auftraggeber
- Implementierung und Dokumentation der User Stories
- Qualitätssicherung auf Seiten des Auftragnehmers. Dies beinhaltet:

- Automatisierte Unit-Tests
- End-to-End-Tests
- Integrationstests
- Aufwandsschätzungen zum Budgetrahmen für die Umsetzung (je Sprint) enthalten:
  - Teilnahme am Steering Board
  - Wöchentliche Reports
  - Wöchentliche Projektmanager-Meetings

Zusätzlich gefordertes Projektmanagement und Unterstützung im Bereich der Business-Analyse, Rollout und Unterstützung bei kundenseitigen Tests werden zusätzlich auf Basis von Time & Material angeboten und nach Aufwand abgerechnet.

Mechanismus zur Aufwandskalkulation zukünftiger User Stories

[**Hinweis:** *Dem Auftraggeber ist es wichtig, nicht ein erstes Projekt als sogenannten „Door-opener" zu vergeben und dem Lieferanten die Möglichkeit zu geben, zu niedrig anzubieten, um bei späteren Beauftragungen diesen Verlust wieder wettzumachen. Dieser Prozess ist intuitiv und sollte im Vertrag verankert sein.*]

Entsprechend dem agilen Vorgehen soll folgend ein nachvollziehbarer Mechanismus vereinbart werden, wie für zukünftige Anforderungen oder Änderungen der Anforderungen gemeinschaftlich der Aufwand festgestellt wird.

Der Prozess wird je User Story wie folgt spezifiziert:

a) Übergabe der Detailspezifikation vom Auftraggeber an den Auftragnehmer.

b) Der Auftragnehmer erstellt eine entsprechende User Story mit den Anforderungen. Eventuell fehlende Teile in der Detailspezifikation werden vom Auftraggeber geliefert.

c) Gemeinsame Abstimmung und Abnahme des Scopes der User Story.

d) Der Auftragnehmer erstellt die Aufwandsschätzung und nennt den Liefertermin zur User Story.

e) Der Auftraggeber begutachtet die Aufwandsschätzung und den Liefertermin. Wenn beides als nachvollziehbar und akzeptabel befunden wird, folgt Punkt h aus diesem Prozess. Ist der Aufwand nicht nachvollziehbar und deshalb nicht akzeptabel, folgt Punkt f. Ist der Aufwand akzeptabel, aber der Liefertermin nicht, so folgt Punkt g.

f) Die technischen Ansprechpartner beider Seiten stimmen sich bezüglich des Aufwands ab und versuchen, auf technischer Ebene Verständnis zu schaffen. Wenn dies gelingt, wird der daraus resultierende Aufwand mit den Projektmanagern besprochen und der vereinbarte Wert herangezogen. Wenn nicht, so werden die Projektmanager mit den technischen Ansprechpartnern unter Einbezug von Referenz-User-Stories (aus der Vergangenheit) den Aufwand abstimmen. Die letzte Eskalationsstufe ist eine Aufbereitung zur Entscheidung und Vorlage an das Steering Board.

g) Der Aufwand ist fixiert und der – voraussichtliche – Liefertermin wird in Abstimmung der Projektmanager beider Parteien gemeinsam diskutiert und festgelegt. Die letzte Eskalationsstufe ist eine Aufbereitung zur Entscheidung und Vorlage an das Steering Board.

h) Aufwand und Liefertermin werden durch einen benannten Ansprechpartner beim Auftraggeber bestätigt und freigegeben. Entweder wird dies innerhalb einer bestehenden Bestellung (Budgetrahmen) abgerufen oder es wird auf Basis des Rahmenvertrags eine entsprechende Bestellung ausgelöst.

Die Vorabkalkulation in sogenannten Storypoints (zwecks Abstraktion und den daraus resultierenden Vorteilen) obliegt jeder Partei.

Beispiel zur Illustration

Nach dem Projekt wird ein Release 1.1 geplant, in dem fünf weitere Funktionalitäten enthalten sein sollen. Dabei wird folgender Prozess für die Ermittlung des Aufwands mit dem Auftragnehmer durchlaufen (unten exemplarisch für eine Anforderung dargestellt):

- Der Auftraggeber spezifiziert die Anforderungen, wie z. B. „Die Software soll es ermöglichen, eine Konfigurationstabelle automatisch über die Oberfläche zu laden". Im besten Fall spezifiziert er sie gleich im entsprechenden User-Story-Format mit dem benötigten Inhalt – dann ist Schritt b schnell erledigt.
- Der Auftragnehmer erstellt eine entsprechende User Story zu der Anforderung, die dann folgendermaßen lautet:
- „Der Benutzer will im Konfigurationsbereich mit einem eigenen Menüpunkt zu einer Oberfläche navigieren, in der er durch einen „Import"-Knopf ein Dateiauswahlmenü erhält. Wenn der Benutzer eine Datei auswählt und auf „Ok" drückt, werden diese Konfigurationsdaten in die Tabelle XY geladen."
- Während der Erstellung werden in einer Diskussion mit dem Auftraggeber folgende Annahmen ergänzt:
  - „Die Datei muss im .csv-Format vorliegen.
    - Jedes andere Format bringt die generische Fehlermeldung „Import fehlgeschlagen".
    - Falsche Inhalte im .csv-Format bringen den gleichen Fehler.
    - Die Inhalte dieser Datei überschreiben alle bisherigen Inhalte in der XY-Tabelle, d. h. sie wird vorher gelöscht und dann werden die Daten importiert."

  Zusätzlich werden noch drei Gut- und drei Schlechtfälle für die User Story ergänzt sowie ein Mockup zur Darstellung, wo die Oberfläche anzusiedeln ist.
- Bei einem gemeinsamen Meeting des Verantwortlichen auf Kundenseite und des Product Owners des Auftragnehmers wird die User Story besprochen und unter der ausgedruckten User Story schriftlich bestätigt, dass diese vom Inhalt und Verständnis her abgenommen ist.

- Der Auftragnehmer schätzt in einem Planning Poker mit dem Team den Aufwand auf 13 Storypoints aufgrund der anderen drei User Stories, die vor dieser priorisiert sind, und damit den Lieferzeitpunkt auf sechs Wochen (das ist eine Schätzung, da die tatsächliche Lieferung eines Sprints erst beim Sprint Planning vom Team bestätigt wird).
- Der Auftraggeber begutachtet die Aufwandsschätzung und den Liefertermin und findet die Schätzung in diesem Fall viel zu hoch. Er verweist auf zwei User Stories mit ähnlichem Umfang (Import von zwei anderen Konfigurationstabellen über die Oberfläche), bei denen der Aufwand 8 Storypoints umfasste.
- In der Folge treffen sich jeweils zwei Experten der beiden Seiten zu einer Telefonkonferenz, um die Unterschiede zu diskutieren und klarzustellen, warum diese User Story mehr Aufwand bedeutet. In der Diskussion finden sie keinen wesentlichen Unterschied, daher diskutieren die Experten noch einmal intern mit dem Team. Dabei stellt sich heraus, dass sehr wahrscheinlich eine zu hohe Komplexität angenommen wurde, und das Team hält nun auch 8 Storypoints für realistisch.
- Der Aufwand ist fixiert und der Liefertermin wird von den Projektmanagern beider Parteien diskutiert und festgelegt. Die letzte Eskalationsstufe ist eine Aufbereitung zur Entscheidung und Vorlage an das Steering Board.
- Aufwand und Liefertermin werden durch einen benannten Ansprechpartner beim Auftraggeber bestätigt und freigegeben. Entweder wird das innerhalb einer bestehenden Bestellung (Budgetrahmen) abgerufen oder es wird auf Basis des Rahmenvertrags eine entsprechende Bestellung ausgelöst.
- Der Aufwand und Liefertermin wird durch einen benannten Ansprechpartner beim Auftraggeber bestätigt und freigegeben und zusammen mit den anderen vier User Stories auf Basis des Rahmenvertrags eine entsprechende Bestellung ausgelöst.

■

Appendix C: 12 Prinzipien der Kooperation

Die Vertragsparteien verpflichten sich, die im Folgenden beschriebenen zwölf Prinzipien als Code of Cooperation für eine optimale Zusammenarbeit im Projekt anzuwenden.

1. Alles geht ums Liefern

„Unsere höchste Priorität ist es, den Kunden durch frühe und kontinuierliche Auslieferung wertvoller Software zufriedenzustellen.“

Wie verhalten wir uns als Kunde?

- Wir nehmen an Sprint Reviews teil.
- Unsere Betriebsabteilung nimmt fertige Software am Ende eines Sprints an (wenn das schon geht – ansonsten so früh im Ablauf wie möglich).
- Wir integrieren die gelieferte Software möglichst zeitnah in unsere eigenen Systeme.
- Wir geben Feedback kritisch, aber respektvoll.

Wie verhalten wir uns als Dienstleister?

- Unsere Softwareentwicklungsprozesse erlauben es, dem Kunden nach jedem Sprint voll funktionsfähige Software zu zeigen.
- Wir stellen entsprechende Umgebungen zur Verfügung, auf die der Kunde zugreifen kann.

Wie verhalten wir uns als Scrum-Team?

- Wir optimieren unsere Entwicklungspraktiken im Team so, dass am Ende eines Sprints fertige Software vorliegt.
- Wir sprechen intensiv mit den Nutzern der Applikationen und gestalten diese so, wie es der User benötigt.

2. Exchange for free

„Nimm Anforderungsänderungen selbst spät in der Entwicklung willkommen entgegen. Agile Prozesse nutzen Veränderungen zum Wettbewerbsvorteil des Kunden.“

Wie verhalten wir uns als Kunde?

- Wir unterscheiden zwischen Anforderungen an die Funktionalität und Rahmenbedingungen des Projekts.
- Wir sind an der Vision selbst beteiligt und verstehen die technologischen Implikationen.
- Wir sind uns im Klaren, dass wir Änderungen vornehmen dürfen.
- Uns ist klar, dass es eine tiefgreifende Änderung ist, wenn wir die Rahmenbedingungen ändern.

Wie verhalten wir uns als Dienstleister?

- Wir begrüßen Änderungen.
- Wir entwickeln so, dass wir schnell auf Änderungen reagieren können.

- Das geht nur mit guter Dokumentation, ständigem Refactoring und offener Kommunikation darüber, was tatsächlich passiert.
- Wir laden den Kunden daher zu Daily Scrums, Sprint Plannings und Reviews ein.

Wie verhalten wir uns als Scrum-Team?

- Wir kommunizieren mit dem Kunden, wollen seine Wünsche erfüllen, denken uns in den Kunden und den User hinein.
- Wir sind offen für Kritik, wenn unsere Applikationen im Review gezeigt werden.
- Wir stehen zu unseren Fehlern und beseitigen diese sofort.

3. Liefere in Iterationen

„Liefere funktionierende Software regelmäßig innerhalb weniger Wochen oder Monate und bevorzuge dabei die kürzere Zeitspanne."

Wie verhalten wir uns als Kunde?

- Wir erscheinen zu Sprint Reviews und geben Feedback.
- Wir integrieren die gelieferten Teilfunktionalitäten so früh wie möglich in unsere existierende Infrastruktur.

Wie verhalten wir uns als Dienstleister?

- Wir laden den Kunden zu Sprint Reviews ein und erklären dort offen den gegenwärtigen Status.

Wie verhalten wir uns als Scrum-Team?

- Wir liefern am Ende eines Sprints komplette Funktionalität aus.

4. End User und Developer sitzen zusammen

„Fachexperten und Entwickler müssen während des Projekts täglich zusammenarbeiten."

Wie verhalten wir uns als Kunde?

- Wir stellen den Experten aus der Fachabteilung dem Entwicklungsteam zur Verfügung.
- Wir sind da, wenn das Entwicklungsteam Fragen hat.
- Wir nehmen uns Zeit für das Projekt.

Wie verhalten wir uns als Dienstleister?

- Wir begrüßen es, wenn der Experte auch im Scrum-Team sitzt.
- Wir rufen ihn an, wenn wir Fragen haben.
- Wir laden ihn explizit zum Sprint Planning ein.

Wie verhalten wir uns als Scrum-Team?

- Wir arbeiten täglich mit dem Experten.
- Wir versuchen, den Experten zu verstehen.
- Wir beobachten, wie er arbeitet. Aber wir fragen ihn nicht, was er will, sondern wir arbeiten mit ihm, bis wir wissen, was er braucht.

5. Vertraue dem Einzelnen

„Errichte Projekte rund um motivierte Individuen. Gib ihnen das Umfeld und die Unterstützung, die sie benötigen, und vertraue darauf, dass sie die Aufgabe erledigen."

Wie verhalten wir uns als Kunde?

- Wir suchen einen agilen Entwicklungspartner.
- Wir stellen den motivierten Fachexperten.
- Wir vertrauen dem Lieferantenteam mindestens für die ersten drei Sprints.
- Wir überprüfen aber auch, ob sie liefern, was wir erwarten.

Wie verhalten wir uns als Dienstleister?

- Wir wählen Projektmitarbeiter aus, die wirklich in dem Projekt arbeiten wollen.
- Wir geben ihnen die Werkzeuge, die sie für ihre Arbeit brauchen, und nehmen ihnen unnötige bürokratische Hürden ab.

Wie verhalten wir uns als Scrum-Team?

- Wir sagen offen, wenn wir etwas brauchen, oder von etwas behindert werden.
- Wir haben einen ScrumMaster, der Hindernisse aus dem Weg räumt.
- Wir gehen dabei respektvoll mit Kunde und Management um.

6. Face2Face-Kommunikation ist effektiver

„Die effizienteste und effektivste Methode, Informationen an ein und in einem Entwicklungsteam zu übermitteln, ist das Gespräch von Angesicht zu Angesicht."

Wie verhalten wir uns als Kunde?

- Wir verstehen, dass Dokumente immer nur das Ergebnis einer gelungenen Kommunikation von Angesicht zu Angesicht sind.

Wie verhalten wir uns als Dienstleister?

- Wir kommunizieren offen mit dem Auftraggeber. Alle Informationen, auch die Probleme, unsere Unzulänglichkeiten, werden dem Kunden gezeigt.
- Wir verstecken nichts.

Wie verhalten wir uns als Scrum-Team?

- Wir sprechen mit dem Anwender.
- Wir verstehen seine Bedürfnisse.
- Wir beobachten den Anwender beim Arbeiten.

7. Das Einzige, was zählt, ist fertige Funktionalität

„Funktionierende Software ist das wichtigste Fortschrittsmaß."

Wie verhalten wir uns als Kunde?

- Wir fordern von unserem Dienstleister, fertige Software nach spätestens 30 Tagen zu liefern.
- Wir geben uns nicht mit Dokumenten als Fortschrittsergebnis zufrieden.

Wie verhalten wir uns als Dienstleister?

- Wir liefern Software in kurzen Abständen.
- Alle Hindernisse auf Seiten des Kunden werden offen angesprochen, alle Hindernisse auf unserer Seite werden ebenfalls offen angesprochen und gelöst.

Wie verhalten wir uns als Scrum-Team?

- Wir liefern ständig Software aus, die potenziell verwendbar ist.

8. Sustainable Pace

„Agile Prozesse fördern nachhaltige Entwicklung. Die Auftraggeber, Entwickler und Benutzer sollten ein gleichmäßiges Tempo auf unbegrenzte Zeit halten können."

Wie verhalten wir uns als Kunde?

- Als Kunde drücken wir nicht Funktionalitäten und Endtermine in die Teams, wir fordern keine Überstunden oder Änderungen in allerletzter Minute.

Wie verhalten wir uns als Dienstleister?

- Wir arbeiten ständig professionell und mit hohem Qualitätsanspruch.
- Wir liefern nur getestete, dokumentierte und refaktorierte Software aus.
- Wir committen keine Funktionalitäten über längere Zeiträume.

Wie verhalten wir uns als Scrum-Team?

- Wir halten unsere Commitments im Sprint.
- Wir arbeiten im Team stetig daran, gleichmäßig auf hohem Niveau zu liefern.

9. Qualität ist eine Geisteshaltung

„Ständiges Augenmerk auf technische Exzellenz und gutes Design fördert Agilität."

Wie verhalten wir uns als Kunde?

- Wir erwarten eine hohe technische Qualität von unserem Auftragnehmer und wissen, dass das nicht zu Dumping-Preisen zu bekommen ist.
- Wir wählen unsere Dienstleister deshalb nicht nur wegen des Preises aus.

Wie verhalten wir uns als Dienstleister?

- Wir liefern dem Kunden ein exzellentes Design, eine erweiterbare Architektur. Wir investieren in die Ausbildung der Mitarbeiter.

Wie verhalten wir uns als Scrum-Team?

- Wir schauen immer in die Zukunft und suchen nach Lösungen, die sich erweitern lassen.
- Wir arbeiten testgetrieben, wir automatisieren und dokumentieren.
- Wir bilden uns ständig fort, um Schwachstellen ausbessern zu können.

10. Keep it simple, stupid (KISS)

„Einfachheit. Die Kunst, die Menge nicht getaner Arbeit zu maximieren, ist essenziell."

Wie verhalten wir uns als Kunde?

- Wir überprüfen ständig, ob wir noch wollen, was wir wollten.
- Wir brechen Projekte ab, wenn wir bereits haben, was wir brauchen.
- Wir gehen Verträge ein, die solche Dinge zulassen.

Wie verhalten wir uns als Dienstleister?

- Wir liefern schon von Anfang an das für den Kunden wertvollste Feature.
- Wir wollen kurze Projektlaufzeiten.
- Wir liefern schnell und deshalb fakturieren wir nicht in Stunden.

Wie verhalten wir uns als Scrum-Team?

- Wir suchen immer nach der einfachsten Lösung, die sich professionell erzeugen lässt.

11. Komplexität lässt sich nur mit Selbstorganisation beantworten

„Die besten Architekturen, Anforderungen und Entwürfe entstehen durch selbstorganisierte Teams."

Wie verhalten wir uns als Kunde?

- Wir machen transparent, wie unsere eigenen Systeme aussehen.
- Wir definieren nicht bereits die Lösungen.
- Wir lassen die Teams ihre Arbeit machen.

Wie verhalten wir uns als Dienstleister?

- Wir bilden die Mitarbeiter so aus, dass in den Teams die erforderlichen Qualifikationen vorhanden sind.

Wie verhalten wir uns als Scrum-Team?

- Wir sagen, wenn wir etwas nicht können, weil uns die Skills fehlen.
- Wir fragen aktiv nach.
- Wir arbeiten proaktiv mit dem Kunden.

12. Lerne aus den Post-Mortems

„In regelmäßigen Abständen reflektiert das Team, wie es effektiver werden kann, und passt sein Verhalten entsprechend an."

Wie verhalten wir uns als Kunde?

- Wir erwarten, von Fehlern in den Teams zu hören, die zu Verbesserungen geführt haben.
- Wir nehmen an Retrospektiven des Projekts auf Einladung hin teil.
- Wir reagieren auf Änderungswünsche und respektieren diese als Potenzial zur Produktivitätssteigerung.

Wie verhalten wir uns als Dienstleister?

- Wir arbeiten mit dem Kunden an der ständigen Verbesserung unserer Beziehung und teilen ihm mit, wo wir Verbesserungspotenzial sehen.

Wie verhalten wir uns als Scrum-Team?

- Wir führen rigoros unsere Retrospektiven durch.

Appendix D: Qualitätsstandards und Definition of Done

[**Hinweis:** *Dieser Appendix gibt exemplarisch mögliche Definitionen zur Qualität der zu liefernden Software an. Wir wollen an diesem Punkt anmerken, dass es hinsichtlich der Messung der Qualität keine eindeutige und perfekte Methode gibt. Das Beispiel der Testabdeckung ist ein Versuch, einen Parameter einzuführen. Bisher ist uns jedoch noch keine Formulierung untergekommen, die nicht durch eine der Parteien fehlinterpretiert oder ausgenützt werden könnte. Da bleibt aber noch der Vorteil des Agilen Festpreises, dass keine Partei der anderen auf Gedeih und Verderb ausgeliefert ist und somit eine Handhabe gegen Missbrauch gegeben ist.*]

1. Definition of Done

[**Hinweis:** *Wir bleiben hier bewusst bei der englischen Bezeichnung, da es ein gängiger Begriff im Zusammenhang mit agilen Methoden ist und eine Übersetzung eher Missverständnisse hervorrufen könnte. Zusätzlich zur Definition of Done könnte man auch eine Definition of Ready (die Qualität der geschriebenen User Stories) ergänzen.*]

Jedes gelieferte Inkrement der Software hat den folgenden Kriterien zu entsprechen:

- Der Sourcecode wurde geschrieben.
- Der Sourcecode erfüllt die statischen Qualitätskriterien (siehe Punkt 2 in diesem Appendix).
- Der Sourcecode wurde einem Peer-Review unterzogen.
- Die Kompilierung des Sourcecodes wurde ohne Fehler erfolgreich durchgeführt.
- Das Konfigurationsdokument für die Auslieferung wurde entsprechend dieses neuen Inkrements erweitert.
- Unit-Tests wurden geschrieben sowie erfolgreich und fehlerfrei durchgeführt.
- Systemintegrationstests wurden geschrieben sowie erfolgreich und fehlerfrei durchgeführt.
- Akzeptanztests wurden erfolgreich und fehlerfrei durchgeführt.
- Die vereinbarte und relevante Dokumentation wurde entsprechend dieses neuen Inkrements aktualisiert.

2. Sourcecode-Qualität und Sourcecode-Dokumentation

Der Auftragnehmer entwickelt den Sourcecode entsprechend den „Clean Code Developer"-Prinzipien, die empfohlene Praktiken für die Entwicklung von lesbarem und wartbarem Sourcecode beinhalten. Das Grundkonzept dieser Prinzipien ist es, dass professionell geschriebener Sourcecode leicht lesbar ist und seinen Sinn ohne weitere Zusatzdokumentation erkennen lässt. Um die Lesbarkeit des Sourcecodes weiter zu erhöhen, arbeitet der Auftragnehmer auf Basis von gewissen Regeln (Konventionen zur Bezeichnung etc.), die dem Auftraggeber zur Kenntnis gebracht wurden. Diese Konventionen werden durch ein sogenanntes Werkzeug zur statischen Sourcecode-Analyse im gesamten Entwicklungszyklus automatisiert überprüft.

Der Auftragnehmer verwendet die Industriestandard-Regelwerke FindBugs und Checkstyle für diese statische Sourcecode-Analyse. Die Automatisierung wird über ein entsprechendes Werkzeug durch den Auftragnehmer sichergestellt. Die Konventionen dieser Regeln müssen für jedes gelieferte Inkrement über 90 Prozent liegen.

3. Testabdeckung

Es wird eine hohe Abdeckung durch automatisierte Tests vereinbart und folgende Werte für die ausreichende Testabdeckung festgelegt:

- Unit-Tests: Sourcecode-Abdeckung von mehr als 25 Prozent.
- Für jedes Epic wird zumindest ein automatisierter End-to-End-Test erstellt.
- Jeder Gut- und Schlechtfall jeder User Story wird entsprechend im Integrationstest getestet und im Testprotokoll dokumentiert. Das Testprotokoll wird mit jedem gelieferten Inkrement der Software an den Auftraggeber übergeben.

5 Ausschreibung und Preisfindung für Projekte nach Agilen Festpreisverträgen

Die Ausschreibung und Vergabe von Projekten auf Basis des Agilen Festpreisvertrags ist eine neue Herausforderung für die jeweilige Fachabteilung, den zuständigen Einkäufer einerseits und den Key Account Manager andererseits (die Herausforderungen für den Vertrieb haben wir in Kapitel 2 dargestellt). Alle Beteiligten müssen vom altbekannten Wasserfall- und Fixpreisprinzip abrücken und anerkennen, dass der Agile Festpreisvertrag für viele IT-Projekte eine neue Variante der Festpreisbeauftragung ist – sozusagen als natürliche Evolution des herkömmlichen Festpreises.

Aber auch in der agilen Welt muss man Vorsicht walten lassen: Agile Modelle führen zwar regelmäßig zu besseren Ergebnissen insbesondere bei Kosten und Projektdurchlaufzeit, sie sind aber bei inkonsequenter Anwendung kein Allheilmittel für alle Arten von Problemen bei Projekten. Als unbestrittener Vorteil stellt sich immer mehr heraus, dass man in agilen Projekten schneller Probleme aufdeckt. Häufig haben Einkäufer das agile Modell noch nicht genau analysiert oder ausprobiert und lehnen es trotzdem ab bzw. stehen diesem sehr skeptisch gegenüber. Und falls sie es doch versucht haben, werten sie diese Versuche als nicht zielführend, weil noch keine Vertragsvorlage konkret verfügbar war oder weil sich Konflikte mit bestehenden internen Prozessen ergeben haben und sie den Eindruck unkontrollierten Arbeitens und mangelnder Lieferantensteuerung hatten. Es bestehen gewisse Zweifel von Seiten des Einkaufs, dass das agile Modell in manchen Situationen dazu führen könnte, dass Fachabteilungen Entscheidungen über Prinzipien eines Projekts, die bei gleicher Qualität schon heute getroffen werden können, später als möglich treffen und damit die Kosten erhöhen. Dieses Kapitel geht auf diese Erfahrungen und Zweifel speziell im Rahmen der Ausschreibung ein.

Stimmen aus der Praxis

Dipl- Ing. Heinz Zechner, Senior Vice President Procurement bei der T-Mobile Austria GmbH, hat uns in einem Gespräch im März 2017 seine Meinung geschildert:

„Bei T-Mobile haben wir in den letzten Jahren in unterschiedlichen Ausprägungen das Konzept des Agilen Festpreises eingesetzt. Für einen erfolgreichen Projektverlauf ist es entscheidend, dass der Einkauf gemeinsam mit den Fachbereichen den Prozess von der Ausschreibung bis hin zur Umsetzung begleitet. Generell ist es für den Einkauf natürlich einfacher, auf Basis eines herkömmlichen Festpreisvertrags auszuschreiben. Ich teile jedoch die Ansicht, dass speziell für Softwareprojekte eine dynamische Spezifikation und damit verbundene Änderungen im Projektverlauf als alternative Produktionsmodelle zielführend sind. Wichtig ist dabei die ständige Begleitung des Projekts, wobei es sicher nicht mehr ausreicht, eine Spezifikation zu verfassen und sich dann in regelmäßigen Projekt-Steerings den Status berichten zu lassen. Auch in der Projektbegleitung ist Agilität notwendig.

Der große Vorteil des Agilen Festpreisvertrags ist hier, dass der Auftragnehmer vertraglich verpflichtet wird, sich über das Ziel Gedanken zu machen und nicht starr eine Vorgabe umzusetzen. Man könnte in diesem Fall sagen: Nicht der Weg ist das Ziel, sondern das Ziel ist es, und nur das Ziel, worauf es ankommt."

Dieses Statement verweist darauf, dass der Agile Festpreisvertrag auf folgende Aspekte eine Antwort haben muss:

- Der Vertrag muss die Priorisierung so regeln, dass Entscheidungen nicht aufgeschoben werden. Der Vertrag sollte alle Prinzipien und Rahmenbedingungen in einem Projekt regeln, die besser vor Vertragsabschluss beschlossen werden.
- Gegebenenfalls müssen die vertraglichen Bestimmungen des Agilen Festpreisvertrags für gewisse Projektteile so gestaltet sein, dass man – für stark standardisierte Projektteile – die Pflicht des Auftragnehmers durch hohen Riskshare forciert.
- Im Vertrag bzw. in einem technischen Anhang muss eine Methodik festgeschrieben werden, die beide Parteien dazu verpflichtet, optimal (z. B. am Standard einer Software) zu arbeiten.

Wir werden nun die Ausschreibung auf Basis eines Agilen Festpreisvertrags genauer betrachten und dabei wird sich zeigen, dass damit

- die in diesem Kapitel vorgestellten Grundsätze des Einkaufs eingehalten, finanzielle Ziele erreicht und darüber hinaus
- viele inhaltliche Herausforderungen bei IT-Projekten besser gemeistert werden können.

5.1 Was wird beim Agilen Festpreisvertrag ausgeschrieben?

Zunächst müssen wir uns klarmachen, was im Rahmen eines Agilen Festpreisvertrags ausgeschrieben und was verhandelt werden kann (zur Verhandlung siehe Kapitel 7). Häufig begegnen wir der skeptischen Frage: „Ist das agile Vorgehen nicht ein sehr stark an der Entwicklung orientiertes System, das dem Auftraggeber die Möglichkeit nimmt, für das Unternehmen den Bestpreis zu erzielen – so wie mit dem Festpreis oder den Tagessätzen bei Time & Material?"

Wir denken, dass diese Frage mit „Nein" beantwortet werden kann. Ganz im Gegenteil gilt: Der Agile Festpreisvertrag kann – wie dieses Kapitel zeigen wird – genauso wie eine klassische Festpreisausschreibung durchgeführt werden, sofern einige spezielle kommerzielle Parameter des agilen Modells richtig angewandt werden.

Diese kommerziellen Parameter sind:

1. **Referenz-User-Stories**
   Zumindest anhand der User Stories für ein Epic aus dem Backlog, die den Vertragsgegenstand beschreiben und vor Ausschreibungsbeginn im Detail vorliegen müssen, kann der Auftraggeber die Angebote der Anbieter – so wie beim herkömmlichen Festpreis auch – durch die geeignete Ausschreibung kommerziell optimieren.
2. **Der Gesamtumfang/Maximalpreisrahmen**
   Den Referenz-User-Stories wird neben dem Preis auch ein Komplexitätswert zugeordnet. Der Lieferant muss nun bindend für jeden Komplexitätspunkt oder für jede Komplexitätsklasse von User Stories einen (aus den Referenz-User-Stories abgeleiteten) Preis abgeben. Außerdem muss der Lieferant den Gesamtumfang auf Basis der Komplexität schätzen und einen – vorerst indikativen – Maximalpreis (= Festpreis) abgeben. Je nach Projektart wird dieser indikative Maximalpreis nach einem Workshop oder einer Checkpoint-Phase in einen finalen Maximalpreisrahmen (echten Festpreis) umgewandelt. Im Wesentlichen entspricht das einem teilweise bezahlten Proof of Concept, wie auch bei gut vorbereiteten herkömmlichen Festpreisprojekten üblich.
3. **Der Riskshare**
   Der dritte Parameter regelt, wer wie viel vom Risiko übernimmt, falls das Projekt den Festpreis überschreiten oder im Laufe der Checkpoint-Phasen-Umsetzung aus anderen Gründen scheitern sollte. Durch den Riskshare-Faktor ist klar ersichtlich, welcher Lieferant die Referenz-User-Stories und den Gesamtumfang so geschätzt hat, dass er viel (z. B. 60 %) des Riskshares übernimmt, und welcher Lieferant bei der Referenzschätzung aggressiver war, dafür aber zum Beispiel nur zehn Prozent der Kosten übernimmt, sollte der Festpreis nicht gehalten werden können. Der Auftraggeber kann den Riskshare, der „zu nehmen ist", selbstverständlich auch als „Minimal Riskshare" in der Ausschreibung definieren.

Wichtig ist neben diesen kommerziellen Parametern, dass der Auftraggeber und der Auftragnehmer in einer Checkpoint-Phase verifizieren, dass die Expertise und Bereitschaft zur Kooperation vorhanden sind, um einen Agilen Festpreisvertrag einzugehen. Die zwölf Prinzipien agiler Softwareentwicklung sollten von beiden Vertragsparteien unterschrieben oder in den Vertrag als Beilage integriert werden (siehe Kapitel 1 und 4).

Die nächsten Abschnitte beschreiben,

- wie ein Ausschreibungsprozess für einen Agilen Festpreisvertrag optimal aufgesetzt wird,
- wie die wesentlichen Grundsätze für eine Ausschreibung (Wettbewerb und Objektivität) eingehalten werden können und
- welche Methoden des Einkaufs für IT-Ausschreibungsverfahren Anwendung finden können (Auktionen, Request for Indication, Request for Quotation, Request for Proposal, Shortlist, Longlist, exklusive Verhandlung etc.).

Wir beleuchten außerdem, wie die Ausschreibung für einen Agilen Festpreisvertrag von Fall zu Fall strukturiert werden kann. Beispielsweise ist jedes Mal zu entscheiden, ob das agile Projekt als Gesamtausschreibung vergeben werden soll oder Schritt für Schritt: zunächst die Checkpoint-Phase mit definierten User Stories, dann zum Beispiel der indikative Maximalpreis und schließlich der echte Festpreis.

Ein Beispiel zu den Ausschreibungsmöglichkeiten

Wie könnten sich die oben skizzierten kommerziellen Elemente in einer Ausschreibung wiederfinden?

Das Backlog für das IT-Projekt X beinhaltet vor der Ausschreibung folgende kommerzielle Elemente des Vertragsgegenstands:

Epic 1: User-Verwaltung

Darunter User Story 1: Genau beschrieben (= Referenz-User-Story 1)

User Story 2: Genau beschrieben (= Referenz-User-Story 2)

User Story 3: Genau beschrieben (= Referenz-User-Story 3)

User Story 4: Genau beschrieben (= Referenz-User-Story 4)

User Story 5: Genau beschrieben (= Referenz-User-Story 5)

User Story 6: Genau beschrieben (= Referenz-User-Story 6)

Epic 2: Datenanalyse

Keine User Stories zum Zeitpunkt des Vertragsabschlusses vorhanden.

Epic 3: Datenmigration

Keine User Stories zum Zeitpunkt des Vertragsabschlusses vorhanden.

Von den Anbietern wird ein Komplexitätswert und ein Preis für die Referenz-User-Stories abgegeben. In diesem Beispiel etwa:

Referenz-User-Story 1 = 3 Storypoints, 3000 EUR

Referenz-User-Story 2 = 5 Storypoints, 5000 EUR

Referenz-User-Story 3 = 3 Storypoints, 3000 EUR

Referenz-User-Story 4 = 8 Storypoints, 8000 EUR

Referenz-User-Story 5 = 13 Storypoints, 13.000 EUR

Referenz-User-Story 6 = 5 Storypoints, 5000 EUR

Der Auftraggeber hat somit die Information, dass Epic 1 einer Komplexität von 37 Storypoints entspricht und jeder Storypoint bei diesem Lieferanten 1000 EUR kostet. Wichtig ist das, weil Storypoints eine für jeden Lieferanten individuelle Währung sind. Durch die Fixierung der Anzahl an Referenz-User-Stories verhindert man eine Inflation dieser Währung über den Projektverlauf. Hier ist darauf zu achten, dass die Storypoints nur in der Gesamtsumme pro User Story gewertet werden können, da der Storypoint bei jedem Lieferanten eine andere Größe haben kann. Am Ende zählt also nur, was die Referenz-User-Story kostet. Insofern kann man von den Referenz-User-Stories dann aber den Referenzpreis für einen Storypoint für einen gewissen Lieferanten ableiten.

Der Lieferant schätzt die nur mit einem Absatz und ein paar Annahmen beschriebenen Epics 2 und 3 als doppelt und dreifach so komplex. Das bedeutet, Epic 2 hat 74 Storypoints und Epic 3 hat 111 Storypoints. Der Lieferant merkt an, dass er bei dieser Art von Projekt eine Sicherheit von fünf Prozent in die Aufwandschätzung einbeziehen würde, und gibt somit einen indikativen Maximalpreis für 233 Storypoints (222 + 5 %) für 233 000 EUR ab. *(Anm.: Im Gegensatz zum herkömmlichen Festpreisvertrag wird dieser Aufwand von +5 % aber entweder geleistet oder – je nach Bonussystem – nicht bezahlt!)* Für diesen Betrag ist der Lieferant im Hinblick auf die Beschreibung und Abgrenzung der Epics und seiner Erfahrung bereit, 60 Prozent des Riskshares zu übernehmen. Sollte das Projekt also mehr als 233 000 EUR kosten, weil alle Maßnahmen zur Komplexitätsbegrenzung das Überschreiten nicht verhindern konnten, so sind weitere Storypoints, die über die 233 Storypoints hinausgehen, nur mit 400 EUR zu verrechnen!

Dieses Beispiel zeigt, dass diese Art der Ausschreibung anders ist und trotzdem objektive kommerzielle Entscheidungen erlaubt. ■

Auf Basis dieser Informationen des Fachbereichs ist der Einkauf in der Lage, ein Projekt auf Basis eines Agilen Festpreisvertrags professionell auszuschreiben. Je nach Projekt können der Einkauf und der Fachbereich gemeinsam entscheiden, ob und mit welcher Methodik die bereits definierten User Stories ausgeschrieben werden (z. B. Face to face oder über ein Online-Tool). Es bestehen zwei Möglichkeiten:

1. **Ausschreibung des Umfangs des gesamten Projekts mit inkludierter Checkpoint-Phase.** Das heißt, der Auftragnehmer gibt einen indikativen Maximalpreis ab, der nach der Checkpoint-Phase in einen finalen Maximalpreisrahmen umgewandelt wird.
2. **Ausschreibung der Checkpoint-Phase als separates Projekt.** In einem zweiten Schritt wird mit dem/den Lieferanten erst nach positivem Abschluss der Checkpoint-Phase das Gesamtprojekt verhandelt oder sogar ausgeschrieben. Hat ein Lieferant die Checkpoint-Phase aus Sicht des Fachbereichs positiv absolviert, so ist es für den Einkauf – auch emotional – schwer, eine objektive Ausschreibung des Gesamtprojekts nach der Checkpoint-Phase gegen den Fachbereich durchzusetzen.

All diese Punkte müssen vor der Ausschreibung entsprechend analysiert und intern abgestimmt werden. Aber es hat die emotionale Komponente, dass man schwerer abbricht, wenn das Empfinden vorherrscht, das Gesamtprojekt sei bereits gestartet.

5.2 Anforderungen an Ausschreibung und Umsetzung

Die meisten Unternehmen vergeben Aufträge über eine spezialisierte Abteilung, den Einkauf. Welche Grundsätze müssen aber in der Ausschreibung berücksichtigt werden, damit die Vergabe von Aufträgen objektiv und zu bestmöglichen Konditionen für den Auftraggeber verläuft?

Im Wesentlichen sind es zwei Voraussetzungen, die der Auftraggeber beeinflussen kann und die für eine optimale Preisfindung nötig sind. Daneben ist es natürlich wichtig, dass es überhaupt freie Ressourcen und die entsprechende Expertise auf Anbieterseite gibt und dieser an einer Zusammenarbeit mit dem Auftraggeber und an dem Projekt interessiert ist.

- **Wettbewerb**
  Die potenziellen Auftragnehmer müssen in einem echten, d. h. gefühlten Wettbewerb für den Zuschlag anbieten und verhandeln.
- **Vergleichbarkeit und Transparenz**
  Die Angebote der Lieferanten müssen in allen Punkten vergleichbar sein, damit der Auftraggeber eine (intern) transparente und objektive Entscheidung treffen kann, wer den Zuschlag erhält.

5.2.1 Wettbewerb

Der Auftraggeber kann den Agilen Festpreisvertrag nur dann unter optimalen Marktbedingungen vergeben, wenn sich an der Ausschreibung mindestens zwei Unternehmen beteiligen, von denen keines – zum Beispiel durch exklusive Workshops – einen unverhältnismäßig großen Startvorteil hat. Weiterhin müssen zumindest zwei Unternehmen ernsthaft am Auftrag interessiert und dafür geeignet sein, vor allem was Erfahrung und Infrastruktur für agile Entwicklung betrifft. Um den zwei Grundvoraussetzungen Wettbewerb und Vergleichbarkeit gerecht zu werden, muss der Einkauf regelmäßig mit der Fachabteilung diskutieren und vor der eigentlichen Ausschreibung interne Verhandlungen führen. Schließlich ist beim agilen Modell essenziell, dass trotz aller Interessenskonflikte alle das gemeinsame Ziel verfolgen: ein erfolgreiches Projekt zu optimalen kommerziellen Rahmenbedingungen zu verhandeln und umzusetzen. Dies bedeutet aber nicht, dass der Wettbewerb als Grundlage einer kommerziellen Ausschreibung zu kurz kommt. Auch beim agilen Modell ist dieser Grundsatz in der Ausschreibung sichergestellt.

Workshops und Shortlist

Im Rahmen der Ausschreibungsphase bietet der Kunde dem Lieferanten Workshops an. Nichtsdestotrotz sollten die Anbieter ihre Preise für die Referenz-User-Stories und die Checkpoint-Phase sowie den indikativen Gesamtaufwand ausschließlich über eine Online-Plattform kommunizieren. Damit ist sichergestellt, dass auf Seiten des Auftraggebers nur jene Personen von kommerziellen Parametern beeinflusst werden, die diese tatsächlich kennen müssen. Die Komplexitätswerte der einzelnen Referenz-User-Stories und Epics sollten aber von Lieferant und Kunden diskutiert werden (eventuell ohne Preis je Storypoint).

Im Rahmen der Workshops erläutert der Auftraggeber seine Interpretation der technischen Beschreibung und ob er Abgrenzungen der vorliegenden Beschreibungen vorschlägt. Auch die Beauftragungen in der Checkpoint-Phase sollten auf Basis des vom Auftraggeber definierten Agilen Festpreisvertrags (Grundprinzipien, Scope Governance, Riskshare, Preismatrix bzw. Storypoints) stattfinden, damit die potenziellen Auftragnehmer das Vorgehen des Agilen Festpreisvertrags möglichst früh akzeptieren.

Nach den Workhops kann der Auftraggeber die Zahl der potenziellen Lieferanten weiter reduzieren, um den Aufwand für weitere Schritte in der Ausschreibung vertretbar zu halten. Idealerweise schaffen es zumindest drei Lieferanten auf die *Shortlist*. Das ist jene Liste, die als Basis für die finalen Verhandlungen und schließlich für die Vergabeentscheidung dient. In der Realität wird die Checkpoint-Phase bei kleineren Projekten meist nur mehr mit einem Lieferanten durchgeführt und die anderen „on hold" gehalten, falls die Zusammenarbeit nicht funktionieren sollte. Das ist eine (wenn auch nicht optimale) Möglichkeit, weil man dann nicht allzu viel Zeit verliert.

Im Idealfall werden nun die Lieferanten der Shortlist eingeladen, gemeinsam mit dem Auftraggeber eine gewisse Anzahl von Sprints (also die Checkpoint-Phase) zu definieren und umzusetzen. Der Auftraggeber nimmt die Sprints nach der jeweils vereinbarten Zeit ab und vergleicht die Ergebnisse. Wahlweise kann der Auftraggeber an alle Lieferanten die gleichen oder unterschiedliche User Stories in Form von Sprints vergeben. Nach dieser Checkpoint-Phase passt der Auftraggeber in einer für den Auftragnehmer nachvollziehbaren Form auf Basis der neuen Erkenntnisse, die aus der Zusammenarbeit mit dem/den Lieferanten in dieser Phase gesammelt wurden, die Projektziele, die Komplexitätsstufen und den Vertrag an. Dieses Vorgehen weicht ziemlich von der herkömmlichen Praxis ab. Zumindest theoretisch sollte aber eigentlich auch beim herkömmlichen Festpreisvertrag ein Proof of Concept von zumindest zwei Anbietern eingeholt werden.

Sowohl beim herkömmlichen Festpreisvertrag als auch beim Agilen Festpreisvertrag sieht die Praxis meistens anders aus: Mit dem erstgereihten Lieferanten wird die Checkpoint-Phase durchlaufen, während der Zweitgereihte auf der Warteposition steht. Der Nachteil dabei ist, dass man so keinen echten Vergleich der Performance bekommt.

Im Anschluss werden alle Anbieter eingeladen, auf Basis des Vertrags, der bereits existierenden Referenz-User-Stories und ihrer gewonnenen Erkenntnisse einen verbindlichen Maximalpreisrahmen (siehe Kapitel 3 und 4) in Form eines Agilen Festpreisvertrags für das Gesamtprojekt anzubieten. Inwieweit es sinnvoll ist, diesbezüglich eine Reverse Auction (siehe Exkurs) abzuhalten, muss von Fall zu Fall entschieden werden. Denkbar ist auch, für einzelne Komponenten des Projekts Auktionen abzuhalten – etwa für gewisse Standardtätigkeiten, Standardsoft- oder -hardware. Um Dumpingpreise zu verhindern, sollte keine klassische Englische Auktion abgehalten werden (siehe z. B. Kleusberg 2009).

In IT-Projekten zur Einführung neuer Systeme kann es unterschiedliche Kombinationen von Softwarelieferanten und Systemintegratoren geben. Bei der Betrachtung der Shortlist, aber auch bei der Einladung für eine Checkpoint-Phase sollten die laut Bewertungsmatrix des Kunden vielversprechendsten Kombinationen im Auge behalten werden (siehe Abschnitt 5.3.4).

Exkurs: Online-Auktionen oder „Reverse Auctions"

Es gibt bei agilen Projekten oft Elemente, die für eine Online-Auktion geeignet sind, beispielsweise die erforderliche Hardware oder einzelne Standarddienstleistungen. Beim Agilen Festpreisvertrag kann – in Ausnahmefällen – im letzten Schritt (nachdem die Details des Vertrags ausgehandelt wurden und eventuell die Checkpoint-Phase bereits durchgeführt wurde) ein *echter Festpreis* (Maximalpreisrahmen) online über eine Auktion vergeben werden („echter Festpreis" als alternative Bezeichnung des Agilen Festpreises, da es um einen echten Festpreis ohne zu erwartende Change Requests geht). Dieser Fall ist dann zielführend, wenn Fachabteilung und Einkauf der Meinung sind, dass alle verbleibenden Anbieter (meist zwei bis drei) annähernd gleich vertrauenswürdig und qualitativ hochwertig agieren, die Vertragsbedingungen je Lieferant fast identisch sind und nur mehr der Preis entscheiden soll.

Was ist eine Online-Auktion?

Online-Auktionen werden im Einkauf als „Reverse Auctions" bezeichnet. Im Vergleich zu herkömmlichen Auktionen bieten hierbei Lieferanten darum, eine Auftragsleistung für den Kunden zu erbringen. Im Gegensatz zu einer Auktion, bei der der Verkaufspreis in die Höhe getrieben wird, wird bei der Reverse Auction der Einkaufspreis für die Auftragsleistung durch den Wettbewerb nach unten „geboten". Diese Form der Auktion ist ein probates Mittel, um maximalen Wettbewerb zu gewährleisten. Der geschulte Einkäufer wählt dabei die zur anstehenden Vergabe jeweils passende Auktionsform und die entsprechende Zuschlagserteilung.

Was sind die Vorteile von Reverse Auctions?

- *Objektivität:* Die Online-Auktion ist die härteste, aber auch die „fairste", weil objektivste Vergabeform. Die Entscheidung fällt unter Bedingungen, die technisch für alle gleich sind (Raum, Zeit, Ansprechpartner etc.).
- *Ökonomische Effizienz:* Ohne subjektive Verzerrungen erhält der objektiv beste Auftraggeber zum besten Preis den Zuschlag. Emotionen, Interpretationen, Zu- bzw. Abneigungen können die Auswahl nicht beeinflussen, weil es keine Verhandlung gibt.
- *Niedrige Transaktionskosten:* Kostenfaktoren wie Raum und Zeit werden ausgeschaltet. Bei sogenannten „Commodities" – also klar definierten Produkten wie zum Beispiel Schrauben, Paletten, Antennen – muss der Einkauf lediglich Typ, Anzahl und kurz die minimale Qualität definieren.

Klären von Prinzipien

Wesentlich ist, dass der Auftraggeber mit den Bestbietern dieses Verfahrens auch einen gemeinsamen Workshop abhält, um die Prinzipien des jeweiligen Agilen Festpreisvertrags und der technischen Anforderungen sowie des agilen Modells zu vereinbaren.

Bei Agilen Festpreisverträgen sollten Sie gemeinsam mit dem Fachbereich mit zwei bis drei Lieferanten vor den Auktionen Gespräche führen, um vor allem folgende Punkte zu klären:

- Umfang und Ziele des Projekts/Erklärung des Backlogs.
- Projektumgebung (Ressourcen beim Auftraggeber, Software, Hardware, Interfaces etc.).
- Zeitlicher Rahmen.
- Agiler Festpreisvertrag, auf dessen Basis das Projekt realisiert werden soll.
- Bereits existierende Referenz-User-Stories und Komplexitätsstufen der Referenz-User-Stories für das Projekt.

Achtung!

Die oben angeführten Punkte müssen in den Vertrag bzw. in die Vertragsbeilagen eingearbeitet werden. Erst wenn das geschehen ist und der Vertrag von den wichtigsten Anbietern großteils offiziell akzeptiert wurde, darf der Auftraggeber eine Online-Auktion starten. Ansonsten erhält er unter Umständen einen guten indikativen oder echten Festpreis, ohne die Rahmenbedingungen für die Leistungserbringung bzw. die Leistung selbst zu kennen. ■

5.2.2 Vergleichbarkeit und Transparenz

Grundsätzlich muss der Auftraggeber jedem Anbieter den gleichen kommerziellen, rechtlichen und technischen Rahmen vorgeben. Um den maximalen Erfolg der Ausschreibung zu sichern, sollte der Auftraggeber daher vor dem Start einer Ausschreibung die technischen Projektziele, alle kommerziellen Treiber und den rechtlichen Rahmen definieren. Der Auftraggeber teilt den Anbietern alle diese Punkte strukturiert in einem Vertrag inklusive der dazugehörigen Anhänge mit (siehe dazu die Vertragsvorlage in Kapitel 4).

Meistens aus Zeitdruck, aus mangelndem Know-how oder einer Kombination aus beiden Faktoren investieren viele Auftraggeber zu wenig Energie in die Dokumentation vor und während der Ausschreibung. Auch beim Agilen Festpreisvertrag hat das zur Folge, dass Angebote nicht vergleichbar sind und es häufig zwischen Auftraggeber und Auftragnehmer zu teuren Missverständnissen kommt, die den Projekterfolg unmöglich machen.

In der Realität ist vor allem bei größeren IT-Entwicklungsprojekten im beschriebenen Umfeld eine absolute Vergleichbarkeit nicht möglich, obwohl detaillierte technische (wobei dieser Teil durch den Agilen Festpreis nicht mehr so umfangreich ist), kommerzielle und rechtliche Dokumente vorgegeben werden. Um einer transparenten und objektiven Entscheidung möglichst nahezukommen, haben viele Unternehmen bisher einen sogenannten „Rucksack" für den Fall definiert, dass die vorgegebenen kommerziellen, technischen oder rechtlichen Standards nicht eingehalten werden. Erfüllt ein Anbieter eine Vorgabe nicht, wird dafür ein fiktiver Preis festgelegt, der auf den tatsächlichen Preis aufgeschlagen wird.

Diese Vorgehensweise wählt der Auftraggeber auch, wenn durch einen neuen Lieferanten Umstellungskosten entstehen. Damit kann der Auftraggeber nicht monetäre Punkte in eine Vergabeentscheidung einbeziehen. Für den raschen Überblick über jene Punkte, die ein Lieferant nicht erfüllt, ist eine „compliant/non-compliant-Liste" hilfreich. Dieses Dokument wird vom Auftraggeber vorgegeben und die Anbieter müssen darin strukturiert eintragen, welche Punkte sie akzeptieren („compliant") und welche nicht („non-compliant"). Meistens wird die Antwort „partially compliant" vorab explizit ausgeschlossen und als „non-compliant" gewertet.

Beim Agilen Festpreisvertrag wird der gleiche Prozess vorgeschlagen. Lediglich mit dem Unterschied, dass die detaillierten technischen Dokumentationen (noch) nicht vorliegen. Daher muss auf Basis der Granularität des Backlogs an einer eindeutigen Abgrenzung gearbeitet und diese Abgrenzung durch Annahmen und Klarstellungen unter allen Bietern einheitlich gestaltet werden. Genau diese Annahmen, Grundsätze und Klarstellungen werden in den Vertrag aufgenommen und müssen von den Anbietern vor der finalen Verhandlung offiziell akzeptiert werden. Diese Beschreibung des Vertragsgegenstands stellt aber auch ein Pflichtenheft dar, das speziell in Bezug auf das Vergaberecht eine wichtige Komponente der Ausschreibung ist (siehe dazu den Hinweis in Kremer 2010).

In der Praxis wird im Workshop mit dem ersten Anbieter bei den einzelnen Epics des Backlogs, die vorerst nur in einem Absatz beschrieben sind, gemeinsam eine Reihe von Annahmen und Feststellungen ergänzt. Um es noch einmal zu betonen: Wichtig ist, dass diese Ergänzungen im Workshop von Auftragnehmer und Auftraggeber *gemeinsam* gemacht werden. Diese Annahmen werden dann bereits in die Diskussionsgrundlage für den zweiten Anbieter aufgenommen. Führt der Auftraggeber mit zwei bis drei Anbietern jeweils ein bis zwei Iterationen durch, lässt sich das größte gemeinsame Vielfache wieder als klarer definiertes Backlog verwenden, das den Vertragsgegenstand eindeutiger beschreibt (wenn auch nicht so detailliert wie beim herkömmlichen Festpreisvertrag). Auf dieser verbesserten Basis ist es meistens möglich, einen klassischen Ausschreibungsprozess zu starten. Bei größeren Projekten sollten die Anbieter dazu bereit sein, diese indirekte Beratungstätigkeit im Rahmen der Akquisekosten zu tragen.

Am Ende der Ausschreibung stellt der Auftraggeber – meistens der Einkauf zusammen mit dem fachlichen Manager – alle Anbieterpreise und Argumente für und gegen die jeweiligen Anbieter einander gegenüber, die auf dem gemeinsam abgegrenzten Backlog basieren. Meistens werden nur die Nachteile der einzelnen Lieferanten monetär bewertet (welchen „Malus-Rucksack" tragen sie mit sich?). Auf diesen Grundlagen trifft der Auftraggeber schließlich seine Entscheidung.

Die Anbieterpreise beim Agilen Festpreisvertrag bedeuten zum Beispiel Folgendes:

- Drei Referenz-User-Stories mit den von Anbieter A geschätzten Komplexitätspunkten (oder Storypoints) 5, 8, 13 werden für 13 000 EUR angeboten. Diese drei User Stories beschreiben ein Epic („Epic 1") komplett. Somit hat dieses Epic die Komplexität 26.
- Die Gesamtkomplexität der drei Epics wird entsprechend der Analogieschätzung auf 89 Storypoints geschätzt. Ein Storypoint kostet (auf Basis der Referenz-User-Stories) 500 EUR. Das Projekt wird also für 44 500 EUR angeboten.
- *Anbieter A*, ein etablierter Lieferant des Auftraggebers, teilt mit, dass er wegen der Komplexität der beiden noch nicht auf User-Story-Niveau beschriebenen Epics einen Festpreis

von 48 000 EUR abgibt (3500 EUR Sicherheitsaufschlag entsprechen 7 Storypoints, die im Projekt verwendet werden oder eben nicht). Er ist bereit, einen Riskshare von 50 Prozent bei Überschreitung zu übernehmen. Ein Riskshare von 50 Prozent bedeutet, dass bei Überschreitung des Festpreises der Preis pro User Story um 50 Prozent auf 250 EUR reduziert wird.

Anbieter B, der unbedingt Marktanteile gewinnen will, schätzt auf Basis des gleichen Backlogs und der gleichen kommerziellen, rechtlichen und technischen Rahmenbedingungen die Komplexität der Referenz-User-Stories auf 2, 3, 5 Punkte und bietet diese zum Preis von insgesamt 10 000 EUR an. Außerdem rechnet Anbieter B mit einem Gesamtaufwand von 34 Storypoints und ist sich seiner Schätzung so sicher, dass er ohne Sicherheitspuffer einen Maximalpreis von 34 000 EUR im Rahmen des Agilen Festpreisvertrags anbietet. Darüber hinaus übernimmt er einen Riskshare von 70 Prozent.

Bei derart divergierenden Angeboten muss der Auftraggeber einen möglichst objektiven Rucksack für beide Anbieter berechnen. Der Auftraggeber kann sich auch überlegen, mit Anbieter B zusätzlich eine Erhöhung des Riskshares (z. B. auf 90 %) zu vereinbaren, falls das Projekt – aus welchem Grund auch immer – nicht innerhalb des vereinbarten Maximalpreises (des echten Festpreises) umgesetzt werden kann.

Theoretisch besteht die Möglichkeit, die User Stories nach Klassen und auch Tätigkeitsgruppen aufzugliedern. In den meisten Projekten ist das aber nicht nötig, weil es dem Auftraggeber egal sein sollte, wie der Auftragnehmer sein Team zusammenstellt, um die geforderte Leistung erbringen zu können. Kann eine Tätigkeit (z. B. Testing) von günstigeren Arbeitskräften (z. B. durch Nearshoring) abgewickelt werden, ergibt sich automatisch ein geringerer Preis für einen Storypoint bzw. eine Komplexitätsklasse. Dabei muss der Auftragnehmer den optimalen Mix an Ressourcen für seine Teams zusammenzustellen. Zusatzaufgaben wie Support bei der Business-Analyse oder Support im Project Office sollten außerhalb dieses Festpreises auf Basis Time & Material bestellt werden.

5.3 Schritte einer Ausschreibung mit Fokus auf den Agilen Festpreis

Dieser Abschnitt beschreibt die wesentlichen Schritte einer Ausschreibung im Detail und nimmt in jedem dieser Schritte Bezug auf den Agilen Festpreisvertrag. Damit können Sie genauer einordnen, wie und wann der Agile Festpreisvertrag wesentliche Vorteile im Vergleich zu bekannten Vertragsformen hat und auf welche Besonderheiten zu achten ist.

Stimmen aus der Praxis

Helmut Legat, Einkäufer bei T-Mobile Austria, wies in einem Gespräch im März 2014 darauf hin, dass auf Basis dieses Buchs zum Agilen Festpreis und den Vorschlägen, wie eine Ausschreibung gestaltet werden kann, im Unternehmen neue Wege beschritten werden:

„Es ist klar, dass der maximale Wettbewerb und Vergleichbarkeit die essenziellen Parameter des Einkäufers sind. Immer häufiger stellt sich jedoch heraus, dass vor allem komplexe Projekte nur erfolgreich werden, wenn der Auftragnehmer und der Auftraggeber trotz aller wichtigen Regeln und Vereinbarungen partnerschaftlich zusammenarbeiten. Ich sehe im Agilen Festpreis eine Möglichkeit, dieses Vorgehen zu forcieren, und finde es vor allem gut, nicht zu Beginn massiven Aufwand in Detailspezifikationen zu setzen, sondern Epics und Referenz-User-Stories auszuschreiben." ■

Schematisch lässt sich der Ablauf einer Ausschreibung inklusive Verhandlung in folgende Phasen gliedern:

- Interne Abstimmung
- Vorbereitung der Ausschreibung
- Ausschreibung
- Zuschlag
- Danach: Vertragsmanagement

5.3.1 Interne Abstimmung

Bild 5.1 zeigt exemplarisch, welche Punkte in der Phase der internen Abstimmung eine Rolle spielen können. Ganz wesentlich ist, dass bereits diese Punkte einen großen Einfluss darauf haben, ob ein Projekt zu einem Erfolg oder Misserfolg wird. Besonders klar sollte kommuniziert werden, dass alle Beteiligten des Auftraggebers end-to-end budgetverantwortlich sind. Daher muss ein Hauptaugenmerk auf dem Rucksack – also auf allen Themen, die festhalten, wie gut ein Lieferant wirklich ist – und der Checkpoint-Phase liegen. Die interne Abstimmung dient zum Beispiel der Festlegung des über die Fachbereiche abgestimmten Kundennutzens, der Zeitplanung und des Business Case.

Die folgenden zwei Beispiele zeigen, warum die interne Abstimmung wichtig ist und wie es sich auswirken kann, wenn sie nicht stattfindet. In vielen Fällen – und so auch in diesen Beispielen – hilft aber der Agile Festpreisvertrag, mit Unzulänglichkeiten in der internen Abstimmung umzugehen.

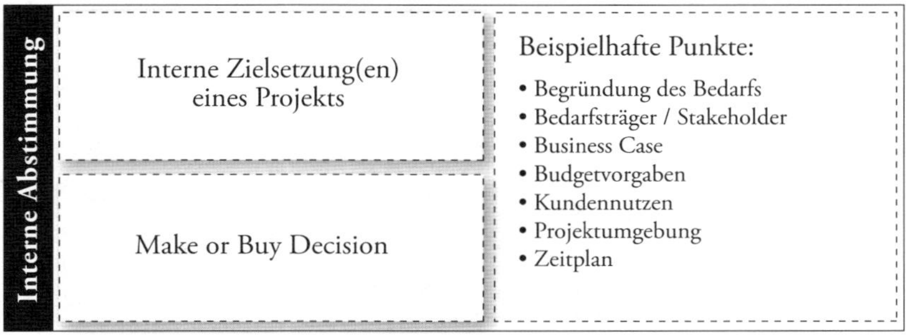

Bild 5.1 Elemente der internen Abstimmung

Beispiel 1

Der Fachbereich kommt gemeinsam mit dem Controlling erst Ende November zu dem Schluss, dass X Mio. EUR des IT-Budgets noch nicht ausgegeben wurden. Der Einkauf hat nun in der Regel bis zum Jahresende Zeit, für dieses offene Budget ein auserkorenes Projekt auszuschreiben. In den allermeisten Fällen reicht die Zeitspanne nicht aus, um einen Vertrag zu einem komplexen Projekt auf professionelle Weise in allen technischen, rechtlichen und kommerziellen Aspekten aufzusetzen, auszuschreiben und zu vergeben. Viele grundlegende Fragen bleiben unbeantwortet und werden damit zum Risiko. Besser wäre es, ein solches budgetäres Fundstück über Vorauszahlungen für klar definierte Leistungen oder Produkte zu parken, die im nächsten Fiskaljahr auf jeden Fall gebraucht werden. ■

Trotzdem kann der Agile Festpreisvertrag auch bei solchen zeitkritischen Ausschreibungen helfen, wenn die Organisation darin geübt ist (einen solchen Fall finden Sie auch im ersten Beispiel in Kapitel 10), denn ein Standardvertrag zum agilen Modell ist rasch aufgesetzt. Auch das Backlog kann rasch beschrieben und wichtige User Stories können im Detail definiert werden. In einer solchen Situation sollten aber nur wenige und vor allem sehr gute Lieferanten eingeladen werden, um nicht Zeit mit Experimenten zu verlieren. Danach kann umgehend die Checkpoint-Phase – und somit das Projekt – beginnen.

Beispiel 2

Bei der internen Vorbereitung werden nicht alle Entscheidungsträger involviert. Nicht selten entwickelt die „Abteilung für Softwareentwicklung" ein Produkt für den Fachbereich bzw. die Kunden, das eine andere Abteilung schlussendlich betreiben muss. Wird die für den Betrieb verantwortliche Abteilung nicht involviert, kann es schon während der Ausschreibung, kurz danach oder spätestens bei der Übergabe des Projekts zu kostspieligen Überraschungen kommen. Beim Agilen Festpreisvertrag können auch zu einem späteren Zeitpunkt – an noch nicht in der Umsetzung befindlichen Anforderungen – Änderungen vorgenommen werden. ■

In der „Make or Buy Decision" entscheidet der Auftraggeber, ob eine interne Abteilung oder eben Lieferanten ein Projekt realisieren sollen oder wer Teile davon umsetzt. In größeren Konzernen gibt es seit einigen Jahren „Procurement-Engineering-Abteilungen", die den Auftrag haben, die Art und Weise der Leistungserbringung durch die Lieferanten zu hinterfragen und zu optimieren. Verwendet ein Lieferant zum Beispiel ein spezielles Vorgehen für die Dokumentation der Softwarelieferung, klärt diese Abteilung, ob es für die Qualitätsanforderungen des Konzerns passt oder ob es ein günstigeres Vorgehen gäbe.

Es ist also eine ähnliche Diskussion wie bei der Definition von User Stories für die einzelnen Sprints in der agilen Vorgehensweise. Wählt man das agile Modell für ein Projekt, so verpflichtet sich der Auftraggeber selbst zu einer umfassenden Mitwirkungspflicht und zur ständigen inhaltlichen und kommerziellen Optimierung im Rahmen der vereinbarten Grundsätze.

5.3.2 Vorbereitung der Ausschreibung

Viele Auftraggeber nehmen sich für den Prozessschritt „Vorbereitung der Ausschreibung" (Bild 5.2) keine oder zu wenig Zeit. Dabei enthält dieser Schritt so wichtige Fragen wie die genaue Definition der Zielsetzung, technische Beschreibungen und die Entscheidung über das kommerziell-rechtliche Modell. Der Zeitdruck führt zu überhasteten und damit oft falschen, teuren Entscheidungen. Und sehr oft führt es zu Projekten, die nicht ansatzweise das Ziel erreichen. Der Agile Festpreisvertrag bietet sich in solchen Situationen an, um das Risiko zu mindern und auf dem Weg des Projekts noch Korrekturen vornehmen zu können, damit das Projektziel erreicht werden kann.

Gründe für überhastete Entscheidungen gibt es genug und wahrscheinlich kennen Sie den einen oder anderen Grund, den wir hier nennen, aus eigener leidvoller Erfahrung. Die folgende Liste beschreibt die häufigsten Gründe und zeigt, warum sich gerade in solchen Fällen der Agile Festpreisvertrag besonders eignet:

- „Wir müssen das Budget des laufenden Jahres noch zeitgerecht nutzen, sonst ist es verloren."

  Agiler Festpreisvertrag: Start mit dem Gesamtprojekt und möglichem Ausstieg beim Checkpoint ohne großes Risiko, falls die Verträge nicht separat ausgeschrieben werden.

- „Unsere Kunden erwarten diese Applikation innerhalb der nächsten drei Monate, sonst verlieren wir Marktanteile an die Konkurrenz."

  Agiler Festpreisvertrag: Der Start auf High-Level-Spezifikation nach einem geordneten Prozess ermöglicht eine schnellere „Time-to-Market", weil gleich mit der Umsetzung der ersten Funktionalitäten begonnen werden kann, während noch an der Detailspezifikation der später umzusetzenden Funktionalitäten gearbeitet wird.

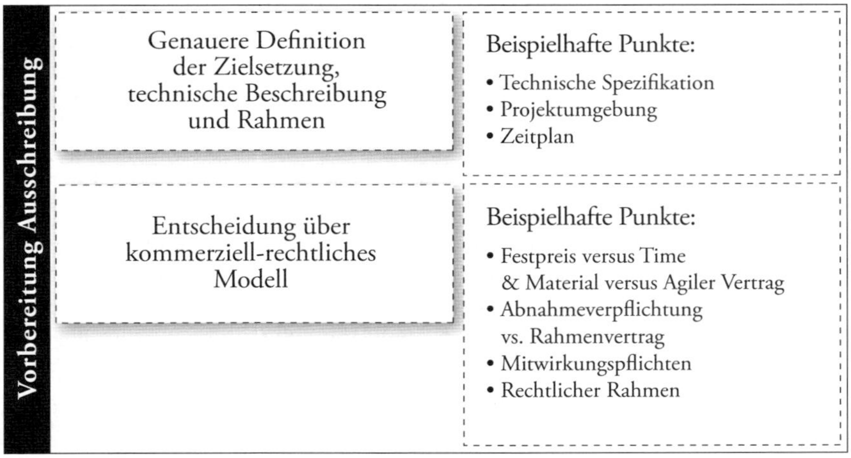

Bild 5.2 Elemente der Vorbereitungsphase für die Ausschreibung

- „Es ist nicht möglich, die Ausschreibung in diesem Fall im Detail vorzubereiten, weil es nur diesen einen Weg gibt."

  Agiler Festpreisvertrag: Falls es doch nicht nur eine Möglichkeit gab, behält man Flexibilität.

- „Nur diese zwei Lieferanten können eine Lösung bieten, eine Ausschreibung ist mangels genauer Zieldefinition nicht möglich."

  Agiler Festpreisvertrag: Die Checkpoint-Phase kann genutzt werden, um die Leistungsfähigkeit dieser beiden Lieferanten zu prüfen und darauf basierend (vielleicht sogar in einer Reverse Auction) den besten Preis zu erzielen.

Sollte tatsächlich zu wenig Zeit zur Verfügung stehen, darf nicht die Qualität der Entscheidungen und der Vorbereitung leiden. Stattdessen sollten mehr – gegebenenfalls externe – Ressourcen in das Projekt investiert und/oder der Agile Festpreisvertrag dazu genutzt werden, die Phase, in der die Detailspezifikation geschrieben werden kann, über fast das ganze Projekt zu erweitern.

Lerninstrument Dokumentation

Die Dokumentation der Ausschreibung ist für den Erfolg besonders wichtig. Beim Erstellen der Dokumentation tauchen immer wieder Fragen auf. Bei der Antwort darauf können sich Fachabteilung, Einkauf und Rechtsabteilung gegenseitig fördern und die Inhalte immer besser verfeinern. Dieser offene Diskurs hat zwei positive Effekte:

1. Er führt zu einem mit allen Beteiligten abgestimmten Vertragsentwurf.
2. Die einzelnen Beteiligten entwickeln neue Sichtweisen auf das Projekt.

Teil der Vorbereitung der Ausschreibung beim agilen Modell ist auch die Vergabe der bereits definierten User Stories sowie die Abfrage indikativer Festpreise. Da sich der Auftraggeber damit aber bereits an den Markt wendet, gehen wir im Rahmen des nächsten Prozessschrittes „Ausschreibung" darauf ein.

Wir möchten noch einmal betonen, dass der Auftraggeber den nächsten Schritt – die Ausschreibung selbst – erst nach einer peniblen Vorbereitung starten sollte. Das gilt auch für den Agilen Festpreisvertrag, in dem zwar nicht die Details der Leistungsbeschreibung enthalten sind, aber die Grundsätze zur inhaltlichen Umsetzung und der rechtlich-kommerzielle Rahmen fixiert sein müssen. Ist die Dokumentation noch strittig oder unvollständig bzw. sind Zeitplan oder Projektumgebung noch nicht in ausreichendem Maße bekannt, sollte die Ausschreibung verschoben werden. Der Agile Festpreisvertrag bietet bei einem entsprechend hohen Riskshare des Auftragnehmers aber die Möglichkeit, nach der Vorbereitung der Referenz-User-Stories einfach einmal zu beginnen und die „große" Ausschreibung nach der Checkpoint-Phase zu versenden.

5.3.3 Ausschreibung

Mit der Ausschreibung richtet sich der Auftraggeber an den Markt (Bild 5.3). Die folgenden Arten von Ausschreibungen verfolgen ein jeweils anderes Ziel und sind auch jeweils einer anderen Phase im Ausschreibungsprozess zuzuordnen. Je nach Reifegrad der Ausschreibung sind die einzelnen „Requests" („Aufforderungen" an die Anbieter) mehr oder weniger gut einsetzbar.

- **Request for Information (RfI):** Die Aufforderung an potenzielle Anbieter im Rahmen einer Marktrecherche, allgemeine Informationen zu einzelnen Fragen bekanntzugeben.

  Auch für das agile Modell kann dieses Instrument genutzt werden, um den Markt auf Basis einer ungefähren Projektbeschreibung zu sondieren. Wer kann das Projekt realistisch umsetzen? Wer hat überhaupt die Ressourcen, ein Projekt einer gewissen Größenordnung zu realisieren? Wie hoch ist die Mitarbeiteranzahl? Welche Standorte gibt es? Hat der Lieferant Erfahrung mit agilen Methoden? Gibt es Off-Shoring-Potenzial? Welche Zertifizierungen hat der Lieferant? Wer ist bereit, für den Auftraggeber zu arbeiten, obwohl er auch für den Konkurrenten tätig ist?

- **Request for Quotation (RfQ):** Die Aufforderung, ein Angebot auf Basis rudimentärer Informationen vorzulegen.

  Auf diese Weise will der Auftraggeber feststellen, welche potenziellen Lieferanten auf Basis einer rudimentären Projektbeschreibung überhaupt ein unverbindliches Angebot vorlegen können oder wollen. Beim agilen Modell würde ein RfQ die Abfrage eines Preises für die Referenz-User-Stories und eines ersten indikativen Festpreises enthalten. Damit kann die Vorauswahl der Lieferanten weiter verkleinert werden.

- **Request for Proposal (RfP):** Die Aufforderung, ein verbindliches Angebot vorzulegen.

  Dieser Schritt eröffnet die Ausschreibung im eigentlichen Sinn. Beim Agilen Festpreisvertrag wird in letzter Instanz ein verbindlicher Festpreis abgefragt.

Je nach Komplexität des zu vergebenden Agilen Festpreisvertrags wird der Auftraggeber alle drei oben definierten Instrumente oder eben nur eines oder zwei einsetzen. Da bei Agilen Festpreisverträgen der Umfang und die exakte Umsetzung per definitionem nicht feststehen, ist es oft sinnvoll, alle drei Instrumente zu verwenden.

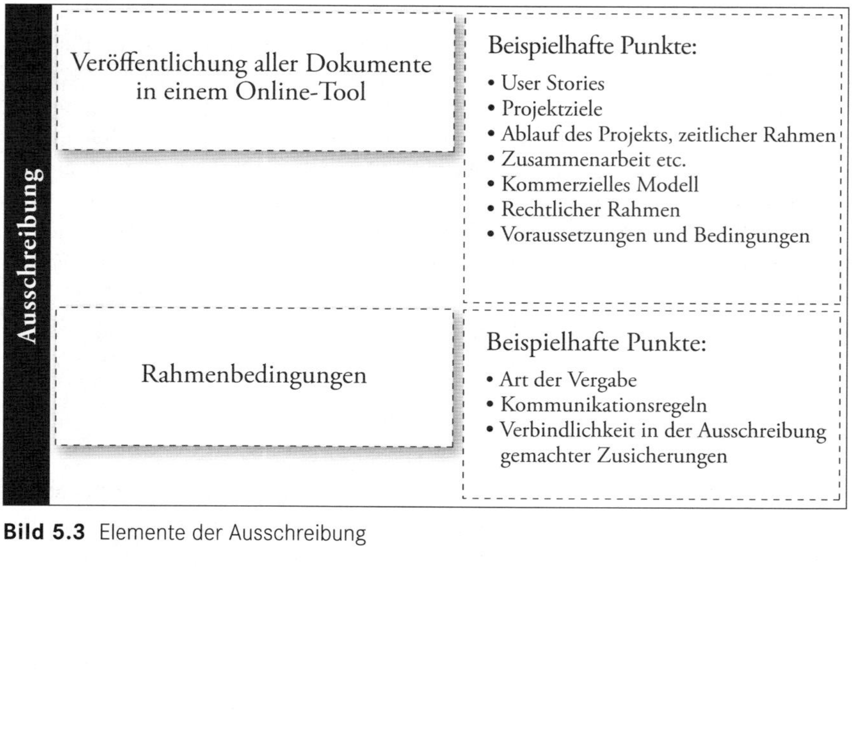

Bild 5.3 Elemente der Ausschreibung

Beispiel

Ziel des Projekts ist es, eine neue Software für die Ortung von Containerschiffen zu erstellen.

Schritt 1 – RfI

Im RfI übermittelt der Auftraggeber an die potenziellen Lieferanten folgende Inhalte:

- *Das Projektziel:* Mission und Themen, damit die grundsätzliche Aufgabenstellung klar ist.
- *Die geplante Vorgehensweise:* Agile Entwicklung und Agiler Festpreisvertrag ohne vollständige Beschreibung (Mission, Themen und Epics) und ohne Referenz-User-Stories und sonstige Details.

Damit stellt der Auftraggeber fest, mit welchen Lieferanten er dieses Projekt überhaupt und dabei auch noch im agilen Rahmen realisieren kann. Der Einkauf sollte über den RfI informiert sein, spielt dabei aber manchmal noch keine treibende Rolle. Ebenso wenig müssen alle Entscheidungsträger involviert sein. Wichtig ist allerdings, dass es in dieser Phase noch zu keiner – auch nicht zu einer emotionalen – Vorentscheidung für einen Lieferanten kommt. Die Zielsetzung des jeweiligen Key Accounts beim Auftragnehmer ist dabei selbstverständlich eine andere.

Schritt 2 – RfQ

Die potenziell geeigneten Lieferanten sind ausgewählt. Nun kann der Auftraggeber im RfQ prüfen, welche Lieferanten auf Basis der Ausschreibungsunterlagen bereit sind, durch einen Riskshare in der Checkpoint-Phase an der Umsetzung von x Sprints zu arbeiten (Beschreibung der Checkpoint-Phase in Kapitel 3). Je nach Einstellung des Riskshare-Parameters kann die Checkpoint-Phase von einer unbezahlten Leistung (ein quasi unbezahlter Proof of Concept) bis zu Time & Material gehen.

Sofern der Backlog und erste Referenz-User-Stories existieren, könnte der Auftraggeber abfragen, welchen unverbindlichen maximalen Festpreis die jeweiligen Lieferanten bieten. Auf Basis der Angebote aus dem RfQ ist der Auftraggeber in der Lage, die Lieferanten für den RfP auf eine überschaubare Anzahl zu reduzieren.

Schritt 3 – RfP

Bevor der entscheidende RfP zum Agilen Festpreis auf Basis des finalen Vertrags inklusive aller Anhänge veröffentlicht wird, sollten mit den gelisteten Anbietern Testläufe (Checkpoint-Phasen) durchgeführt werden, in denen User Stories umgesetzt werden (siehe oben RfQ). Uns ist bewusst, dass das eine etwas idealistische Sichtweise ist. In der Realität wird dieser Testlauf meistens mit einem Lieferanten absolviert und ein Zweiter ist in der Warteposition, falls nach der Checkpoint-Phase doch nicht der erste Lieferant das Projekt fortsetzt. Im kleinen Rahmen ist es aber durchaus sinnvoll, die Testläufe mit beiden Lieferanten abzuwickeln.

Alternativ dazu kann die Ausschreibung zum Agilen Festpreisvertrag auch ohne vorherige Checkpoint-Phase mit ausgewählten Lieferanten durchgeführt werden, sofern die Checkpoint-Phase im Vertrag als erste Phase mit definiertem Ausstiegspunkt festgelegt wird (siehe Mustervertrag in Kapitel 4). Gibt der Auftraggeber vor dem RfP die Möglichkeit zur Checkpoint-Phase, so kann er mit größerer Wahrscheinlichkeit davon ausgehen, dass die Anbieter des RfPs nach dem Zuschlag tatsächlich in der Lage sind, das Ziel oder die Projektziele zu erreichen. Ob der Auftraggeber nach Erhalt aller verbindlichen Angebote mit mehreren Lieferanten finale Verhandlungen startet, direkt den Zuschlag an den Bestbieter erteilt oder zum Beispiel in exklusive Verhandlungen tritt, ist von Fall zu Fall und auf Basis der Angebote zu entscheiden.

Die Angebote auf Basis des RfPs müssen vergleichbar sein. Zahlreiche Lieferanten versuchen, den vorgegebenen kommerziellen, rechtlichen und technischen Rahmen auszuhebeln, gerade um eine Vergleichbarkeit unmöglich zu machen. Dieser Versuch ist auf unterschiedliche Arten möglich, hier drei Beispiele:

- Der Lieferant bietet nicht angefragte, aber für den Auftraggeber potenziell nützliche Zusatzleistungen/-ziele an.
- Der Lieferant bietet eine Pauschale an, um auf Einzelpreisbasis nicht antastbar zu sein (kein „Cherrypicking"). Diese Vorgehensweise läuft auf eine Version der herkömmlichen Fixpreisbeauftragung hinaus, ist aber für den Agilen Festpreisvertrag denkbar ungeeignet. Man kann dadurch die einzelnen Epics in ihrer Komplexität nicht dem vertraglichen Prozess entsprechend steuern.
- Der Lieferant versucht, verschiedene Projekte oder Wartungsaufträge mit dem Pricing für den aktuell ausgeschriebenen Vertrag zu verbinden.

Der Agile Festpreisvertrag unterbindet solche Versuche der Anbieter dank seiner Grundsätze. Vor allem der Grundsatz, dass schließlich ein echter Festpreis mit Riskshare angeboten werden soll, macht derartige Interventionen unmöglich.

Um sämtliche Missverständnisse zu vermeiden, sollte der Auftraggeber vor dem Veröffentlichen des verbindlichen RfQs für jeden Lieferanten einen Frage-Workshop abhalten. Wurden als Test bereits User Stories abgenommen, hat der Frage-Workshop ein sehr solides Fundament. Idealerweise unterstützt der jeweilige Key Account Manager bzw. Einkäufer die technischen Experten. Während der Ausschreibung sollte der Key Account Manager bzw. der Einkäufer der jeweilige Single Point of Contact sein, um eine klare Kommunikationslinie zu sichern.

Wichtig ist, dass beim Agilen Festpreisvertrag meist keine Tagessätze verhandelt werden, sondern Leistungseinheiten (Storypoints oder User Stories nach Komplexitätsklassen). Insofern ist die Transparenz der dahinterstehenden Planung und Ressourcen nebensächlich und vor allem Sache des Auftraggebers, der natürlich die tatsächliche Realisierbarkeit des Projekts auf Basis der jeweiligen Ressourcenlage prüft (siehe dazu das Beispiel in Abschnitt 5.1).

5.3.4 Zuschlag

Wir haben bereits gesagt, dass die schlechte Vorbereitung einer Ausschreibung der erste Hauptfehler ist, der zum Scheitern eines Projekts beiträgt. Der zweite Hauptfehler ist aus unserer Sicht, einen finalen Zuschlag auf Basis des Agilen Festpreises an einen Lieferanten zu erteilen, ohne den rechtlich-kommerziellen bzw. technischen Rahmen abgestimmt zu haben (also der vereinbarte Vertrag inklusive technischer und kommerzieller Anhänge). Ohne diese Dokumentation ist es de facto nicht einmal sinnvoll, Verhandlungen über die kommerziellen Parameter (echter Festpreis/Maximalpreisrahmen, Riskshare, Checkpoint-Phase etc.) zu beginnen.

Zweitens muss konsequenterweise spätestens vor der Zuschlagserteilung feststehen, welche rechtlichen und technischen Dokumente (inhaltlich: welche Grundsätze – z. B. Programmieren am Softwarestandard, offene Schnittstellen, Sourcecode) der potenzielle Lieferant akzeptiert bzw. nicht vollständig akzeptiert. Sofern ein Lieferant in der Ausschreibung grundsätzliche Punkte nicht als verbindlich bestätigt (z. B. Durchführung automatisierter Tests und Bestätigung der entsprechenden technischen Werkzeuge, um überhaupt professionell agil entwickeln zu können), sollte der Auftraggeber diesen Lieferanten ausreihen.

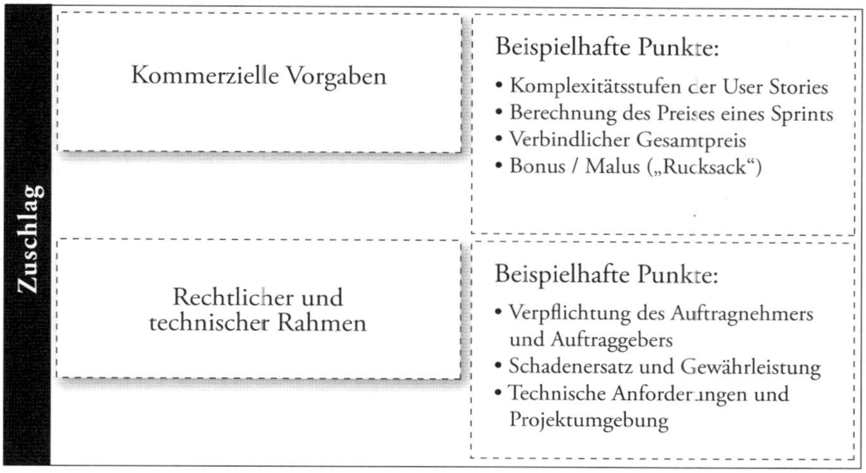

Bild 5.4 Elemente der Zuschlagsphase

Um zwischen den verbleibenden Lieferanten die Vergleichbarkeit zu gewährleisten, muss ein Rucksack zum angebotenen Gesamtpreis dazugerechnet werden. Darunter versteht man alle Nachteile, die entstehen, wenn der konkrete Lieferant unter der gegebenen Systemlandschaft und der gegebenen Projektumwelt das Projekt zu den angebotenen Konditionen durchführen würde. Der Auftraggeber kann diese Nachteile nur ungefähr monetär bewerten. Trotzdem ist dieses Instrument die Voraussetzung für die objektive Vergabe unter Einbeziehung aller relevanten Parameter (siehe Parameter wie Riskshare, Kosten je Storypoint etc. in Kapitel 4).

Wie in Bild 5.4 dargestellt, sollte der Zuschlag erfolgen, wenn alle inhaltlichen (also technischen und rechtlichen) Punkte und die kommerziellen Aspekte einbezogen wurden.

Das Budget für ein Projekt gibt vielen Unternehmen den Zielpreis vor. Meistens ist das ein falscher Ansatz, weil der tatsächlich erzielbare günstigste Preis in den seltensten Fällen dem Budgetwert entspricht. Vielmehr muss sich der Auftraggeber fragen, welche Minimalziele er mit minimalem Kapitalaufwand erreichen will. Auf dieser Basis muss er seinen Zielpreis definieren. Genau dafür ist das agile Modell prädestiniert, da die Lieferanten angehalten sind, den niedrigsten Preis auf Basis der erforderlichen – nicht durch einen bestimmten Fachbereich vergoldeten – Anforderungen zu nennen. Das agile Modell strebt grundsätzlich einen niedrigen Festpreis und einen vernünftigen Umfang des Projekts an. Dabei kann beispielsweise der Grundsatz vereinbart werden, dass die Unternehmensprozesse der

IT folgen und nicht umgekehrt, sofern das nicht mit exorbitanten Kosten verbunden ist (der Kostenpunkt sollte definiert werden).

Weder das Budget noch der intern definierte Zielpreis dürfen dem Lieferanten kommuniziert werden, weil dieser Preispunkt sonst niemals unterschritten wird. Ob in der finalen Phase mit einem Zielpreis im Rahmen eines kooperativen Verhandlungsstils operiert wird, muss sehr sorgfältig überlegt werden.

Das agile Vorgehen auf Basis des Agilen Festpreisvertrags stellt prozessual jedenfalls sicher, dass immer jene Anforderung als Nächstes umgesetzt wird, die den höchsten Business Value hat und somit die getätigten Investitionen maximal absichert. So lässt sich eine optimale Wertsteigerung sicherstellen.

Die Preisfindung bei Agilen Festpreisverträgen beruht auf folgenden kommerziellen Elementen:

- **Preisfindung aus Sicht des Auftragnehmers**
  - Referenz-User-Stories, die im Detail vorliegen
  - Backlog für das Gesamtprojekt bestehend aus Epics im Sinne einer Analogieschätzung abschätzen (eventuell mit Sicherheitsaufschlag versehen)
  - Riskshare
- **Preisfindung aus Sicht des Auftraggebers**
  - Aufwände für die Referenz-User-Stories
  - Maximalpreisrahmen
  - Riskshare
  - Rucksack

Wie in Kapitel 3 beschrieben, sollten vor dem Zuschlag mit den Lieferanten der Shortlist im Rahmen einer Checkpoint-Phase ein bis zwei User Stories umgesetzt und abgenommen werden, und zwar auf Basis von optimierten Kosten durch einen Riskshare. Der Auftragnehmer gibt die Kosten für die Komplexitätspunkte dieser in der Checkpoint-Phase geplanten Referenz-User-Stories ab und den Preis pro Komplexitätspunkt. Außerdem erklärt er sich zum Beispiel bereit, dass diese Kosten nur zu 70 Prozent berechnet werden, falls eine der Parteien nach der Checkpoint-Phase das Projekt nicht weiterführen will.

Der Auftraggeber sollte die Performance der einzelnen Lieferanten während dieser Testphase unbedingt in seine Entscheidung über den Zuschlag einbeziehen. Wem traut er die Realisierung tatsächlich zu? Die Anbieter bekommen dadurch die Chance, den Aufwand, die Zusammenarbeit mit dem Auftraggeber und die Komplexität des Projekts noch besser einschätzen zu können. Eine solche Testphase bringt in den meisten Fällen stichhaltigere Erkenntnisse als eine ganze Reihe abstrakter Workshops. Sehr oft schaffen diese nämlich nachhaltige Missverständnisse, weil man sich nicht konkret zu jedem Detail einer User Story unterhält. Parallel zur Checkpoint-Phase sollte der Auftraggeber dem engeren Lieferantenkreis aber Workshops zum rechtlichen und kommerziellen Rahmen sowie zu den Projektzielen im Allgemeinen anbieten.

Auch bei komplexeren Projekten sollte es für Anbieter auf diese Art möglich sein, einen realistischen Maximalpreisrahmen für den Agilen Festpreisvertrag zu kalkulieren und anzubieten. Der Auftragnehmer wird für die Berechnung des Maximalpreisrahmens eine

Mischkalkulation über alle Tätigkeiten und Komplexitätsstufen heranziehen. Die Mischkalkulation wird auf dem Backlog, den bereits final definierten User Stories und gegebenenfalls Epics (bestehend aus User Stories) sowie den Erfahrungen aus der Testphase beruhen. Der Auftraggeber ist in der Regel nur an den „Teamkosten" interessiert, die am Ende in die Kosten für jeden Komplexitätspunkt münden. Es wird die Leistung bewertet und nicht Personen oder Zeit!

Speziell bei Agilen Festpreisverträgen ist die Aussicht auf einen erfolgreichen und partnerschaftlichen Projektabschluss besonders wichtig. Die Definition und Kalkulation aller Rucksackkosten (Bild 5.5) ist also eine besonders heikle und gewissenhaft durchzuführende Aufgabe, die auf einer soliden Informationsbasis beruhen muss. Der Fachbereich sollte den Rucksack vor dem Abruf der Angebote kalkulieren, um nicht vom Endergebnis zusätzlich beeinflusst zu sein.

Entscheidungsmatrix – vereinfachtes Beispiel

Entscheidungselement	LIEFERANT A	LIEFERANT B	LIEFERANT C	LIEFERANT D	LIEFERANT E
OBJEKTIVER FESTPREIS	575.000,-	670.000,-	495.000,-	810.000,-	300.000,-
WARTUNG SYS	250.000,-	400.000,-	480.000,-	400.000,-	120.000,-
SW FEE SYS	50.000,-	100.000,-	80.000,-	320.000,-	100.000,-
SUMME O. RUCKSACK	875.000,-	1.170.000,-	1.055.000,-	1.530.000,-	520.000,-
RUCKSACK	200.000,-	50.000,-	250.000,-	15.000,-	700.000,-
ERLÄUTERUNG RUCKSACK*	Testphase mit Problemen	Gewährleistung verkürzt	SLA Levels werden nicht zugesagt	ERP Modul muss interface anpassen	SW basiert nicht auf standard
SUMME	1.075.000,-	1.123.000,-	1.305.000,-	1.545.000,-	1.220.000,-

Bild 5.5 Beispiel für eine Entscheidungsmatrix

Anmerkung zu Bild 5.5: Die Erläuterungen zum Rucksack sind stark vereinfacht dargestellt. Der Einkauf muss die Zuweisung eines Rucksacks zu einem Lieferanten sehr kritisch hinterfragen, denn durch den Rucksack kann die Fachabteilung die Lieferantenentscheidung stark beeinflussen. Das ist auch gut so, solange nicht unbegründet oder aus Bequemlichkeit der Lieblingslieferant des Fachbereichs mit Gewalt zum Zug kommen soll. Der Rucksack soll daher vor Bekanntgabe/-werden der kommerziellen Angebote feststehen.

Wichtig sind bei diesem Schritt aber erneut die interne Abstimmung, die Kollaboration und das Verständnis des neuen Vorgehens unter den einzelnen Beteiligten auf Seiten des Auftraggebers. Der Einkäufer verantwortet den Prozess, die tatsächliche Entscheidung wird meist vom Top-Management getroffen. Es ist wesentlich, offen zu kommunizieren und die Vorteile dieses neuen Vorgehens (z. B. die Risikominimierung) für alle Entscheidungsträger transparent zu machen. Das Mindset „Wir nehmen den Billigsten!“ sollte auf sämtlichen Ebenen als Entscheidungsgrundlage vermieden werden. Wichtiger ist es, die Frage zu stellen, ob dieser Lieferant das Vorgehen unterstützen kann, das man als Kunde braucht!

5.3.5 Preisoptimierungsoptionen

Um den Preis weiter zu minimieren, kann der Auftraggeber in einem zweiten Schritt der Ausschreibung eine weitere Preistabelle für die gleichen Tätigkeiten bei Near- oder Offshoring abrufen und die Lieferanten auffordern anzugeben, welchen Prozentsatz der User Stories bzw. der eingesetzten Teams sie jeweils über Near- und Offshoring erbringen können. Der Auftraggeber kann sich auch vorbehalten, gewisse Tätigkeiten an vorab definierte und damit vom Auftragnehmer akzeptierte Dritte auszulagern, um damit preisliche Vorteile zu erzielen (z. B. das Testen der User Stories oder sogar deren Abnahme). Wenn man dieser Vorgehensweise folgt, sollte der Auftraggeber darauf achten, dass der Vertrag eine klare Bestimmung zur Gewährleistung enthält (d. h. trotz der Mitwirkung von Dritten leistet der Auftragnehmer für das gesamte Projekt Gewähr). Gleiches gilt für die Haftung. Umgekehrt sollte der Auftragnehmer einer derartigen Bestimmung nur in Ausnahmefällen zustimmen und jedenfalls nur dann, wenn er die Möglichkeit hat, die Leistung des Dritten überhaupt zu überprüfen und ggf. abzulehnen.

Stimmen aus der Praxis

Horst Ulrich Mooshandl, damaliger Senior Vice President Procurement & Supply Chain Management und Einkaufsleiter der Telekom Deutschland GmbH, wies in einem Gespräch im März 2012 darauf hin, dass eine differenzierte Betrachtung nötig sei und dass es bei agilen Vertragsmodellen in der Vergangenheit offensichtlich Probleme gegeben habe:

„Versetzen wir uns in die Lage eines Einkäufers, der eine Ausschreibung zum Thema Migration oder Implementierung eines komplexen IT-Systems – zum Beispiel eines ERP-Systems – durchführen muss. Selbst bei diesen komplexen Sachverhalten und selbst bei einer – noch – unklaren Leistungsbeschreibung ist die agile Vorgehensweise nicht unbedingt die einzige Option. Vor allem für die IT-Verantwortlichen ist es wohl verlockend, bei komplexen Projekten offene Fragen, die durch die Komplexität der Materie entstehen, in die Zukunft zu verschieben. Das Motto dahinter lautet leider oft: „Dafür haben wir jetzt keine Zeit, dafür finden wir schon noch eine Lösung ...“ Dabei kann man fast alle offenen Fragen beantworten oder sich einer Entscheidung annähern, wenn man sich dafür nur Zeit nimmt und Grundregeln für die Projektumsetzung definiert.

Zum Beispiel können offene Fragen über die Grundsätze einer ERP-Migration vorab definiert werden, etwa unter welchen – restriktiven – Umständen vom Softwarestandard abgewichen werden darf. Für die Ausschreibung und vor allem für die Realisierung müssen die gemeinsam mit den Entscheidungsträgern aufgestellten Grundregeln auf alle fachlichen Anforderungen umgelegt und überprüft werden, nämlich ob sie auch den gemeinsam aufgestellten Grundsätzen nicht widersprechen.

Widerspricht eine Anforderung einem Grundsatz, sollte es eine Entscheidungsregel dafür geben, ob die fachliche Anforderung zu ändern ist oder eben nicht. Diese Regel könnte so lauten: Eine fachliche Anforderung (z. B. Übermittlung eines Datensatzes im ERP-System) darf nur dann einem Grundsatz (z. B. SW-Standard) widersprechen, wenn zum Beispiel die Produktion des Unternehmens ohne Realisierung der fachlichen Anforderung stillstehen würde. Auch diese Grundregel „Vom SW-Standard darf nur abgewichen werden, wenn die Produktion stillstehen würde, sofern man am SW-Standard bleibt“ sollte der Einkäufer mit den Entscheidungsträgern vorab definieren.

Entscheidet man sich, ein komplexes ERP-Migrationsprojekt über eine agile Vertragsform abzuwickeln, darf man nicht Gefahr laufen, offene Fragen zu den einzelnen fachlichen Anforderungen in die Zukunft zu schieben. Kernherausforderung bei einem Migrationsprojekt ist es aber oft, die Komplexität vor der Ausschreibung bzw. Realisierung noch maximal zu reduzieren, um den Zielpreis zu erreichen und das Projekt überhaupt wirtschaftlich realisierbar zu machen. Das bleibt eine Herausforderung, die auch im agilen Vertragsrahmen gemeistert werden muss. Auch bei einem komplexen Migrationsprojekt gibt es Leistungselemente, die über ein agiles Vorgehen besser abbildbar sind. Ein Beispiel dafür ist die Weiterentwicklung eines Moduls, für das zwar die Features („Business Requirements“) grob beschrieben und Wechselwirkungen zu anderen Modulen oder Systemen überschaubarer sind, der Auftraggeber allerdings die genaue Umsetzung und vor allem die Projektziele im Detail (noch) nicht definieren kann. Genau dafür ist die agile Vorgehensweise prädestiniert.“ ■

5.3.6 Projekt- und Vertragsmanagement

Auch nachdem der Zuschlag erteilt wurde, sollte der zuständige Einkäufer das Projekt weiter betreuen und Teil des Projektteams zur Umsetzung sein. Um den Einkäufer für diese oft arbeitsintensive und veränderte Aufgabe zu motivieren, sollten nicht nur die vertraglich verhandelten Einsparungen, sondern auch die tatsächlich angefallenen Kosten in den persönlichen Zielen verankert sein (d. h. eine End-to-End Budgetverantwortung für dieses Projekt).

Der Einkäufer als kommerzieller Ansprechpartner im Projekt bringt den zusätzlichen Vorteil, dass der technische Projektmanager sich nicht auf kommerzielle Diskussionen fokussieren muss und damit auf den Projektfortschritt konzentrieren kann. Diese neue Verantwortung ist vielen Einkäufern unangenehm. Manchmal muss intensive Überzeugungsarbeit geleistet werden, und natürlich ist nicht jeder Einkäufer dieser Aufgabe gewachsen. In einigen Unternehmen sind die Anreizsysteme für Einkäufer bereits auf dieses Modell ausgerichtet.

Zusammenfassung

Der Agile Festpreisvertrag kann genauso wie eine klassische Festpreisausschreibung durchgeführt werden, wobei aber einige spezielle **kommerzielle Parameter** des agilen Modells richtig angewandt werden. Diese Parameter sind

- Referenz-User-Stories,
- der Gesamtumfang/Maximalpreisrahmen und
- der Riskshare.

Neben diesen kommerziellen Parametern ist außerdem wichtig, dass Auftraggeber und Auftragnehmer in einer Checkpoint-Phase verifizieren, dass die Expertise und Bereitschaft zur Kooperation im Rahmen eines Agilen Festpreisvertrags vorhanden sind.

Die wichtigsten Anforderungen an Ausschreibung und Umsetzung sind Wettbewerb sowie Vergleichbarkeit und Transparenz.

Schematisch gliedert sich der **Ablauf einer Ausschreibung** inklusive Verhandlung in die Phasen

- interne Abstimmung,
- Vorbereitung der Ausschreibung,
- Ausschreibung und
- Zuschlag.

Wesentlich ist, dass der zuständige Einkäufer auch nach dem Zuschlag das Projekt weiter betreut und Teil des Projektteams zur Umsetzung ist – d.h. es geht um eine End-to-End-Budgetverantwortung.

6 Besondere Anforderungen an den rechtlichen Rahmen beim Agilen Festpreisvertrag

Kapitel 4 stellt eine Schablone für einen Agilen Festpreisvertrag mit genauen Formulierungen zur Steuerung des Umfangs und des Change-Request-Verfahrens vor. Außerdem finden sich dort kurze Kommentare zu den einzelnen Bestimmungen. An dieser Stelle wollen wir noch einmal hervorheben, dass die in diesem Buch enthaltene Vertragsschablone keinesfalls unreflektiert übernommen werden sollte. Der Vertragsrahmen muss an das jeweilige Projekt angepasst werden. Dabei muss zuerst geprüft werden, ob das agile Modell überhaupt für das Projekt in Frage kommt (was unserer Erfahrung nach selten zu verneinen ist). Ist das der Fall, so muss entschieden werden, in welchem Ausmaß das agile Modell auf Vertragsbestandteile angewendet werden kann. Zum Beispiel sollte die für ein IT-Projekt erforderliche Hardware in den meisten Fällen final definiert sein und sich über den Projektverlauf nicht ändern, sodass dieser Kostenblock über einen fixen Betrag im Vertrag festgehalten werden kann. (Hinweis: Wobei auch hier immer mehr auf Cloud Services gesetzt werden kann, wo die komplexe Fragestellung des finalen Hardware-Setups nicht zu Beginn in jedem Detail beantwortet werden muss.)

Das Gleiche gilt für Standardsoftware. Sind hier etwaige Anpassungen nötig, könnte auch dafür ein herkömmlicher Festpreis vereinbart werden, sofern die Anpassungen klar und vollständig definiert und Änderungen über den Projektverlauf ausgeschlossen werden können. Bei genauer Betrachtung geht man aber generell auch dann kein zusätzliches Risiko ein, wenn man den Agilen Festpreisvertrag mit entsprechend rigoros gesetzten Parametern in solchen Projekten anwendet. Denn vielleicht wurde fälschlicherweise vorausgesetzt, dass die Einführung einer Standardsoftware klar und vollständig definiert war. Auch bei solchen Projekte stellen sich immer öfter Schwierigkeiten ein, da Kunden selten ein so tiefgreifendes Wissen über Standardsoftware haben, dass Unklarheiten reduziert werden. Bei einem derartigen Irrtum kann nur die Flexibilität des Agilen Festpreisvertrags Abhilfe schaffen.

Bei jedem Projekt sind auch hybride Vertragsformen möglich: So kann zum Beispiel für die Entwicklung der eigentlichen Individualsoftware sowohl das agile Modell (z. B. für die Implementierung spezieller Features) als auch das herkömmliche Festpreismodell (z. B. ein Stück Stammdatenmigration mit bekanntem Dateninhalt und bekannten Schnittstellen) eingesetzt werden. Alternativ können – wie zuvor beschrieben – auch alle Teile im Vertragsrahmen eines Agilen Festpreises geregelt werden, sofern man für die unterschiedlichen Teile unterschiedliche Parameter zulässt. Zum Beispiel kann für den sehr klaren Teil im Projekt ein Teilprojekt definiert werden, bei dem die Parteien übereinkommen, dass bei Überschreitung des Maximalpreisrahmens der Kunde nur mehr 20 Prozent der Leistungen bezahlt. Auf andere Projektteile, bei denen durch die Unsicherheit die Verantwortung des Lieferanten nicht so klar geregelt werden kann, kann der Riskshare zum Beispiel 50 Prozent betragen.

Rechtlich gesehen gibt es beim Agilen Festpreisvertrag ein paar andere Besonderheiten zu berücksichtigen als bei herkömmlichen IT-Verträgen.[1] Ist es in herkömmlichen Festpreisverträgen üblich, die detaillierte Definition des Leistungsgegenstands zu beschreiben, so ist beim Agilen Festpreisvertrag zum Beispiel wichtig, den Leistungsgegenstand als „High Level"-Pflichtenheft und ein Change-Request-Verfahren (Scope Governance und Exchange for free) einzufangen. Die agile Projektrealität und das etwas geänderte Vorgehen haben Einfluss auf ein paar der rechtlichen Rahmenbedingungen des Gesamtvertrags, wie wir in diesem Kapitel erläutern werden.

Für eine detaillierte Abhandlung der einzelnen rechtlichen Komponenten sei auf die entsprechend referenzierte Literatur verwiesen. Dieses Buch und dieses Kapitel soll diese Betrachtung mit einer praxisnahen Beschreibung darstellen. MMag. Dr. Felix Hörlsberger, Partner bei DORDA Rechtsanwälte in Wien, hat in seiner Rückmeldung zur ersten Auflage dieses Buchs Anfang 2014 angemerkt: „Eine Bereicherung für jede Fachbibliothek – mit vielen wertvollen Praxistipps!"

Wählt man also für ein Projekt zumindest in Teilen den Agilen Festpreisvertrag, sollte man einige Besonderheiten zu folgenden rechtlichen Themen und Instrumenten beachten, die im Anschluss beschrieben sind (die Paragraphen in den Klammern beziehen sich auf die jeweiligen Abschnitte des Mustervertrags in Kapitel 4):

- Bewegliches System für Leistung und Preis und Werksleistung nach § 651 BGB (§ 2)
- Gewährleistung und Schadensersatz (§ 9)
- Zeitplan und Meilensteine (§ 8)
- Eskalationspfad (§ 7)

6.1 Bewegliches System

Wir fassen in diesem Abschnitt noch einmal die in den letzten Kapiteln entwickelten Themen rund um die rechtliche Betrachtung eines beweglichen Systems als Vertragsgegenstand zusammen.

Das agile Modell versucht, zwei angebliche Widersprüche zu vereinen. Zum einen enthält der Agile Festpreisvertrag einen echten Festpreis (Maximalpreisrahmen) für das Gesamtprojekt (beschrieben durch Produkt-/Projektvision, Backlog, Epics, User Stories etc.) und zudem Konsequenzen, falls der Preis überschritten wird, obwohl zum Umfang nichts dazugekommen ist, ohne dass etwas anderes dafür weggenommen wurde (Exchange for free). Wie in Kapitel 3 beschrieben, ist eine Konsequenz zum Beispiel die Halbierung des Preises

[1] Allgemeine rechtliche Erläuterungen zu IT-Verträgen finden sich bei Jaburek (2003), Marly (2009), Pfarl et al. (2007), Schneider (2006) und Hören (2007) sowie zum Beispiel die rechtliche Betrachtung von Egli (2015). Speziell mit dem Thema Vertragsgestaltung und Abnahmen haben sich Witte (2010), Kremer (2010) und Müller-Hengstenberg (2008) auseinandergesetzt.

für einzelne User Stories. Ist der Auftraggeber besonders an der Leistungserbringung für das gesamte Projekt durch den ausgewählten Auftragnehmer interessiert, kann auch vereinbart werden, dass bei Projektabbruch durch den Auftragnehmer die verbleibenden x Prozent (z. B. 20 %) für die Endabnahme nicht mehr ausbezahlt werden.

Zum anderen basiert der Preis auf einem beweglichen System zur finalen Leistungsdefinition in Form einer Vision, Referenz-User-Stories, Themen und Epics sowie Sprints zur Umsetzung. Zum anderen ermöglicht es der Agile Festpreis (anders als z. B. in Witte 2010 dargestellt), in Form von Epics eine anfängliche Definition des Ziels durchzuführen. Dies ermöglicht, das agil gelieferte Projekt als Werk abzuliefern. Beendet der Auftragnehmer die Kooperation, weil etwa das Projekt die kommerziellen Erwartungen (z. B. Nettomarge) nicht erfüllt, wird er sich regelmäßig darauf berufen, dass sich die Rahmenbedingungen für das gemeinsame agile Vorgehen erheblich geändert hätten und die Umsetzung daher nicht zum vereinbarten Agilen Festpreis möglich sei. Diese Möglichkeit kann, wie oben erwähnt, durch eine Art Riskshare (dessen Prinzip auch Witte 2010 erwähnt hat) zu Lasten des Auftragnehmers unattraktiver gestaltet werden. Gerade das gemeinsame Scheitern ist aber bei einem Agilen Festpreisvertrag in der Regel weniger problematisch und kostenintensiv als bei einem herkömmlichen Festpreisvertrag. Der Grund dafür liegt im agilen Modell selbst und dessen Grundsatz, wonach jeder Sprint für sich selbst nutzbar ist und das Projekt in jeder Phase gegebenenfalls vom Auftraggeber selbst oder einem Dritten fortgesetzt oder weiterentwickelt werden kann. Die Gefahr eines endgültigen und vor allem kostspieligen Scheiterns ist also beim Time & Material- und Festpreisvertrag höher. Durch die Sanktionen bei Nichteinhaltung des Maximalpreisrahmens ist es für den Auftragnehmer nicht attraktiv, das Projekt in die Länge zu ziehen. Außerdem ist es auch tatsächlich nicht möglich, weil der Auftraggeber die Sprints abnimmt und dadurch einen genauen Überblick über den Stand der Dinge bekommt. Das agile Modell setzt allerdings voraus, dass sich der Auftraggeber aktiv involviert – und das muss im Vertrag unbedingt klar verankert werden. Den Mitwirkungsverpflichtungen des Auftraggebers ist somit großes Augenmerk zu schenken, da diese für den Projekterfolg unmittelbar notwendig sind.

■ 6.2 Gewährleistung und Schadensersatz

Trotz des beweglichen Systems für die Leistungserbringung sollte der Vertrag explizit einen einheitlichen und eindeutigen Zeitpunkt für den Beginn der Gewährleistungs- und Schadensersatzfrist enthalten.

Außerdem sollte man darauf achten, dass der Auftragnehmer Gewähr für das gesamte Werk bzw. das gesamte Projekt übernimmt. Dabei ist wichtig, dass die User Stories zusammengefasst in Sprints die Funktionalitäten und damit die Leistung im Detail beschreiben, für die Gewähr geleistet und gehaftet wird. Aus dem Vertrag muss daher der Leistungsgegenstand eindeutig hervorgehen, auch wenn sich dessen Details erst über die Detailspezifikationen in den Sprint-Vorbereitungen ergeben. Es muss klar sein, wie sich der Leistungsgegenstand am Ende des Projekts zusammensetzt und worauf die Gewährleistung erfolgen soll. Möglicherweise kann es eine Gewährleistung auf Teile geben, aber nicht aufs Ganze, weil der

Kunde die Teile abgenommen hat, aber eben nicht alle. Müller-Hengstenberg geht speziell auf die Test- und Abnahmeverfahren in Bezug auf agile Softwareentwicklung ein und gibt den Hinweis, dass jeder Sprint strukturiert abgenommen werden sollte.

Zum Beispiel kann man vereinbaren, dass jeder Sprint produktiv genutzt wird und demnach nach der Teilabnahme für diesen Teil des Werks bereits die Gewährleistungsfrist von x Monaten zu laufen beginnt. Angenommen, für das gesamte Werk sind zehn Sprints vorgesehen und der siebte Sprint wird nicht teilabgenommen, weil es Diskussionen zu einem Qualitätsproblem gibt. Während dieser andauernden Diskussion werden die Sprints 8 – 10 bereits geliefert und auch abgenommen. In diesem Fall würde man hier neun um zwei Wochen versetzte Gewährleistungsfristen vorfinden. Die Gewährleistungsfrist für den siebten Sprint würde erst beginnen, wenn dieser wirklich abgenommen wurde. Das heißt, es kann bei diesem Konstrukt Fälle geben, bei denen auf Teile des Werks bereits Gewährleistungsfristen laufen, aber nicht auf das ganze Werk. Unterschiedliche Startpunkte für die Gewährleistungsfrist sind auch bei herkömmlichen Verträgen im Rahmen von Zwischenreleases durchaus nicht unüblich. Speziell ist jedoch, dass nach dem agilen Vorgehen inklusive Verankerung im Agilen Festpreisvertrag Inkremente geliefert werden, die auch wirklich in Produktion gehen (können) und verbindlich abgenommen werden – was bei herkömmlichen Zwischenreleases oft nicht der Fall ist.

Um es einfach zu halten, bietet sich aus Sicht des Auftraggebers die Gesamtabnahme des Gesamtprojekts (definiert durch das Backlog), die nach Abnahme des letzten Sprints separat erfolgt, als eindeutiger Zeitpunkt für den Beginn der Gewährleistungs- und Schadensersatzpflicht für den Leistungsgegenstand an. Auch aus Sicht des Auftragnehmers ist die Definition einzelner Gewährleistungsstartzeitpunkte auf Basis der einzeln abgenommenen Sprints nicht uneingeschränkt empfehlenswert. So verkompliziert diese Vorgehensweise zum Beispiel die Berechnung des jeweils anwendbaren Wartungspreises, falls während der Gewährleistung keine Wartung oder „Free of Charge“-Wartung vereinbart ist. Allerdings ist bei lang andauernden Projekten, bei denen der Auftraggeber die ersten Sprints Monate vor Abnahme des letzten Sprints kommerziell nutzt, aus Sicht des Auftraggebers sehr wohl darauf zu achten, dass die Gewährleistungsfrist für einzelne Sprints jeweils separat zu laufen beginnt. Es kommt wie immer auf den Einzelfall an.

Den Projektmanagern beider Parteien muss klar sein, dass die Dokumentation, die durch ihre Unterschrift abgenommenen Sprints und User Stories essenziell für die Details der Leistungsbeschreibung sind. Ein akkurates Projekt- und Vertragsmanagement ist für den langfristigen Erfolg auf Basis des Agilen Festpreises die Voraussetzung.

6.3 Zeitplan und Meilensteine

Bei größeren Projekten kann es zielführend sein, die Zahlung nicht nur an die Abnahme von Sprints zu binden, sondern einen Teil der Zahlung abgenommener Sprints an besondere Meilensteine zu binden – zum Beispiel für die Realisierung eines Epics oder Themas. Mit welchen Konsequenzen Meilensteine gebrochen oder verschoben werden können, muss von Fall zu Fall der Vertrag definieren (z. B. Reduktion der Zahlung, Recht zum Ausstieg).

Dabei ist die Lieferung als Werk bzw. als Teilwerke zu berücksichtigen. Speziell wenn diese Darstellung gelingt, die der Agile Festpreis unterstützt, sollten auch die Zahlungsmeilensteine entsprechend ausgerichtet sein.

6.4 Eskalationspfad

Die Vertragsvorlage in Kapitel 4 enthält als oberste Stufe der Eskalation und höchste Stufe der Projekt-Governance die Anrufung und Entscheidung eines Sachverständigen. Die Auswahl des Sachverständigen erfolgt gemeinsam bei der Verhandlung zum Projektvertrag. Dieser kann im Projektverlauf bei Uneinigkeit zu Aufwänden oder zur Zusammenarbeit im Allgemeinen von beiden Parteien zu Rate gezogen werden. Ein Sachverständiger kann bei der agilen Vorgehensweise unter Umständen so manche Situation ohne Emotion objektiv klären. Vertragspartner, die ihr erstes Projekt mit einem Agilen Festpreisvertrag abwickeln, können leicht Missverständnissen unterliegen, die das Projekt unnötig gefährden (zum Beispiel sollte ein nicht ex ante im technischen Anhang definiertes „Detail" zu einem Epic nicht mit einem „Zusatzfeature" verwechselt werden oder die Wichtigkeit einer Detailaufforderung im Hinblick auf die Projektvision falsch bewertet werden). Sehen wir uns das anhand von zwei kurzen Beispielen an.

Beispiel 1

Bei der Ausformulierung der User Stories zu einigen Epics im Projekt werden, trotz ursprünglicher Abgrenzungen im Epic, Details in die User Story interpretiert, die den Umfang des Epics weit über die ursprüngliche Schätzung katapultieren. Wenn das bei einem Epic passiert, kann man das vielleicht noch kompensieren. Tritt dies aber massiv auf, ist die Anforderung nicht mehr annähernd im vereinbarten Festpreis umsetzbar. Der Sachverständige kann – sofern die Eskalation auf den Levels davor noch keine Einigung erzielt hat – ganz einfach die Anforderung in Relation zur Projektvision stellen und erläutern, ob eine Detailanforderung wirklich zur Realisierung der Vision notwendig ist oder einfach ein zusätzliches Detail darstellt. Kein IT-Projekt wird alle Details realisieren können, die auf der Wunschliste der Fachbereiche stehen. Wenn aber die Projektvision erfüllt ist, wird der Businesswert des Projekts erfüllt und somit das Projekt erfolgreich.

Beispiel 2

Bei IT-Projekten ist es immer wieder ein Diskussionspunkt, wie Qualität gemessen wird. Nicht selten werden kritische Fragen und die Transparenz in puncto Qualität nicht offen genug angesprochen, da die Handhabe im Projekt fehlt. Ein Sachverständiger kann meist recht schnell als Eskalationsstufe – frühzeitig – jeder der Parteien dienen, um sicherzustellen, dass die Lieferungen eine annehmbare Qualität haben. Findet man in dieser zusätzlichen Eskalationsstufe keine Einigung, so stehen jeder Partei die entsprechenden vertraglich zugesicherten Ausstiegspunkte zu.

Diese Beispiele zeigen anhand von realistischen Situationen, wie der rechtliche Rahmen des Agilen Festpreisvertrags gezielte Eskalationsmöglichkeiten regelt.

Zusammenfassung

Rechtlich gesehen gibt es beim Agilen Festpreisvertrag im Vergleich zu anderen IT-Verträgen ein paar Besonderheiten zu berücksichtigen. Ist es in herkömmlichen Festpreisverträgen üblich, die detaillierte Definition des Leistungsgegenstands zu beschreiben, so ist beim Agilen Festpreisvertrag wichtig, die Projektrealität im Leistungsgegenstand und im Change-Request-Verfahren (Scope Governance und Exchange for free) einzufangen. Die agile Projektrealität und das etwas geänderte Vorgehen haben Einfluss auf einige wenige rechtliche Rahmenbedingungen, vor allem in Bezug auf

- das bewegliche System für Leistung und Preis,
- Gewährleistung und Schadensersatz,
- Zeitplan und Meilensteine,
- Eskalationspfad.

7 Verhandlungsstrategie und Verhandlungstaktik

In Kapitel 5 haben wir die Besonderheiten und Anforderungen für die Ausschreibung des Agilen Festpreisvertrags dargestellt und gezeigt, dass es sehr konkrete Parameter für eine Bestbieterauswahl gibt. Dieses Kapitel beschreibt die Verhandlung des Agilen Festpreisvertrags als einen entscheidenden Prozessschritt im Rahmen einer Ausschreibung. Gleich zu Beginn möchten wir festhalten, dass der Auftraggeber die anderen in Kapitel 5 beschriebenen Grundsätze für eine Ausschreibung erfüllen muss, um eine optimale Verhandlung führen zu können. Als weiterführende Literatur zum Thema Verhandlungen empfehlen wir Ihnen Mnookin (2011), Schranner (2009) und Braun (2008).

Die Zielsetzung bei einer Verhandlung wird zum einen vom Geschäftszweck der Organisation determiniert, zum anderen aber – da bei der Verhandlung Menschen aufeinandertreffen – auch durch die involvierten Personen und deren Motivation in dieser Verhandlung. Primäres Ziel für beide Seiten ist es meist, ein erfolgreiches IT-Projekt zu verhandeln und vor allem umzusetzen. Hinter diesem zentralen Ziel haben die Parteien im Detail jeweils sehr unterschiedliche Ziele. Selbst innerhalb einer Organisation verfolgen verschiedene Entscheidungsträger unterschiedliche Ziele.

Bevor wir die Details einer Verhandlung unter Berücksichtigung des Agilen Festpreisvertrags diskutieren, möchten wir einen der Experten auf diesem Gebiet zu Wort kommen lassen. Wir haben Matthias Schranner gefragt, welche seiner Meinung nach die Kernaspekte bei der Verhandlung eines Agilen Festpreisvertrags sind.

Stimmen aus der Praxis

Matthias Schranner ist Gründer und CEO des Schranner Negotiation Institute (*www.schranner.com*) mit Hauptsitz in Zürich und Niederlassungen in Europa, den USA und Asien. Er und seine Kollegen unterstützen ihre Kunden weltweit bei schwierigen Verhandlungen. In einem Interview im Oktober 2012 hat Matthias Schranner die folgenden Kernaspekte aufgelistet, die es speziell bei der Verhandlung eines Agilen Festpreisvertrags zu beachten gilt:

- Die Vereinbarung zwischen Kunden und Lieferanten auf Basis eines Agilen Festpreisvertrags hat den Hauptzweck, das Projekt trotz aller Unwegsamkeiten kommerzieller oder inhaltlicher Natur, die während der Durchführung des Projekts auftreten, innerhalb der vereinbarten Zeit und zu den

- vereinbarten Kosten umzusetzen. Vor diesem Hintergrund eignet sich ein kooperativer Verhandlungsstil am besten. Taktiken wie die Verheimlichung von Informationen oder das Unterdrucksetzen von einzelnen Personen sollten hier nicht angewandt werden. Diese Taktiken könnten zwar zu einem besseren kurzfristigen Verhandlungserfolg führen, würden aber den falschen Grundstein legen und somit die erfolgreiche Durchführung des Projekts gefährden, was unweigerlich zu einem kommerziellen Schaden führen würde.
- Die kooperative Verhandlung wird als erfolgreich angesehen, wenn beide Parteien das Gefühl haben, dass der Vertrag ausgeglichen ist und keine Partei einen massiven einseitigen Vorteil hat. Wenn gewisse kommerzielle Parameter im Rahmen des Agilen Festpreises zu sehr aus dem Lot verhandelt werden, kippt das Prinzip, das hinter diesem Vertrag steht.
- Eine frühe und permanente Einbindung der Einkaufsexperten des Kunden vor, während und nach der Ausschreibung ist essenziell, um den Wettbewerb zwischen den Lieferanten sicherzustellen, aber auch, um die Projektleitung bei kommerziellen Themen zu unterstützen. Manchmal bevorzugen IT-Manager aufgrund ihrer Erfahrung gewisse Lieferanten. Trotzdem muss der Einkäufer genau für solche Fälle den Wettbewerb und eine saubere Verhandlung sicherstellen.
- Der Entscheider (normalerweise der CxO) legt fest, wie die Rollen in der Verhandlung verteilt werden und wer der passendste Verhandlungsführer ist (siehe dazu das FBI-Modell in Schranner 2009). Der Verhandlungsführer muss die Projektinhalte gut kennen und sollte keinerlei persönliche oder inhaltliche Präferenz für einen der Lieferanten haben.

7.1 Zielstellung des Auftraggebers

Zunächst muss auf Seiten des Auftraggebers die eigene Zielstellung für die Ausschreibung definiert und mit allen Entscheidungsträgern abgestimmt werden, um in der Verhandlung eine klare Linie zu verfolgen. Wenn man diese Abstimmung im Detail durchführt, stellt man oft fest, dass bis zur Finalisierung der Ausschreibungsunterlagen bzw. bis zur Verhandlung intern noch einige Fragen zu beantworten sind. Neben der eigenen Zielsetzung muss man zumindest versuchen, die Ziele der potenziellen Auftragnehmer zu erahnen, ohne sich auf unter Umständen falsche Informationen zu fokussieren. Beim Agilen Festpreisvertrag muss dabei noch ein spezielles Augenmerk auf die Prozesse gelegt werden, auf deren Basis die Ziele dann definiert werden.

Bei den Projektzielen handelt es sich zum einen um **inhaltliche Ziele** wie etwa: Welche Funktionalitäten soll die neue Softwareanwendung auf jeden Fall enthalten? Welche Kapazitäten soll die Applikation bewältigen? Auf welche Funktionalitäten kann im Zweifel verzichtet werden, welche sind hingegen unerlässlich? Welchen Grundsätzen muss die Applikation folgen? Welche Grundsätze möchte ich im Projektvertrag verankert wissen (z.B. im Zweifel immer die Standardfunktionalität verwenden)?

Zum anderen gibt es klare **kommerzielle Ziele**: Welchen Umsatz soll die Applikation sichern? Welche internen Aufwände dürfen für die Implementierung maximal entstehen? Welchen internen und externen Zielpreis gebe ich dem Verhandlungsteam? Wie viel vom Riskshare ist das Unternehmen zu tragen bereit?

Sind die Projektziele definiert, muss über die Art der Umsetzung entschieden werden. Grundsätzlich ist eine sogenannte „Make or Buy“-Entscheidung bereits vor der Ausschreibung zu treffen: Ist es sinnvoller, ein Projekt mit den eigenen Ressourcen umzusetzen oder die Umsetzung an Dritte auszulagern? Entscheidet man sich für eine Vergabe an Dritte, muss vor der Verhandlung noch einmal endgültig das kommerzielle Modell festgelegt werden. Es kommt immer wieder vor, dass zum Beispiel nach dem herkömmlichen Festpreis ausgeschrieben wurde, der Kunde aber im Verlauf des Vergabeverfahrens auf den Agilen Festpreisvertrag schwenkt. Das ist nicht per se negativ, bringt aber den Auftraggeber in die Situation, reaktiv auf unbekanntem Terrain agieren zu müssen. Meistens ist das derzeit der Fall, weil das Wissen um den Agilen Festpreisvertrag noch nicht weit verbreitet ist. Im Idealfall wird natürlich das IT-Projekt nach der Vertragsform vergeben, die ausgeschrieben wurde. Wir gehen im weiteren Verlauf dieses Kapitels davon aus, dass dies entsprechend den Ausführungen zur Ausschreibung in Kapitel 5 auf den Agilen Festpreisvertrag festgelegt wurde.

Der Auftraggeber sollte sich nur dann für eine Fixpreisbeauftragung entscheiden, wenn sicher ist, dass die vereinbarten Leistungen nach Vertragsschluss definitiv nicht mehr geändert werden müssen. Aus Sicht des klassischen Einkaufs sind Fixpreisausschreibungen a priori die beste Variante. Ist die Leistungsbeschreibung neben dem rechtlich-kommerziellen Rahmen abschließend definiert, kann eine optimale Preisverhandlung, gegebenenfalls inklusive Reverse Auction geführt werden (siehe dazu Kapitel 5). Der Einkauf und der Fachbereich sollten allerdings sehr gewissenhaft prüfen, ob die in den vorigen Kapiteln beschriebenen Risiken und Nachteile in der Projektumsetzung (Change Requests etc.) einer Fixpreisvergabe nach der Zuschlagserteilung tatsächlich ausgeschlossen werden können. Das kommerzielle Ziel beim Agilen Festpreisvertrag ist – im Unterschied zu Verhandlungen nach dem herkömmlichen Festpreisvertrag – nicht mehr nur (oder zum Großteil) der niedrigste Preis, sondern die Lieferung eines erfolgreichen Projekts mit dem optimalen Umfang zu einem optimalen Preis. Diese Ziele erreicht man mit dem Agilen Festpreisvertrag und nicht mit dem herkömmlichen Festpreisvertrag. Die Statistiken und Erfahrungen sowie die Möglichkeit, den Agilen Festpreisvertrag als Evolution des herkömmlichen Festpreisvertrags zu betrachten, zeigen, dass der Agile Festpreisvertrag aus einer Gesamtsicht auf das IT-Projekt meistens die optimale Variante darstellt.

7.2 Zielstellung des Auftragnehmers

Auch auf Seite des möglichen Auftragnehmers ist die Verhandlungsvorbereitung essenziell und sie beginnt ebenfalls mit der Abstimmung der Ziele. Im gleichen Maß werden die kommerziellen und inhaltlichen Ziele festgelegt und deren akzeptable Bandbreite für die Verhandlung skizziert.

- **Inhaltliche Ziele** auf der Seite des Auftragnehmers können zum Beispiel die klare vertragliche Aufnahme gewisser Prinzipien in der Projektumsetzung sein oder die klare Definition des Teams auf Kundenseite, das für die Teilabnahmen zuständig ist. Das inhaltliche Ziel kann aber auch auf Teilbereiche des Projektumfangs abzielen.
- **Kommerzielle Ziele** hingegen fokussieren sich auf die mit diesem Projekt geplante Marge. Wie kann das Bonussystem so attraktiv verhandelt werden, dass sich bei Unterschreitung des Maximalpreisrahmens der Gewinn maximieren lässt?

Entsprechend der Situation im Unternehmen kann diese Zielstellung aber auch folgende Aspekte umfassen:

- Auf wie viel meiner Marge verzichte ich, um diesen Neukunden zu gewinnen, und biete deshalb einen Storypoint (bzw. die Referenz-User-Stories) noch etwas attraktiver an?
- Will ich als Auftragnehmer ein klares Zeichen zum Agilen Festpreisvertrag setzen? Habe ich die Kompetenz im Team und zum Beispiel gerade freie Ressourcen für die Umsetzung, sodass ich in der Verhandlung beim Riskshare mehr Risiko übernehmen kann?

Je nach Marktstellung und Bedeutung des Auftrags kann die Zielsetzung der Anbieter sehr unterschiedlich sein. Anbieter, die in einer Branche noch keinen Namen haben, werden eher einen sehr aggressiven Preis bieten, um Marktanteile zu gewinnen. Das kann auch im Rahmen des Agilen Festpreisvertrags passieren, wobei aber das Risiko minimiert wird, dass sich der Anbieter die Preisdifferenz später mit Change Requests zurückholt.

7.3 Ziele und Bonifikation der involvierten Personen

Sobald sich Auftraggeber und Auftragnehmer (auch der Auftragnehmer muss die Verhandlungstaktik für diese neue Vertragsart erst lernen) über die jeweils eigenen Ziele klar sind, sollten sie sich mit der Zielstellung und der Bonifikation der involvierten Personen auf Auftragnehmer- und Auftraggeberseite auseinandersetzen. Es geht also um Anreize finanzieller oder nicht finanzieller bzw. materieller oder immaterieller Art, die während der Verhandlungsvorbereitung, der Beeinflussung der Zielsetzung, aber auch in der Verhandlung selbst zur Wahl bestimmter Alternativen motivieren.

Wir betrachten die Bonifikation der beteiligten Einkäufer bzw. Key Account Manager des Verhandlungspartners sowie des technischen Projektleiters auf Kundenseite bzw. des Product Owners auf Anbieterseite, sofern dieser in der Verhandlung bereits involviert ist.

Incentives für die Einkäufer

Die früher gängigste Art der Incentivierung von Einkäufern war, den finalen Preis mit dem besten Erstangebot zu vergleichen. Die Differenz war ein Gradmesser des Einkaufserfolgs. Dieses System kann zum einen die Konsequenz haben, dass die Erstangebote extrem überteuert eingehen, um es dem Einkauf – ohne sein Zutun – leicht zu machen, ein hohes Einsparungsziel zu erreichen. Zum anderen hat der Einkäufer lediglich das Interesse, einen relativ zum Erstanbot niedrigen Preis zu erzielen. Auch wie und ob das Projekt erfolgreich durchgeführt wird, ist in diesem Fall nicht das zentrale Interesse des Einkäufers.

Wir empfehlen eine moderne Form der Zielvorgabe für Einkäufer. Solche beruhen lediglich auf Einsparungen über dem geplanten Budgetwert für ein bestimmtes Projekt. Man spricht dabei von sogenannten „On-top of Budget Savings". Darüber hinaus wird die tatsächlich realisierte Einsparung gemessen („Realized Savings").

> **Beispiel:** Das Budget für ein Projekt liegt bei 350 000 EUR, der verhandelte Festpreis für den Agilen Festpreisvertrag des Projekts aber bei 280 000 EUR. Über den Projektverlauf ergeben sich – im Sinne des Agilen Festpreisvertrags – keine Zusatzkosten, also beträgt das *„On-top of Budget Saving"* 70 000 EUR.
>
> Bei der Umsetzung des Agilen Festpreisvertrags kommt es zu unvorhergesehenen Problemen, und der Festpreis wird um 50 000 EUR überschritten. Mit dem Auftragnehmer wurden 50 Prozent Riskshare vereinbart. Die *„Realized Savings"* betragen daher nur 45.000 EUR.

Würde dieses Beispiel nach dem herkömmlichen Festpreis ausgeschrieben und abgehandelt werden, könnte das Projekt zum Beispiel um einen Betrag von 220 000 EUR vergeben werden. Durch die Änderungen im Aufwand und unklare Anforderungen ergeben sich aber Change Requests in Höhe von 150 000 EUR (diese Größenordnung ist keine Seltenheit – siehe Kapitel 2) und der Einkäufer könnte somit keine Savings verbuchen!

Incentives für Key Account Manager

Die Erfolgsprämien eines Key Account Managers (die verantwortlichen Ansprechpartner beim Auftragnehmer) werden meist über die sogenannte Nettomarge, über das Umsatzwachstum oder über Umsatzanteile gesteuert. Aber auch hier haben die vielen nicht erfolgreichen IT-Projekte ihre Spuren hinterlassen. Nur mehr in den seltensten Fällen haben Prämien für das Key Account Management lediglich den Umsatz als Basis. Dadurch wird nämlich der Verkauf zu niedrig bepreister Projekte forciert, da es dem Key Account nur um den Umsatz geht, nicht aber um die Projektrealität danach. Auch in dieser Gruppe setzt sich eine End-to-End-Betrachtung allmählich durch und der Key Account Manager wird immer mehr zum Engagement Manager. So wie die Einkäufer stehen auch die Key Account Manager vor der Veränderung, dass sie das laufende Projekt begleiten, mitleben und die kommerziellen Themen abhandeln sollen. Die Verantwortung muss über den gesamten Projektverlauf mitgetragen werden. Daher empfehlen wir als Basis für den Agilen Festpreisvertrag (aber auch generell), die Incentives auf dieser End-to-End-Betrachtung aufzubauen. Das bedeutet, dass der Parameter, an dem Erfolg gemessen wird, eine Kombination aus Umsatz, Nettomarge und Projekterfolg ist.

Incentives für die technischen Projektmanager/Product Owner

Die Ziele der technischen Projektmanager bzw. der Product Owner sind leider oft nur sehr vage am Projekterfolg verankert. Im besten Fall sind Parameter für die Bonifikation bei der Projektumsetzung der Projekterfolg, die Nettomarge oder die kalkulierten Gesamtkosten.

Bei der Verhandlung agieren diese Personen oft beratend im Hintergrund. Umso wichtiger ist es, ihren Einfluss und ihre Motivation zu kennen und entsprechend zu agieren, denn diese Rollen sind für den Projekterfolg maßgeblich. Je motivierter der technische Verantwortliche bereits bei der Vertragsgestaltung ist, desto weniger kritische Diskussionen wird es im Projektverlauf im Steering Board geben.

Ähnlich wie für die Einkäufer schlagen wir vor, dass beide Parteien ihre technischen Verantwortlichen ebenfalls mit einer „On-top of Budget Savings"-Variante bonifizieren. Das knüpft die Motivation von Projektmanager und Product Owner an die Projektvision und dämmt die weit verbreitete Entwicklung ein, dass sich die Vorgehensweise in IT-Projekten immer wieder vom eigentlichen Projektziel (der Vision) entfernt. Vielleicht passt das nicht zur Art und Weise, wie in Ihrem Unternehmen Mitarbeiter bonifiziert werden. Denken Sie aber trotzdem über Änderungen nach. Wenn Mitarbeiter einen Prozess leben und ihn einhalten sollen, dann muss auf irgendeine Art und Weise auch etwas für sie dabei herausspringen.

Auf technischer Ebene herrscht oft die Meinung vor, dass Verträge vom Top-Management und von den Einkäufern zu ihrem eigenen Vorteil abgeschlossen werden und die technischen Projektmanager müssen dann die Umsetzung ausbaden. Der Agile Festpreisvertrag bietet die Möglichkeit, bis auf die Ebene der Umsetzung gleiche Bonifikationsstrukturen einzuziehen, damit alle Beteiligten gemeinsam an einer Seite des Strangs ziehen.

7.4 Strategie für das Projekt und die Verhandlung

Bevor die Verhandlung bzw. die Ausschreibung beginnt, müssen beim Agilen Festpreisvertrag Grundsätze für das Projekt und die Verhandlung definiert werden – sowohl auf Seiten des Auftraggebers als auch auf Seiten des Auftragnehmers.

Wählt ein Auftraggeber die agile Vorgehensweise für die Realisierung eines Projekts und akzeptiert der Auftragnehmer das, entscheiden sich beide damit für eine kooperative Verhandlungsführung, die eine partnerschaftliche Zusammenarbeit bei der Umsetzung in den Vordergrund stellt. Dumpingpreise sind dabei als Zielstellung nicht realistisch, nicht passend und nicht sinnvoll. Außerdem sollte beim Agilen Festpreisvertrag schon in der Verhandlung berücksichtigt werden, dass die verhandelnden Personen das Projekt idealerweise auch weiter begleiten werden.

Zunächst kann der Fokus darauf gelegt werden, welche Prinzipien für die Projektumsetzung gelten. Die grundlegende Frage im Hintergrund ist dabei natürlich, welche Leistung und welchen Erfolg man vom Anbieter erwartet. Soll beispielsweise eine Kundenanwendung neu entwickelt werden und müssen dabei unbedingt unternehmensweit geltende Softwarestandards befolgt werden, muss dieser Grundsatz zielstrebig verfolgt werden. Das bedeutet zum einen, dass nur Lieferanten zum Zug kommen, die das auch gewährleisten. Zum anderen heißt das, dass dieser Grundsatz in der Verhandlung nicht aufgeweicht werden darf, um den Zielpreis zu erreichen.

Für die Verhandlung müssen grundlegende strategische Fragen geklärt werden, zum Beispiel:

- Ist das Verhältnis zum Verhandlungspartner wichtig? Brauchen wir den Anbieter für gerade laufende Projekte und erwartet dieser den Zuschlag wegen einer gemeinsamen Historie?
- Welche Alternativen haben wir tatsächlich zu einem durch die Umstände starken Anbieter? Je leichter ein Lieferant austauschbar ist, desto größer ist normalerweise die Macht des Auftraggebers. Vor allem bei der Vertragsgestaltung achtet der Auftraggeber daher darauf, dass der Lieferant während des Projekts ohne rechtliche oder technische Probleme ausgetauscht werden könnte. Der in Kapitel 4 vorgestellte Agile Festpreisvertrag beinhaltet dieses Prinzip.

Das sind nur zwei Beispiele, die Bandbreite der Strategien ist aber groß und hängt sehr stark von der Situation, dem Projekt und den Parteien ab. Wichtig ist, Prinzipien in der Strategie zu verankern, die den Projekterfolg unterstützen und gleichzeitig einen klaren und anspruchsvollen kommerziellen Rahmen vorgeben (siehe dazu alle bisherigen Kapitel).

7.5 Taktik für die Verhandlung

Sind Ziel und Strategie definiert, sollte man sich vorab genau überlegen, wie man dieses Ziel erreicht. Welche Verhandlungstaktik ist also nötig? Die Verhandlungstaktik beim Agilen Festpreisvertrag weicht für beide Parteien nicht sonderlich von jener bei herkömmlichen Verträgen ab. Wesentlich ist aber, dass das Verhandlungsteam die vorher fixierten Prinzipien und Grundsätze verinnerlicht. Es ist für ein erfolgreiches IT-Projekt genauso wichtig, dass der Scope-Steuerungsprozess mit entsprechenden Entscheidern zugesichert wird, wie fünf Prozent weniger Kosten pro Storypoint auszuhandeln. Betrachtet man den Ausgang eines Projekts, macht sich Ersteres meist kommerziell sogar mehr bezahlt als der Preisnachlass.

Die Vorgehensweise in der Verhandlung, die wir jetzt vorstellen, lehnt sich stark an Standardvorgehen an und ist für beide Parteien gleichermaßen gültig. Die Partei, die dieses Spiel besser beherrscht, wird es auch beim Agilen Festpreisvertrag etwas einfacher haben, trotz des Fokus auf die Kooperation im Projekt.

Verhandlungsteam

Grundsätzlich sollten das Verhandlungsteam sowie der Kreis aller sonstigen Beteiligten möglichst kompakt sein, um die Vertraulichkeit der eigentlichen Projektziele, der Verhandlungsstrategie und -taktik nicht zu gefährden (vgl. dazu im Folgenden Schranner 2009). Der Verhandlungspartner wird versuchen, an vertrauliche Informationen zu gelangen, um den

Partner zu kontrollieren. Ein beliebter Weg sind Gespräche mit unzufriedenen Mitarbeitern, die sich geschmeichelt fühlen, von einem Lieferanten befragt zu werden. Solche Unterhaltungen können durchaus ergiebige Informationen liefern, wenn vertrauliche Daten des Auftraggebers intern zu weit gestreut wurden.

Diese Unterhaltungen können zum Beispiel die Erfahrung mit bisher getroffenen Entscheidungen zum Projekt betreffen. Erfährt der Auftraggeber zum Beispiel, dass der Auftragnehmer bei der Entscheidung unter starkem Zeitdruck steht, kann er diesen Vorteil nutzen, um bei den Verhandlungen über einen zusätzlich zu übernehmenden Riskshare nicht übermäßig nachgiebig zu sein.

Interessant ist für den Auftraggeber zum Beispiel die Information, ob das Top-Management des Lieferanten in der Vergangenheit Projekte nicht ausreichend begleitet hat. In diesem Fall sollte im Agilen Festpreisvertrag klar festgestellt werden, dass sich das Top-Management involvieren muss.

Die folgende Aufstellung für das Verhandlungsteam beruht auf dem sogenannten FBI-Modell. Nach diesem Modell wird in einem Team mit streng zugeordneten Rollen verhandelt. Dabei gibt es drei Hauptrollen (im Detail siehe dazu Schranner 2009):

- Verhandlungsführer oder Negotiator
- Commander
- Decision Maker

Verhandlungsführer oder Negotiator

Auch bei Agilen Festpreisverträgen sollte nur eine Person der Verhandlungsführer und damit das einzige Sprachrohr zum Verhandlungspartner sein. Er oder sie konzentriert sich auf die Verhandlung und versucht, etwaige Missverständnisse oder aber auch bewusst gelegte Fallen des Verhandlungspartners zu identifizieren. Solche Fallen sollten im Rahmen des Agilen Festpreisvertrags deutlich seltener vorkommen, trotzdem ist auch in diesen Verhandlungen Wachsamkeit angesagt. Der Verhandlungsführer versucht seinerseits, durch Forderungen den Verhandlungspartner zu testen und in der Anfangsphase Informationen zu sichern. Eine der großen Herausforderungen des Verhandlungsführers ist die emotionale Arbeit:

- Die Stärken des eigenen technischen Teams zur Umsetzung des agilen Modells hervorheben und jene des Anbieters relativieren.
- Emotionale Fehler des Verhandlungspartners provozieren, sich selbst aber nicht provozieren lassen.
- Forderungen als wichtig kommunizieren, um diese schließlich gegen tatsächlich wichtige Zugeständnisse des Anbieters einzutauschen.
- Keine Kompromisse anbieten, aber Kompromissangebote erwirken.
- Eine mächtige Position glaubhaft ausüben und sich nicht vom Verhandlungspartner einschüchtern lassen.

Es gilt der Grundsatz, dass der Verhandlungsführer essenzielle Fragen niemals alleine entscheidet, sondern den Handlungsspielraum in einem vorab definierten Rahmen erhält. Alle Entscheidungen außerhalb seines Handlungsspielraums muss der Verhandlungsführer mit seinem Team abstimmen. Das verschafft Zeit und verhindert unüberlegte oder emotional geprägte Entscheidungen. So wird dem Verhandlungsführer auch ein Zielrahmen für die Preisfindung vorgegeben, der nicht dem tatsächlichen Minimalziel entspricht.

Commander

Der Verhandlungsführer wird von einem sogenannten Commander unterstützt, der sich niemals direkt in die Verhandlung einmischt, sondern immer nur über den Verhandlungsführer kommuniziert. Der Commander verfolgt die Verhandlung mit, behält immer den Gesamtüberblick und verfolgt die strategischen Ziele, während der Verhandlungsführer mit der Verhandlung selbst beschäftigt ist. Sollte der Verhandlungsführer Unterstützung benötigen, steigt der Commander nicht direkt in die Verhandlung ein, sondern erwirkt eine Verhandlungspause, um dem Verhandlungsführer Hinweise zu geben.

Decision Maker

Dieser bleibt stets im Hintergrund und trifft die grundlegenden Entscheidungen, ohne von der Verhandlung emotional beeinflusst zu sein.

Diese Teamaufstellung hat den Vorteil, dass der Verhandlungsführer nur den Handlungsspielraum ausschöpfen kann, den er tatsächlich hat – Zugeständnisse halten sich dadurch in Grenzen. Im Idealfall verhandelt der Verhandlungsführer mit dem Decision Maker der anderen Partei, weil dieser kein Vertrauen in seine Verhandlungsführer hat. Mangelndes Vertrauen kann viele Ursachen haben, zum Beispiel:

- Der Decision Maker glaubt, er könne in jeder Situation helfen.
- Der Decision Maker wird durch den Verhandlungspartner zum Einschreiten provoziert (falsche Informationen über den Verhandlungsführer werden gestreut, Workshops zu „Zukunftsthemen“ mit dem Decision Maker abgehalten etc.).

Vor allem bei Agilen Festpreisverträgen muss zum Beispiel der angebotene Festpreis ohne Emotionen auf seine Realisierbarkeit und Attraktivität im Zusammenhang mit dem Gesamtpaket geprüft werden. Der Verhandlungsführer einer Partei hat in einer Face-to-Face-Verhandlung auch deshalb Vorteile gegenüber einem Decision Maker, weil er nicht nur einen größeren Handlungsspielraum hat, sondern die Auswirkungen essenzieller Details weniger gut einschätzen kann.

Die Nominierung des Verhandlungsführers und des Commanders sollte auf die Teamaufstellung und die angenommenen Motive der Verhandlungspartner Rücksicht nehmen. Daher sollte alles daran gesetzt werden, die Entscheidungsträger und die Motive der Verhandlungspartner zu kennen.

Der Verhandlungsstil für einen Agilen Festpreisvertrag sollte grundsätzlich kooperativ sein. Spiele auf Zeit oder Machtdemonstrationen einer Partei sind kontraproduktiv und keine gute Basis für die Umsetzung des Projekts. Die wesentlichen Rollen in den Verhandlungsteams bleiben aber weiterhin bestehen.

Dokumentation und Agenda

Auch beim Agilen Festpreisvertrag hat derjenige einen entscheidenden Vorteil, der den Vertrag und damit den technischen, rechtlichen und kommerziellen Rahmen vorgibt. Dabei ist vor allem darauf zu achten, dass nach Vertragsschluss möglichst wenige offene Punkte zu diskutieren sind. Andererseits sollte der Vertragsentwurf zu Beginn einige Punkte enthalten, die in der Verhandlung wieder fallen gelassen werden können. Wichtig ist, am Ende die Verhandlung nicht an einem Punkt wie zum Beispiel dem Festpreis festzumachen, sondern eine gewisse Spielmasse an Verhandlungspunkten zu haben, um überhaupt verhandeln zu können.

Allgemein sollte man danach trachten, die Agenda und damit den Inhalt der Verhandlung selbst zu bestimmen. Schlägt der Verhandlungspartner eine Agenda vor, antwortet man mit einer Gegenagenda.

Speziell bei der Motivation des Agilen Festpreises erscheint es nicht zielführend, den Vertragspartner in den Verhandlungen zu sehr zu knebeln, sofern eine Partei in einer Machtposition ist. Schließlich kann jede Partei das Projekt jederzeit nach dem vereinbarten Prozedere beenden. Auch wenn mit den Säbeln gerasselt wird, klare Worte fallen und der Wettbewerb spürbar ist, ist das Ziel ein fairer Vertrag, der Kooperation und damit den Projekterfolg möglich macht.

Es würde zum Beispiel wenig Sinn machen, wenn durch eine zu harte Verhandlung eines optimal eingestellten Verhandlungsteams des Auftraggebers einem Auftragnehmer der Fehler passiert, die Referenz-User-Stories zu einem wirtschaftlich unsinnigen Preis anzubieten. Irgendwann im Projekt würde dieser Verlustbereich beim Auftragnehmer transparent werden und er würde das Projekt nach einer entsprechenden Vorlaufzeit beenden. Oder er würde alternativ günstigere, weniger gute Mitarbeiter auf das Projekt ansetzen, somit den Kunden zum Ausstieg provozieren und den Projekterfolg gefährden.

Strategie und Verhandlungstaktik müssen sicherstellen, dass die wesentlichen Prinzipien des Agilen Festpreisvertrags nicht abgeschwächt oder eliminiert werden. Werden zum Beispiel Ausstiegspunkte zu stark eingeschränkt (z. B. durch Vertragsstrafen) oder der Scope-Steuerungsprozess nicht klar definiert, kann das zu grundlegenden Nachteilen führen.

7.6 Preisfindung

Grundsätzlich kann die Preisfindung beim Agilen Festpreisvertrag nur auf Basis folgender Parameter stattfinden (für Details siehe Kapitel 5):

- Vergleich der abgeschätzten maximalen Festpreise der einzelnen Anbieter.
- Rucksack für Nachteile eines Lieferanten.
- Einzelpreis je User Story und Komplexitätsgrad bzw. der Storypoints und der Referenz-User-Stories.
- Riskshare im Projekt.
- Riskshare während der Checkpoint-Phase (falls diese im Rahmen eines Vertrags und nicht vorab als Proof of Concept durchgeführt wurde).

Die Preisfindung zu Agilen Festpreisverträgen ist meist mit intensiven Verhandlungen über den Projektinhalt, die kommerziellen Treiber und schließlich den maximalen Festpreis verbunden. Damit bekommt die Verhandlung selbst eine große Bedeutung. Selbst wenn eine der Parteien gegenüber der anderen große Macht ausüben könnte, ist es meist nicht zielführend, in der Verhandlung die Muskeln übermäßig spielen zu lassen. Das schließt harte Verhandlungen nicht aus.

7.7 Abschluss der Verhandlung und Projekt Steerings

Nach der Vereinbarung eines Maximalpreisrahmens für einen Agilen Festpreisvertrag und der rechtlich-kommerziellen und technischen Dokumentation ist die erste Verhandlung abgeschlossen. Allerdings sind noch nicht alle gesteckten Ziele erreicht, denn User Stories und Sprints (d. h. die Priorisierung der User Stories) sowie die Relation von deren Inhalt zur Gesamtprojektvision müssen laufend verhandelt, kontrolliert und dokumentiert werden. Beim agilen Modell sollte die Verhandlung erst dann als abgeschlossen betrachtet werden, wenn das Projekt tatsächlich erfolgreich realisiert wurde. Daher ist es auch sinnvoll, den jeweiligen Einkäufer bzw. Key Account Manager bei Projekt-Steerings zu involvieren, da diese Personen den Geist des Vertrags kennen.

Fazit

Dieses Kapitel zeigt, dass man den Agilen Festpreisvertrag tatsächlich verhandeln kann. Das agile Modell stellt die Kooperation in den Vordergrund, und dieses Prinzip muss sich – bei aller gebotenen Härte und Objektivität während der Verhandlung und zum Zeitpunkt der Zuschlagserteilung – im Vorgehen widerspiegeln. Die Verhandlung soll zu einem optimalen kommerziellen Rahmen führen, der – in Kombination mit einem passenden Regelwerk und Prinzipien – genügend Flexibilität für die Projektrealität bietet. Damit ist ein erfolgreiches IT-Projekt im optimalen Umfang zu optimalen Kosten gewährleistet. Verfallen sie aber nicht dem Glauben, dass sie durch maximale Verhandlung bei herkömmlichen Verträgen ein Projekt günstiger bekommen, speziell bei IT-Projekten, holt sich der Lieferant die Differenz zu einem vernünftigen Projektpreis im Projektverlauf wieder.

8 Vor- und Nachteile Agiler Festpreisverträge

Bisher haben wir die agile Methodik vorgestellt und die Frage beantwortet, warum dafür teilweise neue Aspekte für den Vertrag und die Ausschreibung zu beachten sind. Wir haben den Agilen Festpreisvertrag als mögliche Lösung im Detail beschrieben und kommentiert. Was aber sind genau die Vor- und Nachteile dieser neuen Art der Zusammenarbeit bzw. dieses neuen Vertrags im Vergleich zu den bisher verfügbaren Modellen „(herkömmlicher) Festpreis“ und „Time & Material“? Diese Frage wollen wir in diesem Kapitel beantworten. Wir analysieren die Vor- und Nachteile der drei Vertragsarten im Vergleich und jeweils aus der Perspektive des Kunden, des Lieferanten, des Beraters und des Scrum-Teams. So soll die Motivation jeder Partei für oder gegen das agile Modell deutlicher werden. Wir verstehen dieses Kapitel auch als Argumentarium für Diskussionen, um die Änderungen in der Vertragswelt für IT-Verträge möglichst schnell und sachlich voranzutreiben.

Wir haben viele mögliche Aspekte zusammengetragen, die bei der Betrachtung eines IT-Vertrags relevant sind. Auch wenn eine derartige Aufzählung nie vollständig sein kann, so sollte sie doch einen großen Teil der Vor- und Nachteile der einzelnen Vertragsformen für IT-Projekte abdecken. Die folgenden Themen werden wir im Detail beschreiben:

- Budgetsicherheit
- Anforderungsflexibilität – Flexibilität hinsichtlich Änderung der Anforderungen
- Detaillierte Anforderungen – Flexibilität hinsichtlich fehlender Details zu Anforderungen
- Verhandlungsaufwand
- Schätzsicherheit
- Qualitätsrisiko
- Preisüberhöhungstendenz
- Chance auf Auftragserteilung
- Kostenrisiko
- Auftragssicherheit
- Abnahmeaufwand
- Kalkulationstransparenz
- Fortschrittstransparenz
- Steuerungsmöglichkeit/Permanentes Regulativ

- Absicherung der Investition (frühzeitiger Business Value/Kundennutzen)
- Frühzeitiges Erkennen von Problemen

Stimmen aus der Praxis

In unseren Diskussionen mit Anwendern oder Interessierten hören wir eine Meinung immer wieder: „Für Individualsoftwareentwicklung funktioniert dieses Konzept, aber für die Integration eines Standardprodukts und speziell in einem SAP-Projekt ist dieses Konzept nicht passend!“ Was die Integration von Standardprodukten betrifft, haben wir abseits von SAP selbst schon diverse Projekte begleitet, in denen das Konzept sehr wohl funktioniert hat. Bei SAP-Projekten haben wir bisher nur Ansätze des Agilen Festpreisvertrags angewandt. Gerade in diesen Projekten beobachten wir oft, dass – ohne es zu hinterfragen – das klassische Festpreisprojekt „gesetzt“ ist. Wir finden aber keine besonderen Hinweise darauf, dass SAP-Projekte wesentlich erfolgreicher als andere sind. Ohne uns auf einen zahlenmäßig belegten Vergleich stützen zu können, behaupten wir, dass SAP-Projekte gleich oft scheitern wie andere Projekte. Warum sollte man also hier auf ein neues Konzept verzichten? Kann man dieses Konzept genauso in SAP-Projekten anwenden? Wir haben dazu im März 2017 Dipl.-Ing. Brigitte Cziglar-Benko-Eibel befragt, die als Beraterin und Abteilungsleiterin langjährige SAP-Erfahrung hat. Aktuell arbeitet sie als SAP Senior Consultant & Change Manager bei GECON IT-Solutions:

„Ich kann die Ansicht, dass der Agile Festpreisvertrag für SAP-Projekte unpassend sei, nicht teilen. Auch heute noch stellt die Einführung von SAP viele Unternehmen vor große Herausforderungen. Ein Projekterfolg – gemessen an der Einhaltung von Budget- und Zeitvorgaben – wird meistens nicht erzielt. Nun könnte man annehmen, dass eine noch detailliertere Planung die Situation verbessern würde. Doch ich habe die Erfahrung gemacht, dass sich die Planungsqualität dadurch nicht erhöht bzw. dass sich der Aufwand nicht wirklich lohnt. Vielmehr legt dieser Umstand den Schluss nahe, die bisherige Herangehensweise an SAP-Projekte zu überdenken. Der Agile Festpreisvertrag eröffnet neue Möglichkeiten: Er bringt erfahrenen SAP-Kunden Vorteile und neue Aspekte in der Vertragsgestaltung. Für Neukunden bzw. Unternehmen, die wenig Erfahrung mit SAP haben, können die Detailspezifikationen im Laufe des Projekts dazu beitragen, die Erwartungshaltungen richtig zu setzen. Sonst passiert genau das, was ich in bisherigen Implementierungsprojekten häufig beobachten konnte: Bereits in den Lastenheften werden akribisch Prozesse beschrieben und dabei orientieren sich Unternehmen häufig an den Altsystemen oder bestehenden Strukturen, ohne die zukünftige ERP-Lösung zu berücksichtigen oder zu kennen. Damit werden Erwartungen geweckt, an denen auch in nachfolgenden Projektphasen festgehalten wird. Abweichungen vom SAP-Standard sind deshalb oft unausweichlich, mit der Konsequenz, dass sowohl die Umsetzungskomplexität als auch die Projektkosten steigen.

Das Modell des Agilen Festpreises vermeidet die Konzentration auf Details in der Anfangsphase und legt den Fokus auf die wesentlichen Epics, die der Kunde zum Abwickeln seines Geschäfts braucht (der Business Value). Die Umsetzung erfolgt iterativ und das ermöglicht dem Kunden, SAP immer besser kennenzulernen und zu verstehen. Das hat den Vorteil, dass die gewonnenen Erfahrungen verarbeitet werden und in die Detailspezifikationen der nächsten iterativen Entwicklung einfließen können. Zusätzlich kann der Implementierungspartner steuernd eingreifen, da es zum Erreichen des Business Value meist unterschiedliche Wege gibt. Mit steigendem Verständnis von SAP ist ein Kunde eher bereit, vom aktuellen Prozess auf den SAP-Standard bzw. auf Best-Practice-Lösungen zu schwenken.

Ein weiterer Vorteil dieses Modells ist, dass unpassende Rahmenbedingungen bzw. hindernde Faktoren im Projekt rasch erkannt werden. Das heißt, man scheitert schnell und kann reagieren. Ich habe bereits einige SAP-Projekte erlebt, in denen erst nach monatelanger Laufzeit Probleme identifiziert wurden. Die Gründe waren unterschiedlich: Manchmal lagen sie auf Kundenseite – zum Beispiel waren die falschen Leute oder die richtigen Leute mit zu wenig Zeit am Werk. Und manchmal lag es auf Lieferantenseite, wenn etwa das Projektteam nicht gut besetzt oder das Projektbudget für den Scope eigentlich viel zu gering war. Wichtig für ein erfolgreiches Projekt ist, dass man solche Missstände möglichst bald bereinigt und der Prozess im Agilen Festpreis hilft dabei – eben auch in SAP-Projekten."

8.1 Detailbetrachtung der Vor- und Nachteile

Damit Argumentation, Vor- und Nachteile des Agilen Festpreisvertrags und der herkömmlichen Vertragsformen gut verständlich werden, wird zunächst bei jedem Thema erklärt, was darunter zu verstehen ist. Danach wird beschrieben, wie sich diese Themen im Rahmen der einzelnen Vertragsformen für die beteiligten Parteien darstellen.

Zur schnelleren Übersicht werden die einzelnen Vor- und Nachteile nach dem folgenden Muster bewertet:

- Großer Vorteil: +++
- Vorteil: ++
- Eher vorteilhaft: +
- Eher nachteilig: –
- Nachteil: – –
- Gravierender Nachteil: – – –

Die **Kundensicht** beschränkt sich nicht nur auf die Sicht einer Partei des Kunden (z. B. des Einkaufs), sondern stellt eine Gesamtbetrachtung für den Kunden dar.

Die **Sicht des Lieferanten** beschränkt sich in erster Linie auf den Verkauf bzw. die Projektleitung.

Für das **Scrum-Team** basiert die Sichtweise auf der Annahme, dass das Projekt nach einer agilen Vorgehensweise wie zum Beispiel Scrum geliefert wird (wie sich die Situation darstellt, wenn dem nicht so ist, wird in Abschnitt 8.2 beschrieben).

Die **Sicht des Beraters** stellt hier zum Teil eine Kontroverse dar. In der Realität ist es aber so, dass große IT-Projekte nie ohne Berater vorbereitet oder durchgeführt werden. Entscheidend ist, dass der Berater mit seiner weitläufigen Erfahrung die Entscheidungsfindung sehr oft mit beeinflusst. Daher sollte man sich auch genauer überlegen, wo für den Berater die Vorteile der einzelnen Vertragsarten liegen. Wir referenzieren in den unten stehenden Tabellen stets auf den Berater, der den Kunden unterstützt (sei es bei der Vorbereitung der Ausschreibung oder im Projekt).

Bei den einzelnen Parametern wird sich zeigen, dass diese untereinander natürlich oft eng miteinander verbunden sind, wie zum Beispiel die Schätzsicherheit mit der Budgetsicherheit. Aber jeder einzelne dieser 15 Parameter ist ein Kernthema und daher für die Abwägung insgesamt wichtig.

8.1.1 Budgetsicherheit

Unter Budgetsicherheit verstehen wir die Möglichkeit, mit einem initialen Vertrag die End-to-End-Kosten eines Projekts, also die Kosten von der Auftragsvergabe bis zum Go-Live abzusichern. Theoretisch wird die Budgetsicherheit im herkömmlichen Festpreisvertrag am besten vereinbart – die Praxis zeigt aber, dass der Festpreis faktisch oft nicht durchsetzbar ist.

Herkömmlicher Festpreisvertrag	Time & Material-Vertrag	Agiler Festpreisvertrag
Kunde		
–	–	++
Viele Kunden haben bereits erkannt, dass der bei einem Festpreisangebot abgegebene Preis wenig mit dem tatsächlich zu planenden Budget zu tun hat. Die Budgetsicherheit ist nicht gegeben, das zu planende Budget basiert nur auf einem Schätzwert, um wie viel die Kosten den ursprünglichen Festpreis überschreiten werden. Um 50 Prozent oder 200 Prozent? Man weiß es nicht und hofft darauf, keinen „Black Swan“ zu erleben. Das Risiko der Budgetsicherheit ist zwar geteilt, da ein Mehraufwand meist stark diskutiert wird und freigegeben werden muss – aber stärker auf Kundenseite, da sich der Lieferant oft gekonnt abgrenzt.	Der Kunde kann bei dieser Vertragsart die Aufwände im Detail im Budgetrahmen steuern. Nachteile: Ein hoher Kontrollaufwand, um die resultierende Qualität sicherzustellen und in einer späten Projektphase nicht zu abhängig vom Lieferanten zu sein. Das gesamte Risiko der Budgetsicherheit liegt auf Kundenseite.	Der Kunde legt gemeinsam mit dem Lieferanten den Budgetrahmen und den Riskshare fest. Die Qualität bleibt während des Projekts nachvollziehbar und der Kunde kann die Aufwände im Budgetrahmen steuern.
Lieferant		
–	+++	++
Die Budgetsicherheit des Kunden ist hier eher ein Nachteil. Der Lieferant muss durch vertragliche Annahmen versuchen, einen optimalen Preis mit bester Absicherung zu erzielen. Obwohl oft vom Lieferanten versucht wird, die Überschreitung des angebotenen Festpreises gering zu halten, ist mehr Umsatz – so, dass es der Kunde gerade noch verkraftet – natürlich nicht schlecht. Wegen oft unsinnig niedriger Festpreise ist dieser zusätzliche Umsatz sogar häufig nötig, da sonst die Marge fehlt.	Aus Sicht des Lieferanten hat diese Vertragsform große Vorteile, da er kein Risiko tragen muss. Allerdings besteht die Gefahr, dass ein Misserfolg trotzdem auf den Lieferanten abfärbt, wenn der Kunde das Projekt falsch steuert.	Der Lieferant kann den Kunden dabei unterstützen, den Budgetrahmen einzuhalten. Der festgelegte Budgetrahmen basiert nicht auf einem irrealen Kampfpreis, sondern auf einem für den Kunden nachvollziehbaren Aufwand. Der Lieferant trägt das Risiko an der Budgetsicherheit mit und kann ein wirklich erfolgreiches Projekt mitgestalten.
Berater des Kunden		
+	+	+++
Der Berater muss auf der Basis seiner Erfahrung die vertraglichen Annahmen und den abgegebenen Preis in Relation bringen, um die Vergleichbarkeit zwischen den Anbietern zu schaffen. Die Rolle ist zwar sinnvoll, weil auf Kundenseite oft Detailkenntnisse fehlen, die Annahmen komplex und die Anforderungen volatil sind – aber es bleibt eben eine Form der Schadensbegrenzung.	Der Berater hat in diesen Verträgen oft die Rolle des Projektleiters oder ist mit der Qualitätssicherung betraut. Natürlich ist zu beachten, dass auch der Berater ein Lieferant ist und man die „Politik“ zwischen den Parteien in kritischen Situationen als Hemmschuh im Projekt akzeptiert.	Durch die transparente Preisfindung und Budgetkontrolle kann der Berater den Weg zum Einhalten des Budgets klar unterstützen. Speziell in dieser Vertragsart sind Experten gefragt, die zur Optimierung des Scopes beitragen können („was kann man minimal machen, um dem Kunden seinen Geschäftsprozess zu ermöglichen?“).

Herkömmlicher Festpreisvertrag	Time & Material-Vertrag	Agiler Festpreisvertrag
Scrum-Team des Lieferanten		
–	+	++
Das umsetzende Team muss zu Beginn eine für den angegebenen Preis oft unlösbare Aufgabe meistern. Die Herausforderung ist, technisch optimal den minimalen Aufwand zu generieren - ein Feature zu entwickeln, das die beschriebenen und abgegrenzten Funktionalitäten besitzt. Je besser das Scrum-Team, desto einfacher kann es sich am Optimierungskrimi beteiligen. Das Scrum-Team kommt in der Regel viel zu spät ins Spiel. Es soll helfen, oft falsch geschätzte Themen in einen Rahmen zu pressen, den es gar nicht gesetzt hat. Das Team kann in diesem Fall nur mit schlechter Qualität reagieren.	Das Scrum-Team kann ohne großen Druck von außen in den Sprints über Schätzung und Lieferung den Output steuern. Natürlich soll auch sonst der Druck vom Scrum-Team ferngehalten werden, vor allem bei dieser Vertragsart gelingt das hinsichtlich der Budgetbetrachtungen. Zumindest theoretisch besteht die Gefahr, dass sich das Scrum-Team „ausruht". Es hat alle Zeit der Welt und definiert die Sprintinhalte so, dass es ein ruhiges Leben hat. In der Praxis kommt dieses Verhalten aber selten vor. Ein weiterer Punkt: Es gibt keinen zeitlichen Rahmen, in dem etwas fertig werden muss. Das Team kann theoretisch Lösungen erarbeiten, die weit über jedem Budgetrahmen liegen. Hier ist es wichtig, beim agilen Vorgehen die Vollständigkeit der gelieferten Inkremente sicherzustellen und Übererfüllung vorzubeugen.	Das Scrum-Team bekommt mehr Gewicht in der Frage, was wie gemacht werden kann, um gemeinsam die vom Kunden benötigte Funktionalität im Budgetrahmen umzusetzen. Ist das Scrum-Team, also der PO und das Entwicklungsteam, auf das Erreichen der mit dem Kunden festgelegten Ziele incentiviert, besteht auch beim Team das Interesse, die mit dem Kunden vereinbarten Rahmenrichtlinien einzuhalten. In diesem Fall agiert ein Scrum-Team wie ein Entrepreneur.

8.1.2 Anforderungsflexibilität

Unter Anforderungsflexibilität verstehen wir die Möglichkeit, innerhalb des laufenden Projekts auf geänderte Anforderungen einzugehen, ohne dass es massive Mehrkosten verursacht. Geänderte Anforderungen können zum Beispiel folgende Ausprägungen haben:

- Wegen einer neuen Marktsituation wird ein neues Feature benötigt.
- Ein zuvor geplantes Feature wird nicht mehr benötigt.
- Ein zuvor geplantes Feature wird in abgeänderter Form benötigt.

Anforderungsflexibilität bedeutet aber nicht, dass jede neue Anforderung per se ohne Zusatzaufwand umgesetzt werden kann. Vielmehr wird diese als positiv bewertet, wenn im Sinne einer Komplexitätsreduktion und des Exchange-for-Free-Vorgehens geänderte Anforderungen mit keinem oder minimalem Mehraufwand umgesetzt werden können. Negativ wird es bewertet, wenn neue Anforderungen nur durch – im Vergleich zur Komplexität der

Anforderung – hohe Kosten (und mit Einfluss auf die Lieferzeit des Gesamtprojekts) umgesetzt werden können. Die Frage ist, ob eine Vertragsform diesen in jedem Projekt vorhandenen Parameter (siehe Kapitel 2) in den „Genen“ hat oder nicht.

Herkömmlicher Festpreisvertrag	Time & Material-Vertrag	Agiler Festpreisvertrag
Kunde		
– – –	+++	++
Der Kunde nimmt an, dass er den Vertragsgegenstand zu Beginn beschreibt und sich dieser über den Projektzeitraum nicht ändert. Sollte es doch so sein, fallen Mehraufwände (in Form teurer Regieaufwände) an. Die versteckte Schwierigkeit beim Kunden ist, dass er an *alles* denken muss. Er muss möglichst detailliert beschreiben, was er will. Das verursacht beim Kunden hohe Aufwände, bevor das Projekt überhaupt gestartet ist. Diese Aufwände müssen aber einem Projekt zugerechnet werden und können die Projektkosten extrem in die Höhe treiben. Sind dann Änderungen nötig, muss der Kunde diese Änderungsaufwände durch das Erstellen der neuen Anforderungen während des Projekts leisten. Dafür ist aber oft keine Zeit, und diese Kosten sind nicht im Budget festgehalten.	Dieser Vertrag bietet jede Flexibilität, Anforderungen im Zuge des Projekts zu ändern. Wichtig ist aber, dass der Gesamtbudgetrahmen transparent ist (= Annäherung an die Elemente des Agilen Festpreisvertrags). Leider führt das auch oft dazu, dass auf Kundenseite gerade bei längeren Projekten der Fokus verloren geht. Neue Features, die im Zuge des Projekts entstehen, werden ***notwendig***, weil erst jetzt klar wird, dass diese Dinge auch noch gebraucht werden.	Diese Vertragsform bietet dem Kunden ein Regelwerk, um Anforderungen zu ändern, die daraus resultierenden Mehraufwände zu minimieren und die Relation zum Gesamtprojekt nicht aus den Augen zu verlieren. Kunde und Lieferant haben zu jedem Zeitpunkt das Ziel im Auge. Sie müssen ständig miteinander verhandeln und gemeinsam entscheiden, welche Änderungen sinnvolle Ergänzungen oder Abänderungen sind.
Lieferant		
++	–	++
Durch geschickte Annahmen und einen geschickten Projektleiter kann man das Faktum sich ändernder Anforderungen für einen deutlichen Zusatzumsatz zum Projektpreis ausnutzen. Die Aufwände für diese Change Requests werden im Sinne von Regieaufwänden nicht mehr so eng kalkuliert und sind sehr rentabel. Selbst für noch nicht begonnene Funktionen können Designaufwände in Rechnung gestellt werden.	Der Lieferant hat in diesem Vertrag kein Risiko hinsichtlich Änderungen in den Anforderungen. Weiterhin hängt aber im Hintergrund das Damoklesschwert der beschädigten Reputation. Da der Lieferant nicht in die Steuerung einbezogen wird, kann er auch nicht rechtzeitig entgegenwirken.	Diese Vertragsform stellt auch dem Lieferanten ein Regelwerk zur Verfügung, Anforderungen zu ändern, die resultierenden Mehraufwände zu minimieren und die Relation zum Gesamtprojekt nicht aus den Augen zu verlieren. Schließlich trägt der Lieferant im Riskshare das Risiko mit, kann aber auch den Projekterfolg gemeinsam mit dem Kunden ermöglichen.

Herkömmlicher Festpreisvertrag	Time & Material-Vertrag	Agiler Festpreisvertrag
Berater des Kunden		
–	+	++
Der Berater kann leider auch nicht in die Zukunft sehen. Deshalb muss er die Mehrkosten bei Änderungen der Anforderungen akzeptieren. Die Spezifikationsphase, aber auch die Änderungen im Scope sind oft abgrenzbare Projekte für Berater.	Der Berater kann eine tragende Rolle spielen und trägt oft viel Risiko (zumindest hinsichtlich seiner Reputation) auf Seiten des Kunden mit.	Der Berater kann sich das Regelwerk zunutze machen, um den Kundennutzen zu optimieren und das eigene Risiko zu minimieren. Eventuell sollte auch der Berater beim Riskshare bzw. Bonus partizipieren, um alle Parteien mit gleicher Motivation ins Rennen zu schicken.
Scrum-Team des Lieferanten		
++	++	++
Das Scrum-Team ist davon unbeeinflusst, sofern die Änderung der Anforderungen nicht bereits umgesetzte Funktionen oder die innerhalb des Sprints gerade umgesetzten Funktionen betrifft. Das ist aber eher die Ausnahme. Die traditionelle Festpreisproblematik ist auch für Scrum-Teams relevant. Das Festpreisprojekt wird so kalkuliert, dass möglichst wenige Nacharbeiten anfallen. Späte Änderungen an der Architektur haben aber oft fatale Folgen für die Gesamtarchitektur. Dies will man auf jeden Fall verhindern.	Das Scrum-Team ist davon unbeeinflusst, sofern die Änderung der Anforderungen nicht bereits umgesetzte Funktionen oder die innerhalb des Sprints gerade umgesetzten Funktionen betrifft. Das ist aber eher die Ausnahme.	

8.1.3 Detaillierte Anforderungen

Die Bewertung der „detaillierten Anforderungen“ zeigt, welchen Spezifikationsgrad des Vertragsgegenstands eine Vertragsart beim Vertragsabschluss erforderlich macht. Im Bezug auf den Aufwand des Kunden vor Projektbeginn ist das ein wichtiger Punkt mit dem Nachteil, dass dieses Wissen bzw. Werk in seiner Aktualität verfällt. Das Gegenstück dazu ist im Sinne des „Lean Development“ ein Produktionsprozess, in dem immer nur die aktuell benötigten Informationen mit dem dafür nötigen Aufwand im Detail ausgearbeitet werden.

Herkömmlicher Festpreisvertrag	Time & Material-Vertrag	Agiler Festpreisvertrag
Kunde		
– –	+++	+++
Der Kunde muss die detaillierten Anforderungen bei Vertragsabschluss erarbeitet haben. Das bringt die Nachteile, dass ▪ man den Aufwand investieren muss, ▪ mit dem Wissen, dass einiges zum Zeitpunkt der Umsetzung nicht mehr aktuell ist und ▪ bis zum Projektende eine so große Zeitspanne vergangen ist, dass auch der Wissensverfall erheblich ist.	Bei dieser Vertragsart muss der Kunde die Anforderungen nicht vorab im Detail ausarbeiten. Ähnlich wie im Agilen Festpreisvertrag empfiehlt es sich, ein grobes Bild der Anforderungen zu Beginn des Projekts zu erstellen und dann möglichst zeitnah Details für die nächsten zu entwickelnden Features zu definieren.	Der Kunde muss die Anforderungen nur auf einem hohen Level definieren und lediglich für eine Anzahl von Referenz-User-Stories die Details beschreiben. Das spart Zeit in der Projektvorbereitung und ermöglicht die Flexibilität und Aktualität der Spezifikation während des Projekts. Außerdem erlaubt es dem Kunden, innerhalb des „High-Level"-Rahmens (der Vision, der Themen und Epics) die Kommunikation iterativ zu verbessern.
Lieferant		
++	+++	++
Für den Lieferanten ist es hilfreich, wenn er schon zu Beginn im Detail das gesamte Bild vor Augen hat. Für das Schätzen des Aufwands ist weniger Expertise notwendig. Alles, was unklar ist, wird abgegrenzt und später vom Kunden als Change Request bezahlt.	Der Lieferant muss weder bindend schätzen noch das Projekt steuern. Daher können aus seiner Sicht die detaillierten Anforderungen kurzfristig bereitgestellt werden.	Der Lieferant hat zu Beginn nur ein grobes Bild des Vertragsgegenstands. Er bekommt aber die Möglichkeit, durch das Treffen von Annahmen für jedes Epic genau abzugrenzen, wohin sich die Detailspezifikation bewegen kann. Die aktuelle Bearbeitung der Spezifikation bringt dem Lieferanten den Vorteil, dass der Kunde noch genau weiß, was er will, und den Vorteil, dass der Kunde immer „besser" einschätzen kann, was genau aus seiner Spezifikation entsteht. Denn durch die Iterationen sieht der Kunde, was beim Lieferanten auf Basis seiner Spezifikation beim letzten Sprint produziert wurde.
Berater des Kunden		
++	–	+++
Die Durchführung der Spezifikationsphase wird von vielen Kunden gerne an Berater als Projekt vergeben – daher ist diese Projektbeauftragung für die Erstellung der Detailspezifikation ein gutes Argument für den herkömmlichen Festpreisvertrag.	Der Berater kann auch hier die Spezifikation der Anforderungen übernehmen. In der Praxis ist diese Aufgabe bei Time & Material-Projekten nicht so ausgeprägt und wird selten an Dritte übertragen.	Der Berater kann auch hier die Spezifikation der Anforderungen übernehmen. Ein zusätzlicher Vorteil sind die kurzfristig möglichen Rückmeldungen und Adaptionen der Qualität.

Herkömmlicher Festpreisvertrag	Time & Material-Vertrag	Agiler Festpreisvertrag
Scrum-Team des Lieferanten		
–	++	+++
Für das Scrum-Team hat dieser Punkt eher negative Auswirkungen. Die Anforderungen des Kunden haben oft nicht die passende Form, um den Wünschen entsprechend effektiv umgesetzt zu werden. Es wird beschrieben, was gemacht werden soll oder was jetzt gemacht wird, statt was man damit machen will. So wird nach dem agilen Vorgehen eine weitere Iteration mit dem Kunden durchgeführt, um die Anforderungen in User Stories zu gießen.	Das Scrum-Team bzw. der Product Owner kann beim Spezifikationsteam eventuell erreichen, bereits zu Beginn involviert zu werden. So kann - gesteuert durch den Product Owner - besser darauf hingearbeitet werden, dass die Anforderungen die entsprechende Form und Qualität haben.	Als Teil des vertraglich fixierten Prozesses ist geregelt, dass das Scrum-Team rechtzeitig qualitativ hochwertige Anforderungen in Form von User Stories bekommt.

8.1.4 Verhandlungsaufwand

Als Verhandlungsaufwand verstehen wir einen Parameter, der beschreibt, wie viel Aufwand es für die jeweilige Partei bedeutet, einen Projektauftrag nach einer gewissen Vertragsform zu verhandeln. In den Diskussionen wird oft argumentiert, dass der Agile Festpreisvertrag deshalb nicht im Mittelpunkt von Ausschreibungen stehe, weil er angeblich so aufwendig zu verhandeln sei. Die folgende Tabelle zeigt die Details und damit auch, dass der Agile Festpreisvertrag alles andere als schwer zu verhandeln ist. Klar ist, dass es etwas Neues ist und schon aus diesem Grund eine besondere Herausforderung für die Organisation und den Einkauf darstellt. Das traditionelle Rollenverständnis und die traditionellen Prozesse müssen sich weiterentwickeln.

Herkömmlicher Festpreisvertrag	Time & Material-Vertrag	Agiler Festpreisvertrag
Kunde		
+	+++	++
Die Verhandlung ist recht einfach. Bei detaillierter Betrachtung zeigt sich aber, dass es sehr aufwendig werden kann, die unterschiedlichen Annahmen in den Angeboten einigermaßen vergleichbar zu machen. Die Einkäufer sind in dieser Disziplin aber meist sehr erfahren.	Einfacher kann die Verhandlung eigentlich nicht sein, weil es nur um Menge mal Preis geht und inhaltlich keine Abgleiche notwendig sind. Die Frage, was inhaltlich und qualitativ hinter den einzelnen Ressourcen bzw. deren Darstellung in einem Lebenslauf steht, wird meist nicht weiter erörtert.	Im Vergleich zum herkömmlichen Festpreisvertrag ist der Aufwand für den Agilen Festpreisvertrag ungefähr gleich. Auch hier sind Workshops nötig, um ein gemeinsames Verständnis zur Vergleichbarkeit zu erzielen. Der leichte Vorteil ist aber, dass die Verhandlungen transparent sind und das Risiko beim Kunden nicht so massiv ist (Riskshare). So kann man den Aufwand vielleicht etwas geringer halten, weil man nicht „seine Seele verkauft“.
Lieferant		
+	+++	+
Der Lieferant ist diese Verhandlungen gewöhnt und versucht, einen optimalen Preis mit optimalen Annahmen zu erzielen. Wenn der Einkäufer auf Kundenseite sehr gewissenhaft ist, erfordert die Verhandlung jedoch - um maximale Vergleichbarkeit bei der vorhandenen Detailtiefe zu erlangen - eine Vielzahl von aufwendigen Iterationen.	Der Verhandlungsaufwand ist minimal, weil es nur um Menge, Skill-Level und Preis geht.	Der Aufwand entspricht dem des herkömmlichen Festpreises, sofern auch hier gewissenhaft für Vergleichbarkeit gesorgt wurde.
Berater des Kunden		
++	- -	++
Sollte der Berater bereits hier eine Rolle haben, ist auch sein Aufwand sinnvoll, um bei diesem Prozess zu unterstützen.	Der Aufwand auf Seite des Beraters ist für diese Verhandlung minimal bzw. die Unterstützung des Beraters wird nicht gebraucht.	Sollte der Berater bereits hier eine Rolle haben, ist auch sein Aufwand sinnvoll, um bei diesem Prozess zu unterstützen.
Scrum-Team		
Nicht anwendbar	**Nicht anwendbar**	**Nicht anwendbar**

8.1.5 Schätzsicherheit

Als Schätzsicherheit verstehen wir für beide Seiten die Sicherheit, mit den tatsächlichen Projektaufwänden unter oder auf dem geschätzten Aufwand zu liegen.

Herkömmlicher Festpreisvertrag	Time & Material-Vertrag	Agiler Festpreisvertrag
Kunde		
– –	– –	++
Der Kunde hat wenig Einblick in die Schätzung und deren Sicherheit und kann sie intern zwar verifizieren, aber wenig absichern. Ggf. wird eine Liste an Personentagen pro Themenlevel angegeben. Die Verifikation ist aber schwer.	Der Kunde muss die Aufwände des Gesamtprojekts schätzen und da er die alleinige Verantwortung hat, ist es schwerer, gemeinsam mit dem Lieferanten Sicherheit abzustimmen.	Der Kunde wird in die Schätzung involviert, gestaltet gemeinsam mit dem Lieferanten die Annahmen und sorgt somit für größtmögliche Schätzsicherheit. Der Riskshare mit dem Lieferanten motiviert zusätzlich zu mehr Sicherheit.
Lieferant		
+	+++	++
Der Lieferant kann aufgrund der vorliegenden Details zwar oft genau schätzen. Ob dieser Aufwand dann auch im Angebot steht, hängt aber von der Situation ab.	Der Lieferant hat auf jeden Fall Sicherheit bei der Schätzung, da er kein Risiko trägt und die Schätzungen und die natürlich immer mitschwingenden Annahmen gelassen nehmen kann.	Der Lieferant übernimmt zwar einen Riskshare für die Schätzung, kann aber durch die offenen Diskussionen und das gemeinsame Festlegen der Annahmen die Schätzung sehr gut absichern.
Berater des Kunden		
+	+	++
Der Berater kann mit seiner Erfahrung zur Verifikation der Schätzsicherheit beitragen.	Der Berater kann mit seiner Erfahrung zur Schätzung an sich sowie zur Verifikation der Schätzung beitragen.	Der Berater kann mit seiner Erfahrung zur Schätzsicherheit beitragen. In den Workshops mit beiden Seiten kann er als Vermittler dienen, um die Schätzsicherheit – also die Qualität der Annahmen und des gemeinsamen Verständnisses – noch weiter zu erhöhen.
Scrum-Team des Lieferanten		
– –	++	+++
Das Team kann zwar die detailliert vorliegenden Anforderungen schätzen, allerdings sind die Interpretationsspielräume meist noch sehr groß und müssen durch Annahmen abgedeckt werden.	Das Team kann entweder bei der Gesamtschätzung (ohne Risiko) unterstützen oder wie beim Agilen Festpreisvertrag zuerst grob und dann vor jedem Sprint im Detail schätzen.	Der Vertragsprozess und der Vertragsrahmen geben den Prozess vor, wie das Scrum-Team optimal zur Schätzung beitragen kann.

8.1.6 Qualitätsrisiko

Als Qualitätsrisiko verstehen wir das Risiko, dass während des Projekts – aus welchem Grund auch immer – qualitativ minderwertige Arbeit geleistet wird. Vertraglich kann man sich dagegen in unterschiedlicher Ausprägung absichern. Zu einem späten Zeitpunkt im Projekt entsteht möglicherweise ein Mehraufwand oder Verzug, um die Qualitätsmängel zu beheben. Ein Qualitätsrisiko ist es natürlich auch, wenn gravierende Kommunikationsprobleme erst spät im Projekt entdeckt werden bzw. nicht iterativ verbessert werden können.

Herkömmlicher Festpreisvertrag	Time & Material-Vertrag	Agiler Festpreisvertrag
Kunde		
– – –	–	+++
Der Kunde hat erst zu einem späten Zeitpunkt die Gelegenheit, Resultate und somit die Qualität zu betrachten. Selbst bei vorzeitigen Bedenken sind die Möglichkeiten der Intervention begrenzt.	Der Kunde bezahlt hier nach Aufwand, nicht aber nach Leistung. Insofern ist es bei diesem Vertrag besonders schwierig, das Qualitätsrisiko zu mindern. Es gelingt meist nur durch starke Anlehnung an Methoden, die in Richtung des Agilen Festpreisvertrags gehen.	Der Kunde ist in einem planbaren und klar strukturierten Prozess von Teilabnahmen an der frühzeitigen Qualitätssicherung beteiligt.
Lieferant		
–	+	+++
Wenn das Projekt agil geliefert wird, kann der Kunde frühzeitig eingebunden und die Qualität verifiziert werden. Sehr oft passiert das leider nicht, da die Mitwirkungspflichten nicht so strikt gehandhabt werden wie im Agilen Festpreisvertrag, der von der Kooperation lebt.	Der Lieferant hat hier keine vertraglichen Ansprüche auf Qualität zu erfüllen. Natürlich kann das auch zum Nachteil des Lieferanten sein, denn wenn das Projekt scheitert und zwar aus anderen Gründen als der Lieferqualität, dann ist es für den Lieferanten oft nicht leicht, die Schuld glaubhaft von sich zu weisen.	Der Lieferant und der Kunde haben einen Vertragsrahmen abgeschlossen, in dem auch der Qualitätssicherungsprozess gewährleistet ist.
Berater des Kunden		
–	+	++
Der Berater kann je nach Vorgehen die Qualität frühzeitig beurteilen und sichern. Das Festpreiskonstrukt lässt aber wenig Spielraum, die Beratungsrolle transparent und effizient einzusetzen.	Der Berater kann hier eine essenzielle Rolle in der Qualitätssicherung spielen. Das muss aber im Time & Material-Vertrag verankert sein und findet sich dann oft in Formulierungen wieder, die dem Agilen Festpreisvertrag ähneln.	Der Berater kann als essenzieller Teil des Prozesses durch sein Know-how unterstützen und im Modus der Kooperation am gemeinsamen Ziel mitarbeiten. Der Vertragsrahmen verhindert das Taktieren zwischen den Parteien.

Herkömmlicher Festpreisvertrag	Time & Material-Vertrag	Agiler Festpreisvertrag
Scrum-Team des Lieferanten		
–	++	+
Die Mitwirkungspflicht ist zwar eventuell im Vertrag geregelt, aber nicht wesentlicher Bestandteil des Prozesses. Daher muss das Team oft auf die rege Teilnahme des Kunden an der Qualitätssicherung durch Diskussion und Klarstellung verzichten. Oft kann es auch bei effizienter, interner Qualitätssicherung das Kommunikationsproblem nicht ganz überwinden.	Je nach Steuerung durch den Kunden kann das Scrum-Team bereits frühzeitig mit Teilabnahmen und Kundenpräsentationen die Qualität sichern. Das ähnelt stark dem Vorgehen, das im Agilen Festpreisvertrag geregelt ist.	Der vertraglich klar geregelte Prozess sichert die Qualität in regelmäßigen Abstimmungen und erlaubt dem Scrum-Team, sein Recht auf Mitwirkungspflicht des Kunden einzufordern. Es besteht aber die Gefahr, dass unerfahrene Lieferanten hier das Prinzip missverstehen und zugunsten von verkauften Storypoints und Velocity Druck auf das Scrum-Team ausüben und die Qualität leiden lassen. Dies gilt es tunlichst zu vermeiden.

8.1.7 Preisüberhöhungstendenz

Gewisse Vertragsformen verleiten dazu, „zur Sicherheit“ einen höheren Preis für eine Leistung abzugeben, als inklusive Marge für den Lieferanten tatsächlich erforderlich wäre. Die Ursachen dafür können sein:

- Unsicherheit bei der Definition und Abgrenzung des Vertragsgegenstands.
- Unsicherheit bei der Effektivität der Zusammenarbeit.
- Der Vertragsgegenstand ist komplex. Das kann dazu führen, dass der Lieferant einen eher hohen Preis anbietet, um sich abzusichern. Oder die Komplexität ist so groß, dass der Kunde nicht mehr erkennen kann, dass der angebotene Preis überhöht ist.

Aus Sicht des Lieferanten ist die Preisüberhöhungstendenz etwas, das seine Marge optimiert. Vertragsformen, die diese Möglichkeit bieten, werden also bevorzugt.

Herkömmlicher Festpreisvertrag	Time & Material-Vertrag	Agiler Festpreisvertrag
Kunde		
–	–	+
Die Preisüberhöhung ist zumindest im Sicherheitsaufschlag gegeben. Die tatsächliche Preisüberhöhung kommt aber dann während des laufenden Projekts. Denn für die Change Requests zur Projektlaufzeit ist meist ein überhöhter Preis zu bezahlen, da die Optionen für den Kunden limitiert sind. Der initiale Festpreis (d. h. der Festpreis im herkömmlichen Festpreisvertrag) ist aber meist sehr attraktiv, wobei die ersten Kapitel gezeigt haben, dass das manchmal nicht viel bedeutet.	Zu Beginn kann der Kunde die Preisüberhöhung nicht erkennen. Über die Projektlaufzeit werden aber meist Ressourcen ausgetauscht, und nach einigen Monaten wird der gleiche Preis für weniger Leistung bezahlt. Hier muss der Kunde ständig entgegenwirken, um die Preisüberhöhung im Zaum zu halten.	Der Kunde kauft Leistung. Der Kunde bekommt abgeschlossene Lieferungen und kann den Vertrag beenden. So kann er Preisüberhöhungen viel einfacher entgegenwirken als bei Time & Material.
Lieferant		
+	+	–
Der Lieferant wird den initialen Preis möglichst attraktiv gestalten, um im Wettbewerb zu bestehen. Mit Sicherheitsaufschlag und zu erwartenden Change Requests wird der Preis aber in realistische Größenordnungen gebracht. Sollten markante Gründe für eine Preisüberhöhung vorliegen (z. B. unklarer Scope), kann der Lieferant einen höheren Aufschlag argumentieren.	Der Lieferant optimiert seine Preisüberhöhung (die seine Marge ist), indem er teurere gegen billigere Ressourcen eintauscht.	Der Kunde bekommt Lieferungen in kleinen Abständen, prüft die Qualität und interagiert mit dem Team. Die Möglichkeiten, während des Projekts die internen Kosten preislich zu optimieren, sind demnach begrenzt. Dafür ist das Risiko geringer, durch Konkurrenten ersetzt zu werden, da der Wert pro Euro über den Projektverlauf ansteigt.
Berater des Kunden		
+	+	++
Die Preisüberhöhung kann bei dieser Vertragsform durch die Expertise des Beraters minimiert werden.	Der Berater kann den Kunden unterstützen, die Wechsel in der Mannschaft des Lieferanten zu reduzieren. Verhindern kann er diese aber nicht.	Der Berater kann den Kunden unterstützen, Leistung zu messen und Kosten zu optimieren, d. h. Preisüberhöhung entgegenzuwirken.
Scrum-Team		
Nicht anwendbar	**Nicht anwendbar**	**Nicht anwendbar**

8.1.8 Chance auf Auftragserteilung

Unter Chance auf Auftragserteilung verstehen wir die generelle Aussicht des Lieferanten, ein Projekt nach einer bestimmten Vertragsform zu gewinnen. Die Grundannahme ist hier, dass das Projekt noch nicht nach einer gewissen Vertragsform ausgeschrieben wird oder man die geforderte Vertragsform in der Diskussion mit dem Kunden adaptiert. Die Art der Ausschreibung des Kunden ist daher – mangels Vergleichbarkeit – oftmals nicht sehr professionell.

Herkömmlicher Festpreisvertrag	Time & Material-Vertrag	Agiler Festpreisvertrag
Kunde		
Nicht anwendbar	**Nicht anwendbar**	**Nicht anwendbar**
Lieferant		
+++	+	+
Da es immer noch die am weitesten verbreitete Vertragsform ist und oft auch die in der Ausschreibung geforderte, besteht hier die höchste Chance auf Auftragserteilung. Zusätzlich bietet die Möglichkeit der Abgrenzung und Minimierung des Initialpreises Werkzeuge, die die Chance auf Auftragserteilung weiter erhöhen. Aussprüche wie „Das passt schon, ist ja ein fixer Preis ...“ sind leider immer noch gang und gäbe.	Auf ein gefordertes Festpreisangebot mit Time & Material zu antworten, wird meist nicht gerne gesehen. Sollte bereits Time & Material gefordert sein, kann durch entsprechenden Preisdruck natürlich drastisch an der Gewinnchance gedreht werden.	Bei dieser Vertragsart muss man beim Kunden das Verständnis schaffen, dass man ihm einen Gefallen tut. Der Agile Festpreisvertrag ist vor allem für den Kunden von Vorteil (siehe die Zusammenfassung am Ende des Kapitels). Gelingt diese Überzeugungsarbeit nicht, ist es schwer, sich gegen die meist niedrigeren – mit versteckten Kosten versehenen – herkömmlichen Festpreisangebote durchzusetzen. Das bedeutet auch für den Einkäufer mehr Verantwortung.
Berater des Kunden		
Nicht anwendbar	**Nicht anwendbar**	**Nicht anwendbar**
Scrum-Team des Lieferanten		
Nicht anwendbar	**Nicht anwendbar**	**Nicht anwendbar**

8.1.9 Kostenrisiko

Als Kostenrisiko bezeichnen wir die Aussicht des Kunden, Lieferanten oder Beraters, mit einem Projekt nach einer bestimmten Vertragsart einen kommerziellen Verlust zu erleiden. Diese Betrachtung schließt aber auch die Sicht des Kunden ein, den positiven Business Case des Projekts zu verfehlen.

Herkömmlicher Festpreisvertrag	Time & Material-Vertrag	Agiler Festpreisvertrag
Kunde		
– – –	–	++
Der Kunde hat wenig Einsicht in und wenige Einflussmöglichkeiten auf das Projektvorgehen. Wie die Statistiken belegen, ist das Risiko hier maximal.	Der Kunde kann zwar selbst steuern und damit das Kostenrisiko minimieren. Aber im Fall von Problemen wegen „Knowledge Hiding“ und schlechter Qualität sind seine Möglichkeiten sehr beschränkt.	Der Kunde hat volle Transparenz, regelmäßige Qualitätskontrolle und eine ständige Absicherung der getätigten Investition. Dadurch sinkt das Kostenrisiko.
Lieferant		
–	+++	++
Der Lieferant versucht, über Preis, Sicherheitsaufschlag und Zusatzaufwände das Kostenrisiko zu minimieren. Allerdings sind erfolglose Projekte auf Basis von Festpreisen auch für den Lieferanten oft ein Verlustgeschäft.	Der Lieferant hat keinerlei Verantwortung, ist in seiner Leistung schwer zu kontrollieren und kann den Gewinn zum Beispiel durch „Knowledge Hiding“ noch erweitern. D. h. sein Kostenrisiko ist minimal.	Der Lieferant ist im Rahmen des Riskshare bei Überschreitungen der Kosten klar involviert. Dafür folgt aber der Agile Festpreisvertrag einen klar geregelten Prozess mit definierten Ausstiegspunkten, was das Kostenrisiko stark eingrenzt – und bessere Aussichten auf ein erfolgreiches Projekt bietet.
Berater des Kunden		
+	+	+
Der Berater kann mit seiner Expertise unterstützen, ist aber meist nicht in das Kostenrisiko involviert.		
Scrum-Team des Lieferanten		
Nicht anwendbar	**Nicht anwendbar**	**Nicht anwendbar**

8.1.10 Auftragssicherheit

Die Auftragssicherheit definiert aus Lieferantensicht, dass man mit Unterzeichnung eines Vertrags die Sicherheit hat, den gesamten Auftrag zu liefern. Diese Auftragssicherheit ist gleichbedeutend mit einer zugesagten Liefermenge. Wie in anderen Industrien ist auch in der Softwareentwicklung der Preisnachlass direkt von der Liefermenge abhängig. Kann also der Kunde ein langes Projekt mit viel Aufwand zusichern, bekommt er bezogen auf die Stückkosten einen besseren Preis.

Herkömmlicher Festpreisvertrag	Time & Material-Vertrag	Agiler Festpreisvertrag
Kunde		
++	+	++
Aus Sicht des Kunden wird ein großes Gesamtwerk vergeben und somit ein besserer Preis für das „Stück" erzielt. Der nachfolgenden Regieleistung muss aber in Form von Change Requests Rechnung getragen werden. Somit relativieren sich die Zusage des Gesamtauftrags und damit die Auftragssicherheit sowie der dadurch initial erzielte Rabatt.	Der Kunde sichert gewisse Abnahmemengen zu. Im Sinne einer Time & Material-Beauftragung kann das aber nicht im Vorhinein zugesichert werden. Im Nachgang verhandelt der Kunde einen Mengenrabatt (Abnahme pro Jahr).	Die Checkpoint-Phase ist nur kurz, aber danach bietet sich für den Kunden weiterhin der Vorteil, das Gesamtwerk zu vergeben und einen entsprechenden Rabatt auf die Teamkosten zu erzielen. Im Gegensatz zum herkömmlichen Festpreisvertrag schlägt die Masse der Change Requests nicht so zu Buche.
Lieferant		
+++	–	+
Der Lieferant erhält den Gesamtauftrag und gibt entsprechende Rabatte. Das ist die maximale Auftragssicherheit, da der Auftragswert zuzüglich einer erheblichen Summe von Change Requests gesichert ist – denn schließlich hat der Kunde nach der Auftragsvergabe keine Option mehr.	Die Auftragssicherheit begrenzt sich auf die jeweiligen Bestellzyklen (z. B. quartalsweise). Doch selbst diese werden bei Projektstopp oder anderen Vorkommnissen manchmal nicht vollständig abgerufen. Trotzdem wünschen die Kunden entsprechende Rabatte.	Der Lieferant erhält nach einer erfolgreichen Checkpoint-Phase, die auch sein eigenes Risiko minimiert, den Zuschlag für das Gesamtprojekt. Die Möglichkeit, über zusätzliche Change Requests Zusatzaufträge zu generieren, ist minimal. Weiterhin hat der Kunde die Möglichkeit, zu gewissen definierten Zeitpunkten den Auftrag zu beenden, wodurch der Lieferant nur geringe Auftragssicherheit hat. Er hat das aber unter eigener Kontrolle.
Berater des Kunden		
Nicht anwendbar	**Nicht anwendbar**	**Nicht anwendbar**
Scrum-Team des Lieferanten		
+++	+	+
Die Scrum-Teams können langfristig geplant werden. Kontinuität im Projekt erhöht deren Leistungsfähigkeit.	Die Scrum-Teams arbeiten in kurzen Intervallen. Demnach ist die Planungssicherheit auch bei quartalsweisen Bestellungen noch akzeptabel.	Nach der Checkpoint-Phase lautet die Vereinbarung generell, das Projekt mit einem Vorlauf von mindestens 2 – 3 Sprints zu beenden. Dadurch entsteht zumindest eine ausreichende Planungssicherheit/Auftragssicherheit aus Entwicklungssicht.

8.1.11 Abnahmeaufwand

Wenn über die Nachteile Agiler Festpreisverträge diskutiert wird, ist der Aufwand für die Abnahme oft ein Thema. Durch die Teilabnahmen nach jedem Sprint (oder zumindest Drop) würde „ständig" abgenommen, und die entsprechenden Ressourcen auf Kundenseite, aber auch beim Lieferanten wären dafür gebunden. Einfacher scheint es zu sein, nach jedem Release zum Beispiel alle neun Monate sechs Wochen konzentriert Abnahmen durchzuführen. In der Theorie eine vertretbare Meinung, allerdings zeigt die Praxis, dass die Möglichkeit der ständigen Qualitätskontrolle und das iterative Optimieren der Kommunikation zwischen Kunde und Lieferant Schlüsselfaktoren für erfolgreiche IT-Projekte sind. Natürlich können auch für ein herkömmliches Festpreisprojekt, das agil geliefert wird, Teilabnahmen definiert werden. In der Praxis wird das aber meist nicht so klar gehandhabt, als wenn das gesamte Vertragskonstrukt die agile Methodik forciert.

Herkömmlicher Festpreisvertrag	Time & Material-Vertrag	Agiler Festpreisvertrag
Kunde		
+	++	+
Der Aufwand für die Abnahme ist minimal. So kann zum Beispiel bei einem 1,5 Jahre dauernden Projekt jedes der zwei Releases in jeweils 6 Wochen abgenommen werden. Im optimalen Fall also 12 Wochen, in der Realität aber oft weit mehr als das, da der Kunde nach 9 Monaten das erste Mal sieht, wie der Lieferant die Spezifikation verstanden hat. Dass der Kunde die Ressourcen besser planen kann, ist in der Praxis wegen häufiger Verschiebung der Meilensteine eher Wunsch als Realität.	Der Aufwand für die Abnahme ist in dieser Variante nicht explizit gegeben. Da die Ressourcen des Lieferanten unter der Steuerung des Kunden arbeiten, gibt es die normale Qualitätssicherung im Projekt, aber keine Abnahme der Lieferleistung des Lieferanten an den Kunden.	Angenommen, bei einem 1,5 Jahre dauernden Projekt wird jeder 2. Sprint als Drop ausgeliefert. Es gibt also 18 Teilabnahmen. Wenn jede Teilabnahme eine Woche dauert (in der Realität eher 1-2 Tage!), liegt man im Vergleich mit den 12 Wochen zwar über dem Aufwand für den herkömmlichen Festpreisvertrag. Aber man hat das Risiko dramatisch reduziert, diese 18 Wochen zu überschreiten. Die Planbarkeit für die Ressourcen ist maximal, da Sprints immer gleich lange dauern, der Inhalt ggf. variiert, aber zum geplanten Zeitpunkt gewisse Funktionen abgenommen werden können.

Herkömmlicher Festpreisvertrag	Time & Material-Vertrag	Agiler Festpreisvertrag
Lieferant		
+	+++	++
Der Lieferant kann in Ruhe am ersten Release arbeiten. In vielen Projekten ist es aber auch für die Projektleitung des Lieferanten eine Überraschung, was bei der ersten Abnahme oder den letzten Wochen davor passiert, wenn der Kunde zum ersten Mal Feedback zur Funktionalität gibt. Auch für den Lieferanten ist das Risiko maximal, mit einer theoretisch kurzen Durchlaufzeit der Abnahme praktisch einen essenziellen Projektverzug und Zusatzaufwand zu generieren.	Auch aus Sicht des Lieferanten ist hier kein Abnahmeaufwand notwendig.	Die regelmäßigen Abnahmen sind genau planbar, und regelmäßiges Feedback erhöht die Qualität. Das Risiko, zu lange Software an den Kundenwünschen vorbei zu implementieren, wird minimiert.
Berater des Kunden		
++	+	++
Die Unterstützung bei der Abnahme ist schwer planbar, da es in der Praxis oft Verschiebungen gibt. Eine geblockte Beauftragung für die Qualitätssicherung ist aber vorteilhaft für Beratungsunterstützung.	Der Berater unterstützt oft bei der Qualitätssicherung, eine Abnahme an sich gibt es nicht.	Durch die iterativen Abnahmen gibt es keinen durchgängigen Block für die Beratungsunterstützung bei der Abnahme. Dafür können die Tage/Wochen minutiös geplant werden.
Scrum-Team des Lieferanten		
–	+	++
Die einmalige Abnahme beim Abschluss des Gesamtprojekts reduziert vielleicht den Aufwand auf Kundenseite. Meistens ist es aber so, dass die Aufwände für die Beseitigung der bei dieser Abnahme gefundenen Fehler steigen, je größer der zeitliche Abstand zur ursprünglich umgesetzten Funktion ist. Nach einer Projektlaufzeit von z. B. 18 Monaten ist das Risiko also schon sehr groß, wegen dieser zeitlichen Distanz einen hohen Gesamtaufwand zu erzeugen.	Schwer zu klassifizieren, weil keine Abnahme zwischen Lieferanten und Kunden stattfindet. Angenommen, die Ressourcen des Lieferanten bilden das Scrum-Team, und der Kunde stellt den Product Owner, dann würden die Abnahme und deren Aufwand ähnlich dem des Agilen Festpreisvertrags sein.	Das Vertragskonstrukt regelt den Prozess der regelmäßigen Teilabnahmen. Das macht die kontinuierliche und zeitnahe Bereinigung von Fehlern möglich. Und es entspricht dem optimalen Einsatz des Scrum-Teams, da die Personen sich nicht wieder in „alte“ Themen einarbeiten müssen, die sie vor Monaten umgesetzt haben.

8.1.12 Kalkulationstransparenz

Die Kalkulationstransparenz beschreibt die Nachvollziehbarkeit des Lieferantenaufwands für den Auftraggeber. Diese Transparenz hilft dem Kunden, Vertrauen in die angebotene Leistung zu gewinnen und einer Preisüberhöhungstendenz vorzubeugen.

Herkömmlicher Festpreisvertrag	Time & Material-Vertrag	Agiler Festpreisvertrag
Kunde		
++	–	+++
Bei den meisten Festpreisangeboten werden vom Kunden trotzdem die zugrunde liegende Aufwandskalkulation, sowie das Ausweisen des angewandten Sicherheitsaufschlags gefordert. Wenn der Kunde hier klare Richtlinien für ein detailliertes Preisblatt vorgibt, ist die Kalkulation vergleichbar und transparent (sofern es der Lieferant will). Die Ausnahme, dass es vom Kunden nicht gefordert wäre, wird hier nicht behandelt (in diesem Fall wäre keine Transparenz gegeben). Nachteil ist jedoch die meist enthaltene Liste an Annahmen, die die wirkliche Transparenz abschwächt.	Die Kalkulation basiert auf einer unverbindlichen Schätzung des Aufwands durch den Fachbereich. Sie ist also transparent auf Basis von Personentagen. Die tatsächlichen Personentage weichen aber oft von der initialen Schätzung ab.	Die Referenz-User-Stories werden im Detail beschrieben und geschätzt. Durch das gemeinsame Besprechen der Aufwände und Annahmen im entsprechenden Abstimmungsworkshop wird maximale Transparenz gewährleistet. Diese Transparenz wird auch über den Projektverlauf (Open Books) beibehalten. Es wird empfohlen, die Kosten einfach auf „Teamkosten“ zu beschränken.
Lieferant		
++	+++	+++
Der Lieferant liefert die Transparenz entsprechend der Vorgaben des Kunden. Meist wird aber nicht proaktiv Transparenz geschaffen, da man bei einem Festpreis eher der Ansicht ist, dass die Details der Kalkulation für den Kunden nicht von Belang sind (es ist ja ein Festpreis). Die Annahmen werden verwendet, um die Transparenz zu relativieren.	Auf der Basis von Time & Material ist Transparenz einfach zu schaffen: Welche Ressourcen werden dem Kunden für gewisse Aufgaben wie lange zur Verfügung gestellt?	Für den Lieferanten ist die Möglichkeit von Vorteil, dem Kunden die Hintergründe der Schätzungen näher zu bringen und die Annahmen zu verifizieren. Denn anders als beim herkömmlichen Festpreisvertrag besteht dadurch weniger Gefahr, dass der Kunde falsche Schlussfolgerungen zieht.
Berater des Kunden		
+	–	++
Der Berater wird meist effizient für die Überprüfung der Kalkulation entsprechend der Kundenvorgaben eingesetzt. Seine Expertise hilft bei der Bewertung der einzelnen Positionen.	Der Berater hat hier keinen Auftrag, da nur Personentage dargestellt werden.	Der Berater wird wegen seiner Erfahrung für das Überprüfen der Schätzung auf Basis von Komplexität und Teamzusammenstellung benötigt und kann sich gut einbringen.

Herkömmlicher Festpreisvertrag	Time & Material-Vertrag	Agiler Festpreisvertrag
Scrum-Team des Lieferanten		
–	++	+++
Die Vorgabe des Kunden weicht oft von der Schätzung des Scrum-Teams ab (z. B. Gesamtaufwand Design, Implementierung, Test, Dokumentation). Daher muss dieser Aufwand umgerechnet werden. Im Hinblick auf das, was „wirklich" geschätzt wird, ist das keine klare Transparenz.	Das Scrum-Team kann die Schätzung effizient unterstützen.	Die Schätzung basiert genau auf den Elementen, die das Scrum-Team zur Arbeit benötigt (Epics, User Stories). Demnach ist ein direktes Mapping möglich und maximale Transparenz gegeben.

8.1.13 Fortschrittstransparenz

Bei IT-Projekten muss man jederzeit über den wirklichen Fortschritt im Projekt Bescheid wissen, um bei Problemen entsprechende Gegenmaßnahmen treffen oder Richtungsänderungen einleiten zu können. Der Parameter der Fortschrittstransparenz gibt an, inwieweit eine Vertragsart den Lieferanten verpflichtet und ermuntert, den tatsächlichen Fortschritt offen zu legen.

Herkömmlicher Festpreisvertrag	Time & Material-Vertrag	Agiler Festpreisvertrag
Kunde		
– –	– – –	+++
Der Kunde bekommt wenig Einblick in den tatsächlichen Fortschritt. Wöchentliche Statusberichte, die den Fortschritt einzelner High-Level-Meilensteine in Prozentwerten darlegen, sind erfahrungsgemäß sehr unzuverlässig. Meist gibt es bei einem Fortschritt zwischen 80 % und 100 % einige Überraschungen, und das Pareto-Prinzip, dass die letzten 20 % des Fortschritts 80 % des Aufwands bedeuten, sind bei der Fortschrittstransparenz nicht sehr hilfreich. Selbst wenn hier das agile Vorgehen zugrunde liegt, wird es leider nicht ausgenutzt.	Der Fortschritt wird nur vom Kunden überprüft. Dabei ist der Kunde jedoch auf die Meldungen der auf Time & Material arbeitenden Ressourcen angewiesen. Oft unterstützt Time & Material die Transparenz nicht, da sich die Lieferanten im besten Licht darstellen wollen und gewisse Unzulänglichkeiten verschleiern.	Der Kunde hat vertraglich den Prozess der „Open Books" zugesichert. Es ist erwünscht, dass der Kunde möglichst stark integriert ist. Der Scope ist in klare Einheiten unterteilt und ermöglicht es dem Kunden, einfach den Überblick zum tatsächlichen Fortschritt zu behalten.

Herkömmlicher Festpreisvertrag	Time & Material-Vertrag	Agiler Festpreisvertrag
Lieferant		
– –	–	+++
Auch wenn der Lieferant natürlich für Transparenz sorgen will, ist es oft intern schwierig, den tatsächlichen Status abzufragen. Bei großen Releases wird auch der Projektleiter meist von den Problemen überrascht, die am Ende doch noch auftauchen. Der Vertrag sieht auch Meilensteine vor, nicht aber einen Prozess, um den Fortschritt tatsächlich transparent zu machen.	Aus Sicht des Lieferanten ist die Fortschrittstransparenz in dieser Beauftragung nur nebensächlich, da für das Projekt der Kunde verantwortlich ist. Der Lieferant ist für gute Reputation zuständig, damit die nächste Beauftragung sicher folgen wird. Eine Verpflichtung und Richtlinie im Vertrag für die Fortschrittstransparenz besteht meist nicht.	Auf Basis von kleinen Einheiten kann binär der Fortschritt gemessen werden (Fertig oder nicht fertig und kein Prozentwert). Der Lieferant verpflichtet sich, gewisse Vorgaben im Prozess der Open Books zu erfüllen. Nach jedem Sprint wird abgenommen, und daher besteht wenig Gefahr, dass irgendwo Transparenz verloren geht.
Berater des Kunden		
– –	+	++
Der Berater hat wenige Möglichkeiten, den tatsächlichen Fortschritt im Projekt zu kontrollieren. Klare Protokolle und Governance helfen zwar, die Verfehlungen im Nachhinein zu dokumentieren, geben aber wenig Unterstützung für die Fortschrittstransparenz.	Der Berater kann im Sinne der Qualitätssicherung für den Kunden mit Stichproben die Abweichung vom Fortschrittsbericht zur Realität überprüfen. Das ist sinnvoll, um eine gewisse Fortschrittstransparenz zu gewährleisten.	Der Berater kann den Prozess sehr effizient unterstützen und für den Kunden die Fortschrittstransparenz verifizieren.
Scrum-Team des Lieferanten		
–	–	+++
Das Scrum-Team hat über den derzeitigen Sprint und auch dessen Relation zum Gesamtprojekt den genauen Fortschrittsstatus. Allerdings sind im herkömmlichen Festpreisvertrag die Verpflichtungen dem Kunden gegenüber nicht so klar, und Transparenz wird eher verhindert. Außerdem sind manchmal massive Change Requests gegen Ende des Projekts dafür verantwortlich, dass sich der Gesamtfortschritt auch aus Sicht des umsetzenden Teams schwer einschätzen lässt.	Das Scrum-Team ist meist in der Situation, zumindest über einen Abschnitt im Projekt gute Transparenz zum Fortschritt zu haben. Aber auch bei dieser Vertragsform gibt es keine klare Verpflichtung zu dieser Transparenz.	Der Vertrag unterstützt das Vorgehen des Scrum-Teams. Offenheit und Kooperation sind essenzielle Bestandteile und schaffen auch auf dieser Ebene eine Transparenz, die durch den vertraglichen Prozess ermöglicht wird.

8.1.14 Permanentes Regulativ

Ein IT-Projekt ist eine lange Reise, auf die man sich gemeinsam begibt. Auf dieser langen Reise hilft es manchmal, wenn jede der Parteien in einem gewissen Rahmen Änderungen gewähren kann, um die Gegenseite zum Weitergehen zu motivieren. Das permanente Regulativ beschreibt also, ob bei Abschluss einer der Vertragsformen auf Kundenseite weiterhin die Möglichkeit besteht, den Lieferanten zu regulieren und zu motivieren. Dieser Punkt betrifft vor allem die Kundenseite, weil angenommen wird, dass der Lieferant - unabhängig von der Vertragsform - genug regulierende Maßnahmen setzen kann.

Herkömmlicher Festpreisvertrag	Time & Material-Vertrag	Agiler Festpreisvertrag
Kunde		
– – –	+	+++
Der Kunde kann bei Vertragsabschluss im Rahmen des Wettbewerbs und der Verhandlung den Preis regulieren. Im Anschluss geht die Reise des IT-Projekts los, ohne dass der Kunde wirklich weiter regulieren kann. Im Gegenteil: Er wird sogar - ohne Einfluss zu haben - zu weiteren Aufwänden in Form von Change Requests genötigt.	Das Regulativ ist permanent über den Preis pro Ressourceneinheit gegeben. Die Steuerung ist aber recht aufwendig. Durch Knowledge Hiding wird die Möglichkeit, andere Ressourcen für die Aufgabe einzusetzen, stark eingeschränkt. Je weiter das Projekt fortgeschritten ist, desto abhängiger ist der Kunde vom Lieferanten.	Der Vertrag legt fest, dass nach dem agilen Vorgehen voll funktionsfähige Inkremente geliefert werden. Das Projekt kann auch relativ unkompliziert beendet werden. Nach jedem Sprint ist der Kunde über die tatsächliche Leistung seines Lieferanten im Bilde und kann regulierend eingreifen. Durch Bonussysteme im Vertrag werden weitere Anreize geschaffen.
Lieferant		
+	++	++
Für den Lieferanten ist das eine Komfortsituation, da er über einen Großteil des Projektverlaufs ohne Einfluss des Kunden arbeiten kann. Das hat aber meist den Nachteil, dass er ohne Feedback und Steuerung oft in die falsche Richtung arbeitet. Das erste Regulativ ist sogar so groß, dass später Change Requests notwendig werden, um das Projekt aus Lieferantensicht noch positiv abzuschließen.	In der Praxis wird zu Beginn stark in Richtung der optimalen Kundenzufriedenheit gearbeitet. Sobald jedoch das spezifische Projektwissen einiger eingesetzter Ressourcen, die mangels Dokumentation nicht ausgetauscht werden können, zunimmt, ändert sich das Verhalten des Lieferanten. Durch Optimierung von Ressourcen (d. h. günstigere, vielleicht nicht so effiziente Mitarbeiter in das Projekt bringen) wird das Regulativ des Kunden zum Großteil ausgeschaltet.	Der Lieferant hält sich an die vertraglich zugesicherten Prozesse und versucht, sich durch entsprechende Leistungssteigerung über den Projektverlauf als Partner zu positionieren, den der Kunde nicht ersetzen will. Der Lieferant ist aber nicht erpressbar, weil auch er gewisse Ausstiegspunkte nutzen kann.

Herkömmlicher Festpreisvertrag	Time & Material-Vertrag	Agiler Festpreisvertrag
Berater des Kunden		
– –	–	++
Der Berater kann neben den Statusmeetings den Prozess eher nur zahnlos unterstützen. Auch in seiner Rolle kann er nicht für ein Regulativ sorgen, mit dem der Vertrag das eingrenzen könnte.	Der Berater kann den Prozess, dass sich der Lieferant im Projekt unersetzlich macht, verlangsamen, aber nicht aufhalten.	Durch klare Messkriterien und Transparenz kann der Berater den Kunden bei der Überprüfung und Regulierung der Leistung über den Projektverlauf unterstützen.
Scrum-Team des Lieferanten		
Nicht anwendbar	**Nicht anwendbar**	**Nicht anwendbar**

8.1.15 Absicherung der Investitionen

Die Abschreibung der Kosten (Sunk Costs) eines gescheiterten IT-Projekts ist für die meisten Unternehmen ein bekanntes, aber natürlich äußerst unerfreuliches Problem. Bereits bei der Auswahl der Vertragsart sollte darauf geachtet werden, inwieweit eine Vertragsform die über den Projektverlauf getätigte Investition absichert. Unter Absichern verstehen wir, dass der bisher geleistete Aufwand bereits zu einem verwertbaren und einsetzbaren Ergebnis mit Kundennutzen geführt hat.

Herkömmlicher Festpreisvertrag	Time & Material-Vertrag	Agiler Festpreisvertrag
Kunde		
– – –	–	+++
Maximal zum Zeitpunkt der Meilensteine sind vertraglich Ergebnisse zugesichert, die verwertbar sind. In der Praxis wird bei herkömmlichen Fixpreisprojekten oft im ersten Release Funktionalität umgesetzt, die noch einfach ist und wenig Geschäftswert für den Kunden hat.	Je nach Planung durch den Kunden fällt die Absicherung des Invests höher oder niedriger aus. Vertraglich ist das aber keineswegs zugesichert.	Durch das zugrunde liegende agile Vorgehen sowie die vertragliche Zusicherung dieses Prozesses wird (vielleicht mit Ausnahme der ersten Sprints) zum Ende jedes Sprints ein verwertbares Inkrement der Software geliefert. Bei entsprechender Priorisierung beinhaltet jeweils das nächste Inkrement immer den maximal zu erzielenden Geschäftswert für den Kunden für diese Investition.
Lieferant		
Nicht anwendbar	**Nicht anwendbar**	**Nicht anwendbar**
Berater des Kunden		
Nicht anwendbar	**Nicht anwendbar**	**Nicht anwendbar**
Scrum-Team des Lieferanten		
Nicht anwendbar	**Nicht anwendbar**	**Nicht anwendbar**

8.1.16 Frühzeitiges Erkennen von Problemen

Bei IT-Projekten ist einer der Gründe für massive Budget- und Zeitüberschreitung, dass erst nach der Hälfte der Projektlaufzeit Probleme erkannt werden und man dann schlechter - weil spät - reagieren kann bzw. in herkömmlichen Verträgen der Ausstieg dann meist unmöglich ist. Der Parameter des frühzeitigen Erkennens von Problemen im Projekt gibt an, inwieweit eine Vertragsart den Prozess so steuert, dass Probleme unterschiedlicher Art möglichst bald erkannt werden.

Herkömmlicher Festpreisvertrag	Time & Material-Vertrag	Agiler Festpreisvertrag
Kunde		
– –	– – –	+++
Der Kunde bekommt meist nur monatliche Steering-Berichte. In diesem Zusammenhang haben wir beobachtet, dass Probleme vor allem in den ersten Projektphasen oft nicht transparent gemacht werden. In herkömmlichen Festpreisverträgen sind Sprints mit Zwischenabnahmen meist nicht verpflichtend und somit werden Probleme nicht frühzeitig erkannt.	Der Lieferant hat das Ziel, möglichst viel Geld mit dem Time & Material-Vertrag zu verdienen und natürlich das Projekt erfolgreich zu liefern. Es wäre aber aus kommerzieller Sicht unnatürlich, wenn der Lieferant sofort Probleme aufzeigt, die er bei sich oder beim Kunden entdeckt. Daher hat der Kunde oft schon viel Geld bezahlt und noch kein Recht auf funktionierende Software, bevor Probleme transparent gemacht werden.	Der Kunde hat das Recht und die Pflicht, jeweils iterativ Softwareinkremente abzunehmen. Der Lieferant hat sich zu einem Festpreisrahmen verpflichtet, in dem Change Requests kein gutes, sondern eher ein schlechtes Geschäft sind. Wir beobachten, dass Probleme meist zu Beginn ausgeräumt werden, da der Kunde keinen Vorteil davon hat, Themen nicht offen anzusprechen.
Lieferant		
–	–	++
Wenn man es als Lieferant schafft, die Probleme - die es in Projekten fast immer gibt - im Rahmen des großen (intransparenten) Festpreisvertrags zu lösen und ein erfolgreiches Projekt zu liefern, ist dieser Parameter nicht negativ zu sehen. Allerdings gelingt das eben in sehr vielen Projekten nicht. Dann folgt eine quälende zweite Projekthälfte, in der man nur noch im Notfallmodus operiert!	Aus Sicht des Lieferanten gibt es hier keinen Grund, die Probleme frühzeitig anzusprechen. Wenn die Arbeit langsamer vonstattengeht, wird eben mehr Zeit verbraucht. Die Reputationskosten sind allerdings massiv, wenn Probleme nicht frühzeitig ausgeräumt werden.	Als Lieferant ist man verpflichtet, iterativ zu liefern, und man ist an einen Kostenrahmen gebunden. Insofern wird jeder im Team motiviert sein, frühzeitig Probleme auszuräumen. Das ist gut für den Lieferanten, weil es glücklichere Projektmitarbeiter und zufriedenere Kunden ergibt!

Herkömmlicher Festpreisvertrag	Time & Material-Vertrag	Agiler Festpreisvertrag
Berater des Kunden		
+	+	++
Der Berater des Kunden ist hier sehr gefragt, mit seiner Expertise mögliche Probleme im Projekt zu erkennen und neutral aufzuzeigen. Damit schafft er seine Berechtigung.	Der Berater des Kunden ist hier sehr gefragt, mit seiner Expertise mögliche Probleme im Projekt zu erkennen und neutral aufzuzeigen. Damit schafft er seine Berechtigung.	Der Berater muss sich auf die Optimierung des Prozesses und der Mitarbeit konzentrieren. Damit ist seine Rolle anders, aber genauso wichtig. Vor allem kann er wirklich viel bewirken.
Scrum-Team des Lieferanten		
–	–	++
Das Scrum-Team wird oft vom Projektleiter abgeschirmt und ist sich gewisser Probleme bewusst, kann diese aber nicht aufzeigen. Die Unzufriedenheit steigt, die Performance sinkt und die Probleme werden oft noch verschlimmert!	Das Scrum-Team hängt von der Mitarbeit des Kunden und vielen anderen Parametern ab. Wenn es irgendwo Probleme gibt, ist der Aufwand abgegolten, die frühzeitige Lösung von Problemen würde aber das Team effizienter arbeiten lassen.	Da das Scrum-Team iterativ liefert und alle Beteiligten im Prozess des agilen Festpreises eher in die gleiche Richtung arbeiten, werden Probleme schneller im gesamten Team erkannt und gelöst. Dies fördert die Motivation des Scrum-Teams

8.2 Zusammenfassung und Überblick

In Tabelle 8.1 und Tabelle 8.2 werden jeweils aus Kunden bzw. Lieferantensicht die Vor- und Nachteile der einzelnen oben im Detail behandelten Themen zusammengefasst. Da die Sichtweisen des Beraters und des Scrum-Teams oben ergänzend angeführt sind, die Kernaussage aber nicht beeinflussen, sondern nur untermauern, werden diese Sichtweisen hier nicht mehr zusammengefasst.

Die Kundensicht reflektiert, wie eingangs erwähnt, nicht nur die Sicht des Einkaufs. Aus Sicht des Einkaufs wäre nämlich der herkömmliche Festpreisvertrag die wahrscheinlich attraktivste Option, sofern die Bonifikation des Einkaufs lediglich an den final verhandelten Preis und nicht an die tatsächlichen Projektkosten gebunden ist. Was wir hier darzustellen versuchen, ist eine Gesamtbetrachtung aus den Sichtweisen von Top-Management, Umsetzung, Projektsteuerung und Einkauf.

Ein Nachteil des Konzepts eines Agilen Festpreises ist gewiss, dass es neu und noch relativ unbekannt ist. So kann es vor allem für jene Lieferanten, die agil liefern und den Agilen Festpreis als positiven Evolutionsschritt sehen, schwer werden, diese neue Idee zu positionieren. Wir sind aber der Meinung, dass es über die nächsten Jahre einfacher wird.

Tabelle 8.1 Vor- und Nachteile unterschiedlicher Vertragsformen aus Kundensicht

Thema	Herkömmlicher Festpreisvertrag	Time & Material-Vertrag	Agiler Festpreis-vertrag
Budgetsicherheit	–	–	++
Anforderungsflexibilität	– – –	+++	++
Detaillierte Anforderungen	– –	+++	+++
Verhandlungsaufwand	+	+++	++
Schätzsicherheit	– –	– –	++
Qualitätsrisiko	– – –	–	+++
Preisüberhöhungstendenz	–	–	+
Chance auf Auftragserteilung	/	/	/
Kostenrisiko	– – –	–	++
Auftragssicherheit	++	+	++
Abnahmeaufwand	+	++	+
Kalkulationstransparenz	++	–	+++
Fortschrittstransparenz	– –	– – –	+++
Steuerung/permanentes Regulativ	– – –	+	+++
Absicherung der Investition	– – –	–	+++
Frühzeitiges Erkennen von Fehlern	– –	– – –	+++
Summe	6 Positivpunkte 25 Negativpunkte	13 Positivpunkte 14 Negativpunkte	35 Positivpunkte

Tabelle 8.2 Vor- und Nachteile unterschiedlicher Vertragsformen aus Lieferantensicht

Thema	Herkömmlicher Festpreisvertrag	Time & Material-Vertrag	Agiler Festpreis-vertrag
Budgetsicherheit	–	+++	++
Anforderungsflexibilität	++	–	++
Detaillierte Anforderungen	++	+++	++
Verhandlungsaufwand	+	+++	+
Schätzsicherheit	+	+++	++
Qualitätsrisiko	–	+	+++
Preisüberhöhungstendenz	+	+	–
Chance auf Auftragserteilung	+++	+	+
Kostenrisiko	–	+++	++
Auftragssicherheit	+++	–	+
Abnahmeaufwand	+	+++	++
Kalkulationstransparenz	++	+++	+++
Fortschrittstransparenz	– –	–	+++
Steuerung/permanentes Regulativ	+	++	++

Thema	Herkömmlicher Festpreisvertrag	Time & Material-Vertrag	Agiler Festpreisvertrag
Absicherung der Investition	/	/	/
Frühzeitiges Erkennen von Fehlern	–	–	+ +
Summe	16 Positivpunkte 6 Negativpunkte	26 Positivpunkte 4 Negativpunkte	27 Positivpunkte 1 Negativpunkt

Fazit

Betrachtet man den **Kunden** als den Entscheider bei der Auswahl der Vertragsform, sieht man in Tabelle 8.1, dass ihm der Agile Festpreisvertrag die meisten Positiv- und keinerlei Negativpunkte bringt. Bisher sollte bereits deutlich geworden sein, dass es beim herkömmlichen Festpreisvertrag den Vorteil „man einigt sich einmal und der Lieferant liefert einfach" nicht wirklich gibt. Über die genauen Bewertungen der einzelnen Punkte lässt sich sicher diskutieren, die Tendenz würde sich aber nicht ändern – der Agile Festpreisvertrag ist die Vertragsform, mit der ein Kunde die meisten Vorteile erzielt. Auch die Realitätsbetrachtungen der letzten Kapitel stellen dem Agilen Festpreisvertrag dieses Zeugnis aus.

Betrachtet man die Zusammenfassung über alle Parameter, hat der Kunde im Rahmen des Agilen Festpreisvertrags sogar noch deutlichere Vorteile als der Lieferant. Warum es trotzdem die Lieferanten sind, die derzeit den Schritt zu dieser Vertragsart vorantreiben, liegt am großen Einfluss, den erfolgreiche Projekte auf die Reputation haben. Außerdem ist das agile Modell auf Kundenseite noch nicht so stark verbreitet.

Unterstützt durch den Agilen Festpreisvertrag kann ein Kunde strategische Partner aufbauen. Mithilfe permanenter Regulative und durch essenzielle Effizienzsteigerungen bekommt man Software von hoher Qualität. Was bisher weitgehend unbeachtet geblieben ist: Nach den ersten Projekten mit einem Partner unter dem Dach des Agilen Festpreisvertrags können neue Projekte mit überschaubarem Verhandlungsaufwand aufgesetzt werden.

In den Betrachtungen in diesem Kapitel sind wir immer davon ausgegangen, dass auch Projekte, die auf dem herkömmlichen Festpreisvertrag basieren, nach agilen Methoden geliefert werden können. In der Praxis kommt das zwar vor, bedeutet aber einen Bruch in der Methodik und – wie wir auch aus der Sicht des Scrum-Teams beschrieben haben – nimmt es dem Kunden einige der Vorteile der agilen Projektumsetzung. Im Wesentlichen verpflichtet der Agile Festpreisvertrag zur agilen Lieferung.

Einen Ausweg aus dem derzeitigen Paradigmenbruch zwischen agiler Entwicklungsmethodik und dem herkömmlichen Festpreisvertrag zu bieten, ist eine der Haupttriebfedern dieses Buchs. Dies bedeutet aber keinesfalls, dass der herkömmliche Festpreisvertrag ausschließlich mit dem traditionellen Wasserfall funktioniert. Im Gegenteil, auch für den herkömmlichen Festpreisvertrag ist zum Beispiel Scrum eine passende Vorgehensweise. Das ganze Spektrum der Vorteile agiler Entwicklung kann aber nur bei einer optimalen Gestaltung des agilen Modells gehoben werden. ■

9 Toolbox für Agile Festpreisverträge

Der Weg zum Agilen Festpreisvertrag ist manchmal steinig, da Menschen Gewohnheitstiere sind und sich oft lange mit etwas Schlechterem, aber Vertrautem zufriedengeben, statt einfach mal etwas Neues auszuprobieren. In den Kapiteln zuvor haben wir für Sie jeden Stein etliche Male umgedreht und versucht, die darunterliegenden Aspekte zu identifizieren. Jetzt wollen wir in diesem Kapitel noch zeigen, wie Sie diesen Weg gehen können, ohne sich zu oft die Zehen anzustoßen. Die Werkzeuge in dieser Toolbox sollen Ihnen den Weg zum Agilen Festpreisvertrag leichter machen (Tabelle 9.1). Vor allem sollen Sie darin eine Unterstützung finden, um die Einstellung verschiedener Abteilungen und Entscheidungsträger zum agilen Modell schrittweise zu verändern. Diese Liste ist keineswegs abschließend, da es hunderte Aspekte und Arten gibt, Agilität und auch den Agilen Festpreis zu motivieren. Sehen Sie dies einfach als Startpunkt für Ihre persönliche Toolbox!

Tabelle 9.1 Toolbox für den Weg zum Agilen Festpreisvertrag

Grundlagen schaffen	Mit Argumenten Interesse wecken
	Offener Erfahrungsaustausch
	Eine gemeinsame Sprache und gemeinsame Erfahrungen etablieren
Diskussion der Vertragsform	Feature Shoot-out
	Das Black-Swan-Szenario
	Workshop zum Vertrags-Setup
Reports & Metriken	KISS Backlog View
	Teammetrik
	Fokus auf *ein* Ziel

Zunächst ist die Erkenntnis wichtig, dass die Umstellung auf einen kooperativen Vertragsrahmen wie den Agilen Festpreisvertrag keine rein organisatorische Änderung ist. Sie ist nicht mit der Einführung neuer Vertragsvorlagen abgehandelt. Agil und vor allem abteilungsübergreifend zu arbeiten, verlangt eine neue Denkweise, ein neues „Mindset“ aller Beteiligten, das in vielen Unternehmen noch nicht sehr weit entwickelt ist. Gerald Haidl, CEO des System-Integrators Newcon, erklärte diese Situation in einem Interview im Februar 2012 folgendermaßen:

> „Agile Projektabwicklung erfordert von beiden Seiten, also vom Kunden und vom Lieferanten, agile Prozesse bzw. eine gewisse Basiskultur für ein solches Vorgehen. Bei sehr großen Kunden bzw. Konzernen existiert eine solche Basiskultur kaum, da sehr oft die Prozesse, selbst in Technik und IT, eher einer Stahlproduktion ähneln."

Dieses Kapitel soll Ihnen aber einen Weg aufzeigen, wie Sie im eigenen Unternehmen oder beim Kunden eine positive und richtige Einstellung gegenüber dem agilen Modell erzeugen können. Die vorangegangenen Kapitel dienen dabei als Grundlage und zeigen, dass die Umstellung zu Agilen Festpreisverträgen kein „Wechsel zur Unsicherheit" ist, sondern ganz klar eine Möglichkeit bietet, der Realität zu begegnen und Risiken zu minimieren. Je nach Unternehmen, ob man es mit einer „traditionellen" Organisation oder einer „lernenden" Organisation (Cobb 2011) zu tun hat, sind Aufwand und Herangehensweise unterschiedlich. Die Vorteile agiler Denkweisen bleiben aber für jede Organisation gleich.

9.1 Vor der Verhandlung: Mit Argumenten Interesse wecken

Um überhaupt erfolgreiche Verhandlungen führen und letztlich einen guten Vertrag und ein erfolgreiches Projekt aufsetzen zu können, müssen alle involvierten Parteien verstehen, welche generellen Vorteile agile Methoden haben. Wenn dieses Bewusstsein (noch) nicht ausreichend vorhanden ist, ist es die vorrangige Aufgabe, dieses Verständnis zu schaffen. Nur wenn die andere Seite die Vorteile ebenfalls erkennt, wird sie die empfundenen „Unsicherheiten" einer neuen Vertragsform auch eingehen. Wird in einem Unternehmen bereits nach agilen Methoden gearbeitet oder zumindest damit experimentiert, kann man auf diesen Erfahrungen aufbauen. Meistens wissen die operativen Einheiten besser über das agile Modell Bescheid, weil zum Beispiel Scrum sehr oft bottom-up in einem Unternehmen Einzug hält. Und während Teams schon damit arbeiten, steht das Management oder auch der Einkauf bzw. insgesamt die Finanzabteilung den neuen Methoden noch skeptisch oder sogar ablehnend gegenüber.

> **!** Scrum kann im Wesentlichen bottom-up oder top-down eingeführt werden. Beim *Bottom-up-Ansatz* (oder viralen Ansatz) beschließen die Entwickler, vom bisherigen Vorgehensmodell abzuweichen und agile Methoden einzusetzen. Das Wissen dazu wird trainiert und Scrum einfach ausprobiert. Die Erfahrung und der Erfolg sprechen sich nach oben durch und lösen auch einige der Probleme auf den übrigen Ebenen.
>
> Beim *Top-Down-Verfahren* hat meist das Executive Management bereits verstanden, weshalb Scrum oder ein anderes agiles Vorgehensmodell eingesetzt werden sollte. Trifft diese Botschaft auf das mittlere Management, zum Beispiel im Einkauf oder im Projektmanagement, so ergeben sich meist fundamentale Widerstände, da langjährig eingeübte Prozesse umgestellt werden müssen.

Die Erfahrung zeigt, dass das mittlere Management nur dann dazu tendiert, eine agile Vorgehensweise zuzulassen, wenn der einzelne Manager selbst davon überzeugt ist und signifikante Vorteile hat. Daher ist es umso wichtiger, dass beim Veränderungsprozess hin zu einem agilen Vorgehen immer darüber nachgedacht wird, was jeder Einzelne zu verlieren hat und wie man die Vorteile für den Einzelnen aufzeigen kann. ■

Je nachdem, ob man in puncto agile Methoden bereits auf offene oder noch taube Ohren trifft, gibt es unterschiedliche Argumente, mit denen man das agile Modell interessant machen kann. Wir schlagen Ihnen einige dieser Argumente und provokativen Aussagen vor, wie sie von uns immer wieder verwendet werden. Streuen Sie einen dieser Aspekte oder andere Vorteile Agiler Festpreisverträge zum Beispiel beim nächsten informellen Zusammentreffen mit Ihrem Kunden oder Ihrer Organisation im richtigen Teilnehmerkreis ein und beobachten Sie, was passiert. Verwenden Sie diese Argumente auch, um darauf basierend Elevator Pitches auszuarbeiten. Basteln Sie also an dem Köder, der bei Ihrem Ansprechpartner den Aha-Moment auslöst und neugierig auf mehr Informationen macht.

- **Argument 1 – „Derzeit wird in IT-Projekten doch nur umgesetzt, was spezifiziert wurde. Und nicht das, was wirklich gebraucht wird."**
  Wer kennt den Ablauf nicht? Zuerst spezifiziert der Kunde genau, was gemacht werden soll. Dann gibt der Lieferant meist den gleichen oder einen reduzierten Inhalt in einem Pflichtenheft wieder. Das, was da beschrieben wird, wird auch umgesetzt. Sollte es nicht eigentlich so sein, dass der Kunde sagt, was er machen will, und der Experte ermöglicht ihm diese Anforderung? Sollte sich nicht der Experte darauf konzentrieren, den technisch möglichst optimalen Weg zu beschreiten, um den Kunden an sein Ziel zu bringen? Der Festpreis unterstützt den traditionellen Weg, und das erinnert ein wenig an den Kampf des Don Quixote gegen die Windmühlen: Der Entwickler soll genau das umsetzen, was der Kunde anfordert – der aber kein technischer Experte ist.

  Der Agile Festpreisvertrag hingegen legt den Grundstein, um mit dieser Methode zu brechen. Der Kunde soll sich nicht auf das „Wie" konzentrieren, sondern auf das „Was". Der Lieferant hat dann die Freiheit, das „Wie" zu gestalten, und bekommt damit die Chance, das „Was" innerhalb des vereinbarten Maximalpreisrahmens umzusetzen.
- **Argument 2 – Prägnante Statistiken**
  Prägen Sie sich einige der Daten aus den Kapiteln 1 und 2 ein oder nützen Sie die unendlichen Weiten Ihres Smartphones, um solche Daten schnell zur Hand zu haben. Fragen Sie den Gesprächspartner, ob er weiß, dass sich der Umfang und damit die Leistungsbeschreibung eines zwei Jahre dauernden IT-Projekts meist um mehr als die Hälfte ändern. Und ob der Gesprächspartner vielleicht schon Erfahrungen gemacht hat, wie sie Bent Flyvbjerg und Alexander Budzier in der Harvard Business Review beschreiben (Flyvbjerg und Budzier 2011). Diese würden nämlich nahelegen zu überprüfen, ob das Unternehmen noch gesund ist, wenn eines der derzeit nach Festpreis laufenden IT-Projekte zu einem Black Swan wird (siehe Kapitel 1 und 2). Nein? Dann sollte man doch mal die Flexibilität retten und es mit neuen Vertragsformen versuchen.
- **Argument 3 – Bonusregelungen**
  Stellen Sie sicher, dass zu Beginn des Gesprächs alle Parteien übereinstimmen, das

Modell „Structure creates behavior“ zu leben und zu bejahen. Diskutieren Sie die aktuellen Anreizsysteme des IT-Einkaufs und wie sie sich eigentlich auf Basis eines Festpreisprojekts auf Ihr IT-Projekt bzw. IT-Budget auswirken.

- **Argument 4 – Transparenz**
  Kennen Sie die Situation: Bis kurz vor Abschluss werden IT-Projekte häufig im Status grün, vielleicht schon gelb dargestellt. Kurz vor Projektende sind plötzlich alle ganz aufgeregt und überrascht, es wird nur mehr über Status rot und Verzögerung gesprochen. Leider passiert das erst zu einem Zeitpunkt, an dem die verbleibende Zeit zu gering ist, um mit neuen Aktionen die Fehler bis zum Projektende ausbessern zu können. Im agilen Modell sehen Sie hingegen nach zwei Wochen und alle zwei Wochen qualitätsgesichert und transparent, was fertig ist und was nicht. Sie müssen sich also nicht mit prophetischen Projektfortschritten von 85 Prozent zufriedengeben. Dieser Unterschied kann zwei Ursachen haben:
  - Bei herkömmlichem Vorgehen gibt es einfachere Möglichkeiten der bewussten Verschleierung als bei einem Vorgehen, in dem anhand binär gemessener User Stories (fertig oder nicht fertig) der Fortschritt mitgeteilt wird.
  - Da die meisten Teile erst im letzten Drittel des Projekts getestet werden, können Kunde oder Tester erst zu diesem Zeitpunkt sehen, wie es um die Qualität bestellt ist. Wenn sich die schlechte Qualität dann durch mehrere Teile zieht, kommt die Information meistens zu spät. Auch hier bringt das agile Vorgehen den Vorteil der binären Kontrolle fertiger Inkremente – und fertig heißt, dass *alles* fertig ist.

9.2 Probleme des Gegenübers erkennen

Henning Wolf beschreibt sehr anschaulich, dass es bei Vorgehensweisen wie Scrum darum geht, ein Problem zu erkennen und etwas Neues auszuprobieren (Wolf et al. 2010). Oft passiert das aus einer Notsituation, und dass viele in Not sind, zeigen die Statistiken. Ein idealer Ausgangspunkt für die Diskussion ist es, wenn der Kunde bereits Bekanntschaft mit den Problemen herkömmlicher IT-Projektverträge gemacht hat. Der Ausgangspunkt können natürlich auch aktuelle Probleme des Kunden – zum Beispiel Liefertermine oder Qualität – in der Softwareentwicklung sein. Nicht nur den Statistiken, sondern auch unserer eigenen Erfahrung nach bringen die meisten Kunden eine solche „Problemgrundlage“ mit. Das Gesprächsklima muss aber einen offenen Erfahrungsaustausch erlauben. Die „Wirtshausatmosphäre“, wie sie Henning Wolf & Co beschreiben, ist natürlich ein praktisches Umfeld, um die ersten Ideen zu platzieren. Wichtig ist aber, dass der Kunde auch die Möglichkeit hat, selbst die Vorteile zu erarbeiten. Wenn man genau erklärt, wie zum Beispiel eine Checkpoint-Phase abläuft, wird auch das minimale Risiko eines Projekts nach dem Agilen Festpreisvertrag plastischer und greifbarer (oder man spitzt es so zu wie in Kapitel 1: „Wenn es Ihnen nicht gefällt, zahlen Sie auch nichts“). Von dieser Phase ausgehend sollte man ein Probeprojekt anbieten. Ohne Kooperation nützt aber das ganze Ausprobieren nichts. Daher müssen auch die Mitarbeiter dieses Probeprojekts auf Kundenseite mit der Idee vertraut gemacht werden.

Wenn der Kunde das „Wagnis“ eingehen und die neue Vertragsgestaltung ausprobieren will, werden Ihnen die Vorteile aus Kapitel 8 in die Hände spielen, und der erste Schritt in der Transition zum Agilen Festpreisvertrag ist gelungen. Wichtig ist aber, die Erwartungshaltung richtig zu setzen. Jede Veränderung zu einem neuen Vorgehen ist an den Deming Cycle – Plan, Do, Check, Act – gebunden. Je mehr Unterstützung es durch Experten in dieser ersten Phase gibt, desto schneller wird der Kunde den Agilen Festpreisvertrag als Grundlage für seine IT-Projekte einsetzen.

9.3 Eine gemeinsame Sprache und gemeinsame Erfahrungen etablieren

Sobald das gemeinsame Problembewusstsein vorhanden ist, geht es daran, weitere Grundlagen für eine erfolgreiche Implementierung zu schaffen. Gegenseitiges Verständnis setzt eine gemeinsame Sprache und eine gemeinsame Sichtweise auf die Vorteile agiler Methoden voraus. Wir gehen davon aus, dass es in den kommenden Jahren immer leichter wird, vom Selben zu reden und dabei auch das Selbe zu meinen, weil sich das Wissen zu agilen Methoden schnell verbreitet. Derzeit kann es aber noch notwendig sein, an diesem Punkt besonders intensiv zu arbeiten.

Sehr gute Erfahrungen haben wir mit zweistündigen Workshops gemacht. Zunächst werden innerhalb von 45 Minuten die grundlegenden Ideen agiler Methoden beschrieben und auch gleich die Erwartungshaltungen richtig gesetzt. Hier folgt eine exemplarische Aufzählung von Grundlagen der agilen Methoden und der Motivation, IT-Projekte nach solchen agilen Methoden durchzuführen:

- IT-Projekte haben eine extrem hohe Fehlerrate und stetige Veränderung ist eine der Ursachen.
- Die Anpassungsfähigkeit an Veränderungen ist ein Erfolgsmuster der Natur (Darwin 1860): „It is not the strongest of the species that survives, nor the most intelligent, it is the one most adaptable to change.“
- Anpassungsfähigkeit braucht schnelles Feedback – Plan, Do, Check, Act.
- Ineffizienz durch zu schnellen Kontextwechsel setzt eine untere Grenze.
- „Strictly time boxed“ schützt die Umsetzer vor einer zu hohen Änderungsrate. Agilität wird oft als „ich kann alles und jedes zu jeder Zeit ändern“ aufgefasst. Das bedeutet Agilität aber nicht.
- Analogieschätzungen sind schnell und effizient (erklärt am Beispiel Planning Poker).

Planning Poker & Ball-Point Game

Nach den ersten 45 Minuten des Workshops gibt es eine Gruppenarbeit. Das Team muss zum Beispiel die Kosten einer dreiwöchigen Urlaubsreise auf die Bahamas mit Planning Poker schätzen. Als Referenzstory dient eine Wochenendstädtereise. Die Teammitglieder mit den jeweils höchsten oder niedrigsten geschätzten Werten erklären ihre Argumente (Gloger 2016).

Diese erste Übung hebt die Aufmerksamkeitsspanne enorm. Die Teilnehmer können die Agilität wirklich spüren, weil sie ein Erfolgserlebnis haben. Nach dem Feedback geht es von der Schätzung in die Umsetzung. Hier hat sich ein Produktionsspiel mit Stressbällen erfolgreich etabliert. Die Teilnehmer bekommen eine Box voller Stressbälle und eine Aufgabe mit wenigen Anweisungen, zum Beispiel:

- Ein Ball zählt als ein Punkt, wenn ihn jeder Teilnehmer mindestens einmal berührt hat.
- Zwischen den Teilnehmern muss der Ball in der Luft bleiben.
- Der Ball darf nicht an den linken oder rechten Nachbarn übergeben werden.

Ziel ist es, so viele Punkte wie möglich in einer vorgegebenen Zeit zu „produzieren".

Das Team bekommt nun – zum Beispiel in sechs Durchläufen – jeweils eine Minute Zeit für Planung/Feedback und jeweils zwei Minuten, um zu produzieren. Typischerweise erreicht man in diesem Spiel nach einigen Durchläufen enorme Produktionsverbesserungen (400 % und mehr). Auch wenn man die Rahmenbedingungen während des Spiels ändert, passt sich das Team durch das ständige Feedback schnell an diese geänderten Bedingungen an.

Im Idealfall wird eine von mehreren Gruppen mit der Aufgabe betraut, diese Übung im herkömmlichen Festpreismodus durchzuführen. Sie darf also umfassend sechs Minuten planen und dann 12 Minuten produzieren. Auch hier werden nach der Hälfte der Zeit die Rahmenbedingungen geändert, während natürlich weiter produziert werden muss.

Erfahrungsgemäß liefert diese Übung einen guten Anreiz, um das Gelernte auch gleich an der aktuell zu lösenden Vertragsproblematik auszuprobieren. ■

9.4 Feature Shoot-out

Kapitel 8 bietet ein sehr detailliertes Bild zu den Vor- und Nachteilen der einzelnen Vertragsarten. Laden Sie Ihren Kunden auf ein „Feature Shoot-Out“ ein. Dabei handelt es sich um ein Abwägen der Vorteile unterschiedlicher Methoden, das heißt, jeder hat einen „Schuss“ für einen Vorteil. Wer zum Schluss noch steht, ist der Gewinner. Wenn sich der entsprechende Experte für IT-Verträge und IT-Projekte auf Kundenseite offen in diese Diskussion begibt, werden Sie sicher einige Diskussionen zu den einzelnen Vor- und Nachteilen der unterschiedlichen Vertragsformen führen. Die Tendenz, dass die Vorteile für den Kunden bei einem entsprechend komplexen IT-Projekt für den Agilen Festpreisvertrag sprechen, ist aber klar (siehe Kapitel 8) und wird auch in dieser Diskussion, sofern Sie es geschickt anlegen, deutlich zutage treten. Visualisieren Sie und benutzen Sie Flipcharts und Farben, um die Diskussion zu dokumentieren.

Richtig gesteuert ergibt sich am Ende einer etwa zweistündigen Session ein klares Bild am Flipchart: Jede der Vertragsarten mag ihre Berechtigung haben, aber das während der Diskussion gemeinsam erstellte Bild zeigt, dass man sich mit dem Agilen Festpreisvertrag auseinandersetzen muss, wenn man die Vorteile dieser Vertragsart nicht ignorieren will.

Nutzen Sie die Möglichkeit, um beim Kunden einen weiteren Kreis von Mitarbeitern von diesem – gemeinsam erarbeiteten – Resultat zu überzeugen. Bereiche in der IT, in denen Innovation seit jeher großgeschrieben wird, können sich dann kaum vor weiteren Schritten drücken. Denn warum soll man etwas deutlich Besseres nicht ausprobieren, nur weil man es nicht kennt?

9.5 Das Black-Swan-Szenario

Viele der Entscheider in IT-Projekten sind sich nicht bewusst, dass ihre derzeit laufenden oder geplanten IT-Projekte viel riskanter sind als angenommen. Unter eben diesem Thema haben 2011 Bent Flyvbjerg und Alexander Budzier einen Artikel in der Harvard Business Review veröffentlicht (siehe Kapitel 1). Zentrales Element sind die sogenannten „Black Swans“: jene Projekte, die bei ihrem Scheitern nicht nur Unsummen verschlingen, sondern auch Karrieren beenden und im schlimmsten Fall Unternehmen vernichten können. Das ist ein zentrales Argument, um das Bewusstsein für die nötigen Veränderungen zu wecken. IT-Manager müssen ihre Vorhaben einer Risikoanalyse unterziehen: Was kann in unserem spezifischen Umfeld passieren, wenn das größte IT-Projekt 400 Prozent über dem veranschlagten Budget landet? Und was kann man tun, um das zu vermeiden? Ist Ihr Kunde sich des Ausmaßes dieses Risikos bewusst und führt er solche Risikoanalysen durch? Egal, ob das der Fall ist oder nicht, er sollte eine Umstellung auf Agile Festpreisverträge speziell für diese Fälle in Betracht ziehen.

Bei herkömmlichen Festpreisprojekten wächst der Schaden ab einem bestimmten „Point of no return“. Das agile Vorgehen und der Agile Festpreis als erster Schritt in diesem Prozess maximieren die Transparenz und die Wertschöpfung. Risiken werden minimiert und extreme Schäden erst gar nicht ermöglicht.

9.6 Workshop zum Vertrags-Setup

Der alte Spruch ist immer noch gültig: Ein Bild sagt mehr als tausend Worte. Zeichnen Sie gemeinsam ein Bild eines IT-Projekts basierend auf dem Agilen Festpreisvertrag in Form eines konkreten Beispiels (eventuell einer herkömmlichen Vertragsform gegenübergestellt). Sie können dafür die Beispiele aus Kapitel 10 heranziehen oder – was zu bevorzugen ist – sich ein konkretes Beispiel im passenden Kontext für diesen Kunden aussuchen. Dieses spezifische Beispiel lässt sich in einem eintägigen Workshop erarbeiten. Mit einem konkreten Beispiel an der Hand nimmt das für „agile Neulinge" zunächst theoretische Thema innerhalb weniger Stunden praktische Formen an.

Machen Sie vor dem Workshop klar, für welche IT-Projekte dieser Vertrag welche deutlichen Vorteile bietet und für welche (stark standardisierten) Projekte auch der herkömmliche Festpreisvertrag nach wie vor eine valide Möglichkeit darstellt.

Der Workshop gliedert sich in folgende Teile:

1. **Skizze des Beispiels nach herkömmlicher Methodik (ca. 150 Minuten):**
   a) Die Vision, die dahinterliegenden Themen und in Stichworten die Epics, die Ihnen im vorgegebenen Zeitrahmen in den Sinn kommen, werden notiert. Nutzen Sie für diese Übung drei bis vier Flipcharts oder ein großes Whiteboard. Halten Sie den Aufwand fest, der dafür nötig war, die Vision und erste Themen und Epics zu skizzieren (z. B. 20 Minuten) und wie viel noch nötig wäre, um diese High-Level-Beschreibung des Vertragsgegenstands ordentlich abzuschließen (z. B. 8 Stunden).

   b) Nun wird ein kleiner Teilbereich des Beispiels – oder ein Teil eines Epics – herausgehoben und genau spezifiziert. Wählen Sie dafür eine passende Form der Visualisierung (z. B. Flipchart, Beamer), damit alle Teilnehmer nachvollziehen können, was Sie tun. Geben Sie dieser Übung 20 Minuten Zeit und schätzen Sie, was noch zu tun ist, um für ein gesamtes Epic die gesamten User Stories zu spezifizieren (z. B. 5 Tage).

   c) Dann schätzen Sie den Aufwand, der nötig wäre, um diese Detailspezifikation für alle Teile des Projektumfangs durchzuführen (z. B. 200 Tage).

   d) Hinterfragen Sie kritisch, bei welchen Teilen der Kunde noch Unsicherheiten oder Veränderungspotenzial über die Projektlaufzeit ortet, und vermerken Sie die Antworten in Prozentwerten bei den Themen und Epics (im Durchschnitt z. B. 40 %). Versuchen Sie hier, mit gezielten Fragen realistische Werte zu erlangen. Wählen Sie mit dem Kunden am besten ein Thema, bei dem Sie wissen, dass Sie die richtigen Fragen stellen können.

   e) Summieren Sie den Aufwand für die Spezifikation und die Prozentwerte. Notieren Sie plakativ den Aufwand (z. B. die 200 Tage von oben), der nun geleistet werden müsste, um etwas zu erstellen, das sich um x Prozent (40 % im obigen Beispiel) ändert. Ziel ist es hier klarerweise, den Workshop so realistisch zu gestalten, dass hohe Werte entstehen.

   f) Zeigen Sie anhand von Beispielen für Annahmen im Angebot des Lieferanten, wie er sich leicht aus dem Risiko manövrieren kann.

   g) Nehmen Sie einen Gesamtaufwand an, den ein Lieferant in einem Festpreis abgeben könnte, und einen möglichen Lieferzeitraum. Es geht hier nicht darum, den wirklichen

Aufwand zu treffen, sondern eher einen Euro-Wert und Monate Durchlaufzeit für die weitere Illustration zu haben.

h) Skizzieren Sie kritische Situationen im Projekt (Beispiele finden Sie in Kapitel 10) und stellen Sie dar, wie unflexibel – im realen Projekt – der herkömmliche Festpreisvertrag beim Finden von Lösungen ist. Überschlagen Sie Mehrkosten und Verzögerungen aufgrund dieser kritischen Situationen. Wie wird mit den x Prozent an Änderungen umgegangen? Was passiert, wenn die Qualität bei Übergabe an den Kunden nicht den Erwartungen entspricht?

i) Errechnen Sie die x Prozent der Änderungen und Unsicherheiten auf einen angenommenen Gesamtaufwand, wobei die Kosten für die Änderungen im Projekt im Vergleich zu den Kosten im vertraglich fixierten Festpreisumfang als doppelt so hoch angegeben werden (d.h. wenn man einen Festpreis von 2 Mio. EUR vereinbart hat und sich 25% am Umfang ändern, sind dies nicht Mehrkosten in der Höhe von 500 000 EUR, sondern doppelt so viel, nämlich 1 Mio. EUR). Regiearbeit ist immer teurer!

j) Schließen Sie ab, indem Sie die Fakten zusammenfassen: „Wir haben ein Projekt nach dem herkömmlichen Festpreisvertrag mit Y Tagen Aufwand spezifiziert – mit dem Wissen, dass die Details zu x Prozent des Umfangs noch nicht ausreichend bekannt sind. Daraufhin haben wir ein Projekt auf Basis eines Vertrags durchgeführt, der den Projekterfolg nicht unterstützt hat und somit ein Projekt geliefert, das den Zeitrahmen um die in Punkt e) angenommenen Prozent überschritten und die Kosten um die aus Punkt e) und i) resultierenden Werte überzogen hat."

k) Stellen Sie nun kurz dar, was im schlimmsten Fall hätte passieren können: noch viel höhere Kosten, massiver Aufwand, entgangener Umsatz, Mehrkosten am bestehenden System usw.

l) Zum Abschluss stellen Sie sicher, dass die wichtigsten Informationen auf einem Flipchart zusammengefasst vorliegen.

2. **Scope im Agilen Festpreisvertrag (15 Min.):**
Stellen Sie dar, wie in Punkt 1a) die Arbeit eigentlich schon erledigt bzw. abgeschätzt wurde. Punkt 1b) zeigt, welcher Aufwand für ein paar Referenz-User-Stories nötig wäre (z.B. 5 Tage). Halten Sie den Aufwand für das Erstellen der Spezifikation fest (wieder für alle sichtbar am Flipchart).

3. **Die Hauptkomponenten des Agilen Festpreisvertrags für dieses Beispielprojekt (45 Min.):**

a) Verwenden Sie die Vertragsvorlage und erklären Sie die einzelnen Komponenten (Kapitel 3 unterstützt Sie in der Argumentation). Der Kunde soll das Gefühl bekommen, dass hier sinnvolle Prozesse einfach beschrieben bereits vorliegen.

b) Festlegen der wesentlichen Vertragsparameter aus dem Agilen Festpreisvertrag (angenommener Riskshare etc.)

4. **Vergessen Sie nicht die Pause!**

5. **Die Standardsituationen im Projekt beispielhaft durchspielen (30 Min.):**
Betrachten Sie mithilfe von Kapitel 10 einen Projektverlauf nach dem agilen Vorgehen. Der Kunde soll erkennen, wie gut der Vertragsprozess den agilen Entwicklungsprozess unterstützt. Werden Sie nicht müde, Instrumente für das Einhalten des Budget- und Zeitrahmens wie zum Beispiel (Ex)Change for Free und Qualitätssicherung anhand dieses Beispiels zu betonen.

6. **Konkrete Ausnahmesituation konstruieren und durchspielen (60 Min.):**
Bereiten Sie aus den vielen Beispielen in Kapitel 10 und unterstützt von den Argumentationen in diesem Buch Ausnahmesituationen vor, die Sie leicht auf das konkrete Projekt anwenden können. Stellen Sie zum Beispiel dar, dass kein Mehraufwand entsteht, wenn sich noch nicht in der Umsetzung befindliche Anforderungen gegen wichtigere austauschen lassen. Skizzieren Sie, dass im Projekt bereits nach zwei Wochen erkannt wird, ob sich ein Qualitätsproblem eingeschlichen hat. Am besten betrachten Sie die gleiche Situation wie in Punkt 1. Notieren Sie wieder jeweils den Verzug und den Mehraufwand, der sich ergibt. Zeigen Sie auf, wie die Umsetzung anhand der vereinbarten Grundprinzipien der Zusammenarbeit, aber auch des Umfangs (der Vision) wieder in die richtige Bahn gebracht werden kann.
7. **Projektende nach dem neuen Vorgehen simulieren (30 Min.):**
   a) Fassen Sie zusammen, in welchem Zeitrahmen, mit welchem Mehraufwand, mit welcher Qualität und mit welchen Vorteilen das Projekt abgeschlossen werden konnte. Zeigen Sie aber auch, was im Worst Case passiert wäre: wenn das Projekt abgebrochen oder an einen anderen Lieferanten übertragen worden wäre, nachdem für die bereits getätigte Investition ein Business Value geliefert wurde.
   b) Fassen Sie die wesentlichen Informationen wieder auf einem Flipchart zusammen.
8. **Retrospektive unter den Teilnehmern des Workshops und Abschluss (60 Min.):**
Planen Sie ausreichend Zeit ein, damit jeder Teilnehmer des Workshops seine Meinung zum Thema deponieren kann. Nutzen Sie Standardtechniken der Gruppendynamik, um die Fragen richtig zu platzieren und mit dem richtigen Gruppenmitglied zu beginnen – oder besser noch laden Sie einen Profi ein, der Sie bei der Moderation des Workshops unterstützt.

Das Ergebnis dieses Workshops stellt in vereinfachter Form das gesamte Vertrags-Setup nach dem agilen Modell dar. Außerdem ist der Kunde nun mit einem Arsenal an Argumenten zu einem Beispiel ausgestattet, das ihm vertraut ist. Das hilft ihm, auch innerhalb der Organisation die neuen Vorgehensweisen und ihre vertragliche Basis verständlich zu erklären. Einige der Beispiele zeigen sehr deutlich, wie Horrorszenarien des traditionellen Vorgehens mit dem Agilen Festpreisvertrag stark entschärft werden können.

Mit der Simulation des Projektendes können Sie dem Kunden das gute Gefühl des positiven Abschlusses geben. Außerdem treten wesentliche Vorteile des Agilen Festpreisvertrags vor allem am Ende eines Projekts in Erscheinung, zum Beispiel:

- Die Qualität ist ständig transparent und zum Projektende gesichert.
- Konzentration auf die wichtigen Features und Generierung des maximalen Business Values.
- Das Projekt kann auch schon früher erfolgreich abgeschlossen und das Budget sogar unterschritten werden.

Die Retrospektive hilft Ihnen, die Stimmung einzufangen, Unsicherheiten zu identifizieren und zu adressieren. Jede dieser Retrospektiven bringt auch Ihnen als „Botschafter“ des Agilen Festpreisvertrags mehr Wissen und weitere Betrachtungsweisen, die Sie für erfolgreiche Transitionen brauchen.

Ein Hinweis: Passen Sie die vorgeschlagenen Zeitspannen Ihrem Moderationsstil, der Gruppe und dem Vorwissen der Teilnehmer an! Der Workshop kann auch zwei Tage dauern!

9.7 Reports und Metriken

Einer der wesentlichen Aspekte des agilen Modells ist, dass der Kunde stets über den aktuellen Status des Projekts informiert wird. Dabei meinen wir nicht High-Level-Projektstatusberichte, denen drei bis zehn Meilensteine mit ungefähren Prozentsätzen des Fortschritts hinterlegt sind. Die Rede ist von einer Entwicklungsmethodik, die es erlaubt, den Fortschritt in kleinen Einheiten binär zu messen (fertig oder nicht fertig). Darauf basierend werden vertraglich die Reports vereinbart, die in regelmäßigen Abständen übermittelt werden.

Wir bieten Ihnen an dieser Stelle einige Beispiele, wie solche Open-Book-Ansätze in der Praxis aussehen können.

9.7.1 KISS Backlog View

Das Backlog ist das zentrale Element der agilen Softwareentwicklung. Darin haben alle Beteiligten vom Top-Management abwärts Einblick. Nach dem Motto KISS (Keep it simple, stupid) kann man den Status direkt auf Basis des Backlogs betrachten. Tabelle 9.2 veranschaulicht diese Methode. Die Backlog Items werden dem geplanten Sprint zugeordnet. Vertraglich wird ein „Umrechnungskurs" Storypoints zu Teamkosten vereinbart. Das ist vertraglich notwendig, wenn auch das Scrum-Team weiter rein auf Storypoints arbeitet. Der Umrechnungskurs, der von den angebotenen Teamkosten abgeleitet wird, ist vertraglich natürlich relevant. Den Kunden interessiert schließlich, was ein Team kostet, das für ihn eine gewisse Komplexitätseinheit innerhalb von zwei Wochen realisiert. Wer in diesem Team sitzt und wo er sitzt, ist interessant für die Auswahl, während des Projekts aber irrelevant und ein Problem, um das sich der Auftragnehmer kümmern muss.

Man sieht in der Tabelle zu jedem Zeitpunkt, welche Funktionen schon geliefert wurden und was der Kunde auch schon abgenommen hat. Dank der Storypoints kann der Aufwand hochgerechnet werden.

Tabelle 9.2 Backlog-Darstellung für den Statusreport

Priorität	Backlog Item	Typ	Storypoints	Sprint	Abgenommen
1000	Create User	User Story	8	03-2012	Ja
995	Search User	User Story	5	03-2012	Ja
990	Delete User	User Story	3	04-2012	
985	Manage User Requests	Epic	21	05-2012	
980	Manage User Roles	Epic	13	06-2012	
	...				

Zusätzlich zu dieser Tabelle sollten auch die Velocity der letzten Sprints und die verbrauchten Personentage bzw. Teamkosten eingeblendet werden. Es muss eine offene Diskussion entstehen können, wenn aus irgendeinem Grund der tatsächliche Verbrauch von Personentagen bzw. Punkten über dem geplanten Verbrauch liegt (zum Beispiel, weil weniger erfahrene Entwickler im Team sind). Das Steering Board trifft auf dieser gesicherten Informationsbasis eine Entscheidung. Durch den Riskshare werden beide Parteien von den kommerziellen Konsequenzen dieser Entscheidung beeinflusst.

Teammetrik

Auf Teamebene können IT-Tools das Erfassen und Darstellen von Aufwänden im Projekt unterstützen. Das Beispiel in Bild 9.1 zeigt dem Kunden deutlich, in welchem Ausmaß das Team an projektrelevanten Tasks gearbeitet und wo das Team zum Beispiel an Produktverbesserungen mitgewirkt hat, die nicht in verrechenbare Leistungen des Projekts fallen.

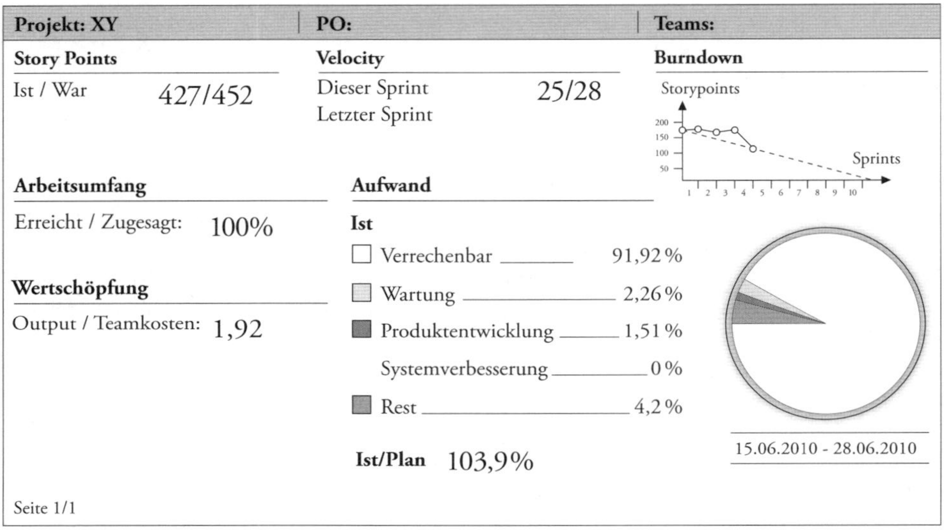

Bild 9.1 Statusreport des letzten Sprints

9.7.2 Fokussieren: Es gibt ein Ziel!

In IT-Projekten wird oft eine ganze Reihe von Zielen verfolgt. Viele Projektmitglieder mit vielen Zielen führen unweigerlich dazu, dass die Effizienz abnimmt. Zusätzlich wird beim Vorgehen nach dem agilen Modell die Priorisierung der Themen immer schwieriger, Interessen und Politik treffen aufeinander.

Ein Weg, um dieses Problem zu lösen, ist *ein* Ziel zu fixieren! Genau eines und nur eines. Das Ziel sollte den höchsten Geschäftswert haben und ausschlaggebend für den Projekterfolg sein. Oft lautet das Ziel „Go-Live der neuen Software (und Abschalten des Altsystems)" oder Umsetzung der Vision bis zu einem gewissen Datum. Damit hat man plötzlich ein Werkzeug gefunden, mit dem man recht einfach zwischen „Must haves" und allen anderen Prioritäten unterscheiden kann.

Das bedeutet nicht, dass dieses eine Ziel den Vertragsgegenstand definiert. Aber es konzentriert die Kräfte auf eine klar definierte, gemeinsame Stoßrichtung. Mit einem so einfach formulierten Ziel können auch die verschiedenen Ebenen in der Projekt-Governance Entscheidungen treffen. Wie wichtig *ein* Ziel ist, kann in fünf Minuten erklärt werden, während die Erläuterung komplexester Zusammenhänge oft nie zu einem Ziel führt.

> Wenn unklar ist, ob und was aus dem Umfang des Vertragsgegenstands entfernt werden kann, ist normalerweise der Kunde nicht bereit, Komplexität zu reduzieren. Andererseits kann der Lieferant mit Change Requests zusätzlich verdienen. Das macht die Sache noch schwieriger. Mit der Frage, ob einzelne Punkte tatsächlich zur Erfüllung des primären Projektziels unbedingt erforderlich sind (z. B. Go-Live des neuen Systems), kann die Diskussion auf Fakten reduziert und auf diese Weise gelöst werden.
>
> Dazu kommt, dass beide Parteien am Riskshare beteiligt sind. Sie haben sich nicht absolut unwiderruflich verpflichtet, aber sie haben einem Prozess vertraglich zugestimmt. Daher werden auch alle auf das gleiche Ziel zusteuern.

9.8 Der Agile Festpreis für Großprojekte

Ein Aspekt, der in unseren Diskussionen rund um den Agilen Festpreis immer wieder aufkommt, ist die Betrachtung, wie eine Projektsteuerung nach dem Agilen Festpreis eigentlich in großen Organisationen und Großprojekten funktionieren kann. Speziell die Strukturen und die Erarbeitung der Anforderungen sorgen hier auf Seiten des Auftraggebers für Bedenken.

In Anlehnung an die Ausführungen von Dean Leffingwell (Leffingwell 2011) und dem von ihm erarbeiteten SAFe® Framework sehen wir diese dort beschriebene Unterteilung der unterschiedlichen Ebenen als oft hilfreiches Instrument an, die Agilität, aber auch den Agilen Festpreis in großen Unternehmen und Projekten zu etablieren. Bild 9.2 illustriert diesen Ablauf. Im Wesentlichen sagt dieser Prozess aus, dass man auf Portfolio-Ebene ein Backlog an Themen (ggf. schon Epics) sammelt und priorisiert. Dies sind meist Fachbereichsthemen, können aber auch Architekturthemen sein. Diese Themen werden über ein plattformübergreifendes Anforderungsmanagement in Themen und Epics für das Produkt- bzw. Plattform-Level verteilt und koordiniert.

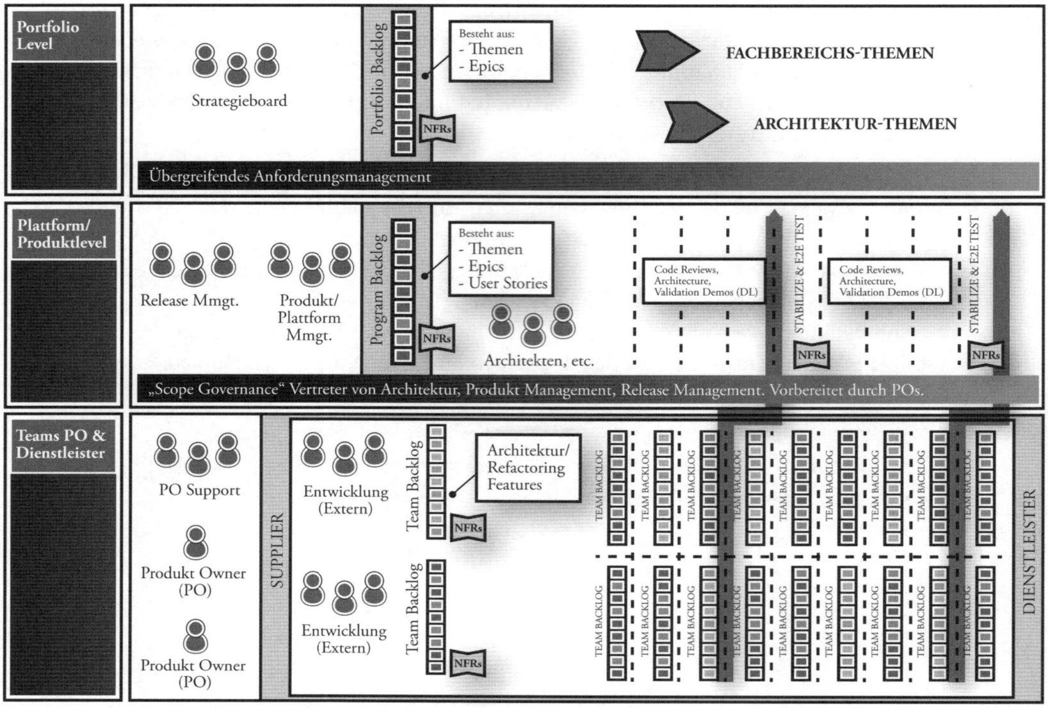

Bild 9.2 Mehrschichtiges Modell für Anforderungsmanagement im Agilen Projekt

Auf Plattform-Level wird ein Program Backlog gewartet, die Themen werden in Epics und User Stories ausgearbeitet und in einen Release Plan gebracht. Innerhalb dieses Release Plans arbeiten dann die Teams (des Dienstleisters, aber ggf. mit einem Product Owner auf Kundenseite) an der Erstellung der Software-Inkremente.

Im Agilen Festpreis reicht es demnach, wenn man auf Plattform-Level Themen und Epics mit den entsprechenden Rahmenbedingungen und gemeinsamen Annahmen ausschreibt. Der oder die Dienstleister liefert dann iterativ nach definierten Qualitätskriterien abgenommene Software-Inkremente, die zu Releases geformt und abgestimmt mit anderen Plattformen in Produktion genommen werden.

Die Koordination dieser Ausschreibung, aber auch der Projektdurchführung ist keine einfache Sache, aber speziell die Strukturierung der Anforderungen nach Themen, Epics und User Stories und Einbettung in gewohnte Organisationsstrukturen ermöglicht es, einen Prozess zu etablieren, der auch diese Großprojekte nach dem Agilen Festpreis ausschreibbar und koordinierbar macht.

Stimmen aus der Praxis

Jörg Steinbauer, Vice President für Architektur und Advisory bei Infonova, sieht den Agilen Festpreis mit eben solchen Erweiterungen für große Organisationen als essenzielle Verbesserung des Status quo, wie er in einem Gespräch im April 2014 bestätigt hat:

„Wir haben in den letzten Monaten führende Unternehmen im Umgang mit dem Agilen Festpreis beraten und es ist meist nicht ganz einfach, dieses Modell auf die vorhandene Organisationsstruktur und -kultur zu legen – oder umgekehrt. Genau solche Modelle wie unterschiedliche Ebenen in der Erstellung eines freigegebenen Program Scopes sind wichtige Hilfsmittel für die Akzeptanz des Agilen Festpreises und dafür, dass mehr und mehr Unternehmen den Mehrwert dieser neuen Vorgehensweise erkennen und nützen können."

10 Beispiele aus der Praxis

In diesem Kapitel wollen wir Ihnen die Vorteile des Agilen Festpreisvertrags anhand von praktischen Beispielen zeigen. Im ersten Beispiel zeigen wir, wie ein Agiler Festpreisvertrag angewandt wurde und welche Vorteile für den Kunden entstehen. Dieses Beispiel ist sehr kompakt und gibt einen schnellen Eindruck. Die Beispiele 2 und 3 sind detaillierter dargestellt und diskutiert. Zunächst beschreiben wir auch darin die Situation des Kunden. Danach stellen wir die Vertragsgestaltung und den Projektverlauf bei der Anwendung herkömmlicher Vertragsformen dar – wie würde das Projekt also im Rahmen des Festpreis- oder Time & Material-Vertrags ablaufen? Dann wechseln wir die Perspektive und beantworten die Frage, wie dieses Projekt auf Basis eines Agilen Festpreisvertrags aufgesetzt werden kann. Wir werfen aber auch einen Blick auf die positiven Auswirkungen auf die partnerschaftliche Zusammenarbeit im Projekt. Wir weisen darauf hin, dass diese Beispiele für die breite Leserschaft dargestellt werden – einem IT-Projektleiter mögen diese zu stark vereinfacht scheinen. So wie in den anderen Kapiteln haben wir aber auch hier darauf geachtet, dass jedes Spezialgebiet auch für die anderen Gewerke lesbar ist, die ein IT-Projekt beeinflussen.

Trotz des ähnlichen strukturellen Aufbaus wollen wir bei jedem Beispiel auf andere Facetten der Vertragsarten eingehen. Das schafft Übersichtlichkeit, weil nicht sämtliche Aspekte in einem Fall verdichtet werden müssen. Sie sollten in jedem Beispiel interessante Punkte entdecken, die für Sie vielleicht in Ihrer konkreten beruflichen Situation relevant sind.

10.1 Beispiel 1 – Entwicklung eines innovativen Produkts

Für dieses Beispiel haben die Saubermacher Dienstleistungs AG (Kunde) und die denovo GmbH (Lieferant) einer namentlichen Nennung zugestimmt.

10.1.1 Ausgangssituation

Der Kunde hatte die Anforderung, innerhalb kurzer Zeit ein Minimum Viable Product (MVP) eines ganz neuen Produkts zu realisieren. Zwar war die grundlegende Idee klar und anhand eines Prototyps (Mockup) dokumentiert, viele Details im Projektscope waren aber noch offen. Sie konnten sich erst im Projektverlauf klären lassen, wenn Testversionen mit potenziellen Kunden/Usern verifiziert würden. Das Budget für das Produkt war in dieser Version jedoch fix. Zusätzliche Komplexität ergab sich dadurch, dass das Produkt aus Apps und einem Backend bestand und der Kunde das Backend inklusive API selbst entwickeln wollte. Für das umsetzende Unternehmen ergab sich aus der Kombination eines nur auf hohem Level vorhandenen Scopes und dem Wunsch nach Eigenentwicklung der API ein hohes Risiko. Natürlich traf dieses Risiko auch den Kunden, denn hinter der Einführung des Produkts stand ein straffer Zeitplan. Aus einem Projektmisserfolg würden sich erhebliche Verzögerungen ergeben.

10.1.2 Vorgehen

Der Lieferant wurde vom Kunden zur Angebotsabgabe eingeladen. Es war aber nicht eine herkömmliche Angebotsabgabe mit einer Detailspezifikation und Festpreisabgabe. Stattdessen wurde der High-Level-Scope an vier potenzielle Lieferanten ausgesendet, mit dem Zusatz, dass dieses Projekt agil und nach dem Prinzip des Agilen Festpreises geliefert werden müsse. Der nächste Schritt sei ein Scoping mit dem Kunden. Dieser gemeinsame Workshop solle die Rahmenbedingungen und Unsicherheiten so weit eingrenzen, dass im Anschluss ein Festpreisrahmen abgegeben werden könne. Zwei der vier Lieferanten erklärten, dass sie zu diesem Vorgehen nicht bereit seien und waren damit aus dem Rennen: Sie konnten die Anforderung des Scope-Workshops und der Lieferung einer ersten lauffähigen Version innerhalb von vier Wochen nicht erfüllen. Bei den verbleibenden zwei potenziellen Lieferanten handelte es sich um kleinere Entwicklungsunternehmen, die mit dem Thema Agilität sehr vertraut waren. Sie nahmen den Workshop-Vorschlag wohlwollend an, um ihre Expertise zeigen zu können. Mit jedem Anbieter wurde also ein separater Workshop durchgeführt – das ist eine leichte Abweichung zum in diesem Buch beschriebenen Vorgehen. Möglicherweise wäre ein gemeinsamer Workshop noch effizienter, wenn auch etwas kompetitiver gewesen.

Im Scoping-Workshop wurden die grundlegenden Epics für das MVP gemeinsam mit dem Kunden ausgearbeitet und vor allem mit Abgrenzungen und Rahmenbedingungen versehen. Anschließend wurde mit Magic Estimation ein Richtwert für das Budget geschätzt. Basierend auf dem tatsächlichen Budget wurden die User Stories für das MVP definiert und priorisiert bzw. die Lieferanten schlugen gewisse Abgrenzungen vor, um mit dem geringsten Aufwand den maximalen Nutzen zu erreichen. Damit konnten die Stories mit dem höchsten Business Value für den Kunden im Budget für das MVP untergebracht werden.

Nach dem erfolgreichen Workshop und einem Angebot, basierend auf den Kernelementen des Mustervertrags in diesem Buch, wurde das Projekt zunächst nicht an die denovo GmbH, sondern an den anderen Lieferanten vergeben. Innerhalb der Checkpoint-Phase stellte sich allerdings heraus, dass die Zusammenarbeit nicht optimal funktionierte. Der Kunde bezahlte die bis dahin entstandene funktionierende Software. Ohne wesentlich Zeit zu verlieren, wurde die Software vom zweitgereihten Lieferanten weiterentwickelt. Der Kunde hatte sich ursprünglich aufgrund der Unternehmensgröße gegen die denovo GmbH entschieden, weil es als Risiko eingeschätzt wurde. Wie sich herausgestellt hat (und wie wir es auch in anderen Projekten immer wieder erleben), ist die Größe eines Unternehmens aber kein wirkliches Kriterium für funktionierende qualitative Software. Da der Kunde die API selbst entwickeln wollte, ergab sich für den Lieferanten ein höherer Abstimmungsaufwand, der aber durch geeignete Collaboration-Tools (z.B. Slack) effizient gehandhabt werden konnte. Missverständnisse konnten durch die nahtlose Kommunikation mit den Entwicklern auf Kundenseite schnell ausgeräumt werden.

Selbstverständlich traten wie in jedem Projekt Änderungen im Scope auf, die durch das Exchange-for-free-Vorgehen abgebildet und im Rahmen eines Scope-Governance-Prozesses geregelt wurden. Der Kunde konnte jederzeit User Stories im Backlog umpriorisieren und neue User Stories hinzufügen. Die Sprint Plannings, Backlog Groomings und Sprint Reviews wurden mit dem Kunden vor Ort durchgeführt, Scope-Änderungen wurden in fixen Intervallen mit dem Scope-Governance-Team besprochen und beschlossen. Dadurch ergab sich ein sehr enger Kontakt, denn die Experten des Lieferanten waren oft mehrmals pro Woche direkt beim Kunden. Gerade im gemeinsamen Backlog Grooming wurden öfter neue User Stories identifiziert, an die vorher – wie es oft so ist – niemand gedacht hatte. Diese wurden als Vorbereitung für die Scope-Governance besprochen und ein Vorschlag erarbeitet. Im Zuge dessen wurden die Stories vom Lieferanten auf deren Komplexität geschätzt (das ganze Projekt wurde natürlich in Storypoints abgewickelt) und eine andere User Story in gleichem Ausmaß wurde dafür im Backlog nach unten priorisiert. Nur in den seltensten Fällen wurden zusätzliche Storypoints beauftragt.

Durch die Priorisierung der User Stories nach Business Value konnte das MVP zum geplanten Release-Termin veröffentlicht werden, gleichzeitig wurden unwichtigere Dinge gegen solche mit mehr Wert ausgetauscht. Möglich wurde das durch die vollkommene Transparenz im Entwicklungsprozess und die direkte Kommunikation mit dem Kunden. Dadurch verlief die Abstimmung so effizient wie möglich und es traten kaum Missverständnisse zwischen dem Kunden und dem Entwicklungsteam auf. Der Kunde hatte die Möglichkeit, jeden Tag den aktuellen Entwicklungsstand zu bekommen und zu testen. Darüber hinaus war ein interner Release zum Kunden alle zwei Wochen fixer Bestandteil des Entwicklungsprozesses. Nach dem gemeinsamen Sprint Review konnte der Kunde entscheiden, ob er bereits diese Version releasen oder gebündelt mit dem nächsten Sprint die nächste Version veröffentlichen wollte. Unterstützt wurde das durch das aufgesetzte System für Continuous Integration und Continuous Delivery, mit dem auch spontane Entscheidungen umgesetzt werden konnten.

10.1.3 Kritische Situationen

Es wäre vermessen zu behaupten, dass dieses Projekt ohne Probleme abgewickelt wurde. Allerdings konnten Ungereimtheiten durch den Prozess des Agilen Festpreisvertrags immer wieder sehr schnell transparent gemacht und geklärt werden. Zwei der wesentlichsten Punkte waren folgende:

- *Kundenwunsch nach mehr Funktionalität im MVP:* Im Rahmen der Entwicklung und der Vorbereitung der Markteinführung kamen Begehrlichkeiten auf, dass im MVP noch dieses und jenes mehr an Funktionalität beinhaltet sein sollte – weggelassen konnte aber nichts werden. Im Scope-Governance-Team war man aber aufmerksam genug, um gegenzusteuern: Allen Beteiligten wurde wieder bewusst gemacht, dass man die tatsächlich notwendigen Funktionalitäten erst im Echtbetrieb erkennen konnte. So wurde das gesamte Team wieder darauf eingeschworen, mit einem wirklichen MVP live zu gehen.
- *Überhöhte Schätzung neuer Stories im Projektverlauf:* Teilweise wurde beobachtet, dass neue Stories etwas mehr Storypoints hatten, als der Kunde von solchen Stories erwartet hatte. Der erste Unmut darüber wurde sofort im Scope-Governance-Gremium besprochen und es stellte sich fast immer heraus, dass gewisse Unsicherheiten des Lieferanten durch etwas höhere Schätzungen eingepreist wurden. Im Zuge der Diskussionen konnten diese Unsicherheiten im Prozess ausgeräumt und ab diesem Zeitpunkt vermieden werden.

10.1.4 Projektabschluss

Nachdem das MVP entwickelt und erfolgreich veröffentlicht worden war, blieben aus den Depriorisierungen noch einige User Stories im Backlog übrig. Dazu kamen aus dem Echtbetrieb beinahe wöchentlich weitere Anforderungen direkt von den Endkunden. Daher wurde vereinbart, auf Basis weiterer kleiner, monatlicher Agiler Festpreise in Vier-Wochen-Produktinkrementen weiterzuarbeiten. Noch heute befinden sich im Backlog ursprüngliche User Stories, die aus Sicht des Projektteams sicher ihre Berechtigung hatten, sich im Business Value aber nie durchsetzen konnten. Seither wurden viele weitere Produktinkremente umgesetzt und aus der Zusammenarbeit ist eine für beide Seiten positive Partnerschaft geworden.

Das Projekt aus Sicht des Umsetzers: „Es war von Vorteil, dass der Kunde sich mit dem Agilen Festpreis bereits auseinandergesetzt hatte. Dadurch hatten wir ab dem ersten Gespräch die gleichen Vorstellungen und Ziele für das Projekt und hatten sofort eine gemeinsame Gesprächsbasis. Wir mussten auch nicht erst erklären, wie wichtig Sprint Plannings, Backlog Groomings und Sprint Reviews bzw. generell die intensive Mitarbeit des Kunden in agilen Projekten ist – dieses Verständnis war bereits vorhanden.

Das Projekt aus Sicht des Kunden: „Bemerkenswert ist, dass wir seit Monaten mit einem Produkt erfolgreich im Betrieb sind, in dem einige ursprüngliche Funktionalitäten gar nicht umgesetzt sind. Das zeigt, dass die Fähigkeit eines Unternehmens, beinhart zu priorisieren, wesentlich ist, um den agilen Festpreis bzw. die Vorteile der Agilität wirklich zu nutzen. Wer ständig darauf beharrt, dass alle ursprünglichen Anforderungen noch immer genauso wichtig sind wie alles Bestehende, wird nicht viele erfolgreiche IT-Projekte erleben! Der Lieferantenwechsel nach der Checkpoint-Phase ist in der Theorie nett und hat sich in diesem Projekt als wertvoller Spielraum erwiesen. Lieber frühzeitig erkennen, dass im Setup etwas geändert werden muss, statt viel Geld für etwas auszugeben, das man schon nach kurzer Zeit als nicht optimal erkannt hat."

Willibald Erhart, Leiter der Abteilung Smart Services bei Saubermacher (bzw. nun der pink robin gmbh, nachdem das Produkt ausgegründet wurde), sagt dazu: „Ohne den Agilen Festpreisvertrag hätten wir weder so schnell in das Projekt starten können noch hätten wir die

Flexibilität gehabt, das während des Projekts Gelernte sofort in adaptierte Anforderungen und neue Priorisierung einfließen zu lassen! Unser gesamtes Team war sehr gefordert, da man für diese Art des Arbeitens die Abstimmungsiterationen und Lieferungen jedes Sprints sehr konsequent einhalten muss. Durch die Offenheit und geförderte Transparenz war die Arbeit aber sehr positiv und es ist überwältigend, welch tolles Produkt hier in so kurzer Zeit entstanden ist."

10.2 Beispiel 2 – Softwareintegration in einem Migrationsprojekt

Dieses Beispiel beruht wie die anderen in diesem Buch auf einer von uns begleiteten Projektsituation. Um die Geheimhaltung zu wahren, haben wir die Inhalte stark vereinfacht, adaptiert und leicht geändert. Das Migrationsprojekt, um das es in diesem Beispiel geht, wurde nach agilen Methoden auf Basis eines Agilen Festpreisvertrags umgesetzt. Dasselbe Migrationsprojekt war einige Jahre zuvor nach dem Wasserfallprinzip durchgeführt und auf Basis des herkömmlichen Festpreisvertrags geliefert worden. Also können wir uns in diesem Fall sehr genau ansehen, was bei unterschiedlichen Vorgehensweisen und Vertragsgrundlagen geschehen kann. Wir haben in diesem Beispiel den tatsächlichen Vertrag (im Vergleich zu den vorhergehenden Auflagen) nicht mehr inkludiert, da es bei diesem Beispiel um den Aufbau des Grundverständnisses und nicht um die meist sowieso nicht 1 : 1 übernehmbare Vertragsformulierung geht.

10.2.1 Ausgangssituation

Ein bekanntes Problem: Um die Datenformate in verschiedenen Ländern anzupassen und um die Daten zu normalisieren, setzt ein internationaler Konzern eine spezifische Software ein. Im Sinne der Harmonisierung war in diesem Fall eine zentrale Abteilung auf Konzernebene mit diesem Service für alle nationalen Niederlassungen betraut. Die bestehende Software war in ihrer aktuellen Version am Ende des Lebenszyklus angelangt, daher sollte die Funktionalität auf eine neue Software migriert werden. Ein Hauptgrund für die Migration war die Hochrechnung, dass für gewisse Länder bereits in einigen Monaten die Leistung der Software dem Wachstum der Daten nicht mehr standhalten würde.

Für das Unternehmen spielt genau diese Software aber eine zentrale Rolle. Schließlich hängt ein großer Teil des Umsatzes des Konzerns davon ab, dass die Daten richtig und zeitgerecht verarbeitet werden.

Die zentrale Abteilung auf Konzernebene bestand aus einem innovativen Team von Experten auf diesem Gebiet. Über die Jahre wurde die Wartung der Releases in der Software für jedes Land auch sehr gewissenhaft betrieben. Mehrmals pro Jahr waren wegen des besonderen Stellenwerts dieser Software in jedem Land für jede Schnittstelle Änderungen nötig. Meistens war die Spezifikation dieser kleinen Projekte eine Delta-Spezifikation für jede Änderung. Manche Inhalte in diesen Spezifikationen wurden nicht mehr explizit oder für

Dritte verständlich genug beschrieben – schließlich hatte das Team ja im Laufe der Jahre hohe Expertise aufgebaut.

Als die Überlegungen zu einer Migration begannen, sah die Situation folgendermaßen aus:

- Für keine Schnittstelle gab es eine annähernd vollständige Spezifikation, mit der Dritte das aktuelle System zur Gänze verstehen hätten können.
- Die vorhandene Spezifikation für jede Schnittstelle war auf Dutzende Delta-Dokumente verteilt.
- Der Zeitdruck für eine Migration war groß. Ein versäumter Endtermin hätte fatale Folgen gehabt, da die bestehende Lösung die Daten nicht mehr verarbeiten können würde.
- Das Risiko von Fehlern musste auf ein absolutes Minimum reduziert werden. Denn schließlich waren die Inhalte, die über diese Schnittstellen transformiert wurden, essenziell für das Geschäft des Konzerns.
- In Bezug auf Anpassungen musste die Entwicklung im bestehenden System bis kurz vor dem Cut-Over weitergehen, da man die bestehende Geschäftsentwicklung (d. h. Updates der bestehenden Schnittstellen aufgrund von Geschäftsanforderungen) nicht blockieren durfte.
- Es bestand die seltene Möglichkeit, recht „einfach" die Ergebnisse durch den Vergleich zwischen altem und neuem System zu testen.
- Eine besondere Herausforderung war in diesem Projekt die Rolle der zentralen Abteilung: Dieser interne Dienstleister stand unter enormem Druck, und das politische Überleben hing am seidenen Faden der erfolgreichen Migration.

Der Zeitplan in Bild 10.1 zeigt den kritischen Ablauf, jeweils von Monat 1 bis 18 auf die Länder L1 bis L5 verteilt. Bis zum Kick-off durften maximal vier Monate vergehen. Das inkludierte auch die Ausschreibung und intensive Vertragsverhandlungen. Deshalb musste die Ausschreibung in maximal drei Wochen versendet werden.

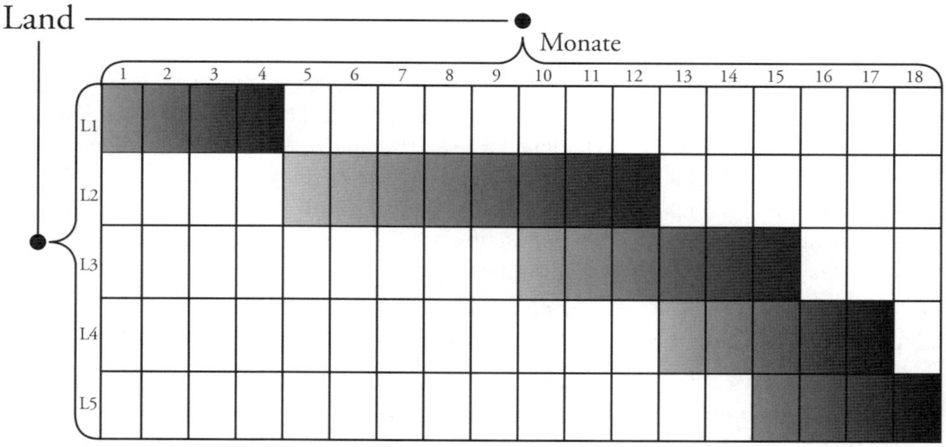

Bild 10.1 Zeitplan des Migrationsprojekts

Was waren die großen Herausforderungen der kommenden Monate?

- Eine Umsetzung auf Basis von Time & Material war keine Option, es musste ein zugesicherter Budgetrahmen eingehalten werden. Dieser Budgetrahmen musste durch einige Gremien der Geschäftsführer der nationalen Niederlassungen genehmigt werden.
- Wie beschreibt man den genauen Umfang des Projekts in wenigen Wochen, wenn er für jedes der Länder aus Hunderten Seiten von Delta-Spezifikation besteht? Zusätzlich wusste man bereits, dass auch diese Dokumentation bei Weitem nicht alles definieren würde, was ein externer Lieferant brauchte, um den Vertragsgegenstand annähernd eindeutig festzulegen. Das Top-Management übte aber Druck aus: Es sollte Standardsoftware angepasst werden und eine Schnittstelle daher eindeutig beschrieben werden können bzw. müsste sie doch bereits beschrieben sein.
- Wie findet man einen Lieferanten, der von Projektbeginn an die Qualität sichert und bei dem man das auch transparent nachvollziehen kann?
- Der Kostendruck war immens und man hatte keinerlei Spielraum, um – wie in ähnlichen Projekten – mit Sicherheitsaufschlägen vernünftigen Ausmaßes die Risiken abzufangen.
- Das bestehende Team war zum Großteil im Tagesgeschäft eingesetzt und konnte sich nicht ausschließlich auf das Erarbeiten der technischen Anforderungen eines Requests for Proposal (RfP) konzentrieren.

10.2.2 Vertrag und Vorgehen nach herkömmlicher Methodik

Wir sehen uns zunächst an, wie dieses Projekt von der Ausschreibung bis zum Abschluss nach dem herkömmlichen Festpreisvertrag abgelaufen ist. Die Darstellung ist natürlich vereinfacht und wir heben einige markante Punkte hervor.

10.2.2.1 Ausschreibungsphase

Die Mitarbeiter der zentralen Abteilung auf Konzernebene hatten keine Alternativen und daher auch keine Wahl: Weil die Datenmengen anzusteigen drohten und die aktuelle Situation ineffizient war, musste ein Festpreisprojekt ausgeschrieben werden.

Für die Ausschreibungsphase wurde folgender Plan erstellt bzw. vorgegeben:

- (A) Woche 1 – 3: Zusammenstellen der technischen Anforderungen für alle fünf Länder.
- (B) Woche 1 – 3: Erstellen des kommerziell-rechtlichen Rahmens und der Ausschreibung.
- (C) Woche 4: Review der Ausschreibung inklusive des kommerziell-rechtlichen Rahmens, Freigabe und Versand an mögliche Lieferanten.
- (D) Woche 4 – 8: Zeit für die Ausschreibungsbeantwortung.
- (E) Woche 9 – 10: Review der Angebote und Erstellen der Shortlist.
- (F) Woche 11 – 12: Workshops mit den beiden Erstgereihten der Shortlist.
- (G) Woche 13: Nachtragsangebot einholen.
- (H) Woche 14 – 15: Verhandlung mit den beiden Erstgereihten und Entscheidung.
- (I) Woche 16: Finale Vertragsverhandlung und Vertragsabschluss.

In diesen Schritten A bis I waren jeweils enge Zeitrahmen notwendig. Als „herausfordernd, aber möglich“ sahen die beteiligten Personen – allesamt Profis – diesen Plan an. Und berücksichtigten dabei nicht, dass die genaue Vorbereitung einer Ausschreibung eine gute Investition ist (siehe Kapitel 5). An den Schritten B bis I waren drei bis vier Personen beteiligt. Am aufwendigsten war Schritt A, der die Grundlage für alle anderen Schritte war. Und das, obwohl allen Beteiligten bereits zu diesem Zeitpunkt klar war, dass

- Software grundsätzlich nicht vollständig und eindeutig spezifiziert werden kann (nicht einmal in diesem relativ einfachen Kontext von Schnittstellen);
- weder drei Wochen noch drei Monate genügen würden, um eine vollständige und ausreichende Spezifikation zu erreichen. Wahrscheinlich würde man dazu ein Jahr brauchen, in dessen Verlauf sich allerdings auch wieder die Schnittstellen ändern;
- einfach das Beste daraus gemacht werden musste, da es keine Alternative gab.

Von 60 Mitarbeitern der zentralen Abteilung auf Konzernebene wurden 40 für diese Spezifikationsphase von drei Wochen – plus eine Woche Review – abgestellt. Das war nur möglich, weil die einzelnen Länder bei laufenden Projekten bzw. Changes der Schnittstellen Verzögerungen in Kauf nehmen mussten. Bereits in diesem frühen Stadium des Projekts zog man sich also den Unwillen der Länder zu. 40 Mitarbeiter mal vier Wochen mal fünf Tage ergaben eine Investition von 800 Personentagen, bevor die Ausschreibung überhaupt versendet werden konnte – für eine Aufgabe, die ihr Ziel schwer oder nie erreichen würde. Bei jedem herkömmlichen Festpreisprojekt bietet sich ein solches Bild in dieser frühen Phase, bevor es überhaupt ein Projekt gibt und die Aufwände genau überprüft wurden. Im Vergleich zu anderen IT-Projekten war das aber noch kein großes Projekt und vor allem war die Vorbereitungsphase äußerst kurz (effizient oder zu kurz? Siehe Kapitel 5). Die Erfahrung in der Praxis zeigt, dass manchmal 20 Personen über Monate an der Vorbereitung einer Spezifikation arbeiten. Auf diese Weise werden Tausende Personentage in ein Gut investiert, dessen Aktualität und damit Wert permanent verfällt und dessen Nutzen später in Frage gestellt wird.

Details zu den Ausschreibungstexten geben wir an dieser Stelle nicht wieder. Wir nehmen an, dass Sie die Nuancen herkömmlicher Festpreisausschreibungen kennen.

Als Antwort auf den RfP wurde von den Lieferanten das Angebot zusammengestellt und der Festpreis nach folgenden Gesichtspunkten geschätzt:

- Was „eindeutig“ ist, kann geschätzt werden.
- Was nicht eindeutig ist, wird durch – für den Kunden möglichst unscheinbare und nicht alarmierende – Annahmen zu einer Minimalvariante abgegrenzt.
- Da der Preis minimiert werden soll, werden zusätzliche Annahmen eingebracht, um die Aufwände zu reduzieren. Auch wenn man davon ausgeht, dass einige dieser Annahmen im Projekt sehr wahrscheinlich nicht zutreffen werden.

Der Kunde ermittelte auf Basis einer in der Ausschreibungsvorbereitung festgelegten Bewertungsmatrix die beiden bestgereihten Lieferanten. Diese Lieferanten wurden jeweils zu einem zweitägigen Workshop eingeladen, um die Details zum Angebot zu besprechen. Ziel dieses Workshops war es, technische Details zu klären und Interpretationen abzustimmen, um Vergleichbarkeit zu schaffen. Oft wird in solchen Workshops ein Protokoll verfasst, aber nicht direkt im Scope-Dokument gearbeitet. Die Resultate fließen dann irgendwo in das meist recht umfangreiche Angebot ein – so auch in diesem Fall.

Das Ergebnis dieser Workshops: Ein technisch bis zu einem gewissen Maße abgestimmter Scope und ein vom Lieferanten – zu Hause im stillen Kämmerchen – adaptiertes Angebot. Erinnern wir uns noch einmal an die Ausgangssituation: Dieses Angebot basierte auf einem unvollständig beschriebenen und sich ständig ändernden Vertragsgegenstand und wurde nun mit schwer nachvollziehbaren Annahmen angereichert. Die Frage, die sich in solchen Situationen für alle Beteiligten oft stellt, lautet: *„Wer spricht das offen aus?"* Der Kunde? Der Lieferant? Die Mitarbeiter auf Kundenseite wissen, dass sie dieses Projekt brauchen, und wollen daher niemanden verunsichern – „weil es sowieso immer so ist". Der Lieferant will den Auftrag und versucht daher, möglichst kompetent zu wirken – und „weil es sowieso immer Annahmen gibt, um das Risiko zu minimieren".

10.2.2.2 Verhandlung

Der letzte Schritt, bevor es dann losgehen konnte, war die finale kommerzielle Verhandlung. Meist werden die beiden Erstgereihten dazu eingeladen, da sie ja nun – nach Ansicht der kommerziellen Verhandler – ein Angebot abgegeben haben, das technisch vergleichbar ist (siehe Kapitel 7) und einen vollständig beschriebenen Vertragsgegenstand abdeckt. Auch in diesem Beispiel war das so. Es wurde aber doch dem Umstand Rechnung getragen, dass dieses Angebot nicht ganz optimal war und die Erfahrung auch auf dem Level der Einkäufer gezeigt hatte, dass sich noch etwas ändern kann. Für die interne Budgetplanung wurden daher noch einmal 20 Prozent der Festpreissumme an Change Requests angenommen. In dieser speziellen Situation eines Migrationsprojekts mussten im gesamten Budgetrahmen noch weitere Change Requests vorgesehen werden, da – neben den ungeplanten Änderungen und Vorkommnissen – die aktuelle Plattform weiterentwickelt wurde und man einen Betrag für den Einbau dieser Änderungen einrechnen musste. Angenommen – und mit den Experten für dieses Projekt verifiziert – wurden noch einmal 25 Prozent des Aufwands.

Diese Größenordnung deckt sich mit den Werten aus Kapitel 2, wonach man bei einem 18 Monate dauernden Projekt von einer Änderung des Scopes um rund 50 Prozent ausgehen sollte. Was in dieser Rechnung allerdings nicht korrekt ist: Man bezieht die Regieleistung nie zum selben Preis wie die ursprüngliche Leistung. Die Eingrenzung der Kosten der Regieleistungen anhand von Komplexitätspunkten (die wir hier als Storypoints bezeichnen) sollte in jedem Festpreis verankert sein (Jaburek 2003; Brooks 1975). In der Praxis wird das leider oft nicht oder nicht ausreichend durchgeführt – so auch nicht in diesem Beispielprojekt.

Das bedeutet also, dass man in der kommerziellen Einigung auf einen Festpreis, die bei der Verhandlung erzielt werden soll, bereits damit rechnet, dass das einzustellende Budget deutlich höher anzusetzen ist als der verhandelte Preis. In unserem Beispiel wurde das Angebot kommerziell so strukturiert, dass pro Land und pro Schnittstelle die Aufwände und Kosten offengelegt wurden. Mit einem zusätzlichen Block an Gemeinkosten (z. B. für das Projektmanagement) und einem Sicherheitsaufschlag kam der Lieferant auf den angebotenen Endpreis – den (herkömmlichen) Festpreis.

Wie üblich, wurden Abweichungen zwischen den Lieferanten in den einzelnen Positionen, den hinterlegten Tagessätzen, aber auch in der Höhe des Sicherheitsaufschlags diskutiert und verhandelt. Der Einkäufer erhielt einen Bonus auf Basis eines überholten, aber noch immer gängigen Modells, nämlich auf Basis der Differenz zwischen bestem Erstangebot und final verhandeltem Preis bei Vertragsabschluss. Auch in diesem Beispiel schuf der Lieferant mit geschickten Annahmen und Abgrenzungen Potenzial, damit die Verhandlung zur Zufriedenheit des Einkäufers im Speziellen und des Kunden im Allgemeinen verlaufen konnte. Die Verhandlung konnte somit innerhalb des Plans abgeschlossen werden. Neben dem Ranking auf Basis der Bewertungsmatrix war nun der finale Preis entscheidend. Nicht entscheidend war leider, was das Projekt am Ende kosten und wer dafür das Risiko tragen würde.

Der verantwortliche Einkäufer zog sich am Ende dieses Prozesses aus dem Projekt zurück.

10.2.2.3 Der herkömmliche Festpreisvertrag

Der abgeschlossene herkömmliche Festpreisvertrag beinhaltete folgende – im Sinne der Diskussion in diesem Buch relevanten – Komponenten:

- **„Vollständige", detaillierte Beschreibung des Vertragsgegenstand s:** An erster Stelle der Reihenfolge vertragsrelevanter Dokumente stand der Vertrag selbst. Dieser beinhaltete rechtliche und kommerzielle Aspekte (siehe mehr dazu in den nächsten Punkten), nicht aber die wirkliche Beschreibung des Vertragsgegenstands. Wie üblich, wurde dazu auf das Angebot des Lieferanten in der letzten Form verwiesen. In diesem letztgültigen Angebot wurde auf mehr als Hundert Seiten beschrieben, was im Umfang des Projekts gemacht und was nicht gemacht werden würde. Nur wenige Personen waren in der Lage, diese komplexe Darstellung auch wirklich im Detail zu verstehen. In Windeseile war in diesem Beispiel aus der vorhandenen Dokumentation eine Beschreibung aller Schnittstellen zusammengestellt worden. Zur Absicherung wurde aber vermerkt, dass die Resultate aus den neuen Schnittstellen jenen der alten Schnittstellen gleich sein müssen. Im Angebot des Lieferanten wurde hingegen abgegrenzt, dass genau umgesetzt werde, was in der Spezifikation definiert wurde, aber keine Änderungen nach Vertragsabschluss möglich seien. Dies betraf auch Änderungen, die aus Abweichungen der Vergleichsdaten herrührten.
- **Vollständige Abgrenzung:** Jedes Angebot beinhaltet ein Kapitel mit Annahmen. Manchmal sind auch im restlichen Dokument weitere offensichtliche oder implizite Annahmen eingearbeitet. Dieses Kapitel mit Annahmen ist eine Auflistung Dutzender Punkte, die genau abgrenzen, wo die Lieferleistung endet. Der Kunde bekommt also keine einfache Beschreibung, die verständlich darstellt, welche Leistung er erhält. Stattdessen wird der Projektumfang durch eine vom Lieferanten gewählte, mit Annahmen durchwobene komplexe Darstellung definiert. Meist wird im Vertrag auf das Angebot referenziert und somit wird eben dieses Angebot mit den Annahmen Teil des Vertrags. Zusätzlich wurde im Vertrag natürlich jegliche Abweichung und Änderung der Spezifikation nach Vertragsabschluss ausgeschlossen. Seltsamerweise treffen wir bei Kunden immer wieder auf die Annahme, dass Vertragsgegenstand ist, was ursprünglich im RfP spezifiziert wurde. Genau das ist meistens nicht der Fall und wenn doch, wird das Angebot des Lieferanten inklusive der Annahmen in der Reihenfolge der vertragsrelevanten Dokumente vorgezogen.
- **Aufwand:** Der Aufwand des Lieferanten mit 500 Personentagen für Land L1 resultiert in einem entsprechenden Preis. Der Aufwand für die weiteren Länder L2 bis L5 wurde mit 900, 700, 600 und 500 Tagen angenommen. *(Anm.: Die Werte wurden für dieses Beispiel abgeändert, die richtige Darstellung des Sachverhalts wird dadurch aber nicht beeinflusst.)*

- **Mitwirkungspflichten:** Auch im herkömmlichen Festpreisvertrag wird eine Mitwirkungspflicht definiert. Meistens ist diese aber sehr generisch gehalten und findet sich in einer ähnlichen Formulierung wie in diesem Beispiel wieder. Hier wurde der Auftraggeber verpflichtet, den Lieferanten über die gesamte Projektdauer im durchschnittlichen Umfang von fünf Vollzeitmitarbeitern zu unterstützen. Bei der gewissenhaften Darstellung dieser Mitwirkungspflichten im Vertrag wird die Leistung ggf. noch auf Review von Spezifikationen, Abnahme und Testen bezogen und damit etwas konkretisiert. Anhand dieser Formulierungen konnte der Kunde aber noch nicht festlegen, wann er welche Ressourcen blockieren sollte bzw. was seine genaue Lieferleistung aus dieser Mitwirkungspflicht war. In diesem Beispiel beschränkte sich die Mitwirkungspflicht auf die Abnahme von Designs und der gelieferten Softwarelösung sowie auf die Unterstützung bei Fragen zur Spezifikation.
- **Der Projektplan/Meilensteinplan:** Der im Angebot enthaltene Projekt- und Meilensteinplan war – wie sehr oft bei Festpreisangeboten – sehr grob und stellte einfach die wesentlichen Schritte im Projekt dar. Was von solchen Projektplänen abgeleitet werden kann, ist, wann das gesamte Projekt fertig sein soll. Ein genauer Projektplan ist aber meist – wie auch in diesem Beispiel – als erste Aktivität im Projekt definiert. Das heißt, man schließt einen Vertrag über einen fixen Vertragsgegenstand ab und weiß, wann man fertig ist. Aber man weiß noch nicht genau, wer bis wann was machen wird. Zugegeben, wir sind keine Freunde detaillierter Projektpläne für IT-Projekte, weil durch solche Pläne meist eine halbe Ressource alleine mit Aktualisierungen und Verschiebungen beschäftigt ist. Es ist aber immer wieder interessant, welche Pläne vertraglich bindend unterschrieben werden. Im konkreten Beispiel umfasste der Projektplan eine lineare Aufteilung pro Land in die Phasen Design, Implementierung, Test und Abnahme.
- **Zahlungsplan:** Es wurden pro Land die folgenden Zahlungsmeilensteine vereinbart:
  - 20 Prozent bei Projektbeginn
  - 20 Prozent bei Abnahme des Designs
  - 30 Prozent bei Fertigstellung der Implementierung (d. h. bei Übergabe zum Abnahmetest)
  - 30 Prozent bei Abnahme

  Das klingt vertraut und vernünftig, heißt aber, dass der Kunde schon 70 Prozent der Investition getätigt hat, bevor er überhaupt zum ersten Mal die Qualität der Software begutachten kann.
- **Abschlagszahlungen:** Der Vertrag beinhaltete Abschlagszahlungen für den Fall, dass der Umfang reduziert wird. Sollte sich also eine der Schnittstellen einfacher darstellen oder wegen Änderungen im Geschäft überhaupt wegfallen, wären im Rahmen des Festpreises trotzdem 80 Prozent der Kosten zu bezahlen. Das Argument dafür auf Lieferantenseite lautete: „So ein Preis kann ja nur bei einer großen Abnahmemenge angeboten werden.“ Grundsätzlich ist das richtig, schließlich kann man auch nicht 100 Laptops zu einem günstigen Preis bestellen und dann nur einen zum gleichen Preis wirklich kaufen. Für den Vergleich mit dem Agilen Festpreisvertrag möchten wir aber hervorheben, dass man als Kunde zwar einen – zumindest auf den ersten Blick – guten Preis bekommt, aber selbst für Umfang*reduktionen* Geld bezahlt.

- **Verzögerungen:** Verzögerungen auf Seiten des Kunden wurden durch Zusatzkosten von X EUR pro Woche Verzug geregelt. Im Gegenzug wurde eine Strafzahlung von 0,5 Prozent der Auftragssumme pro Land und pro Woche vereinbart, sofern der Lieferant Meilensteine nicht einhalten würde.
- **Change Requests:** Es wurde eine genaue Prozedur festgelegt, wie Change Requests handzuhaben seien. Außerdem wurde festgelegt, welche Tagessätze der dabei eingesetzten Ressourcen des Lieferanten angewendet werden. Bei diesem Beispiel – wie auch bei vielen anderen Projekten – wurde aber nicht relativiert: Es wurde nicht definiert, dass eine Funktion, die man im Festpreis zu einem gewissen Aufwand geliefert bekommt, in einem Change Request ungefähr gleich viel kosten würde. Stattdessen wurde eine reine „Regieleistung" verrechnet, ohne etwas gegen überhöhte Preise tun zu können.
- **Abnahme:** Ein zentrales Element ist die Abnahme (ggf. auch Zwischenabnahmen, zum Beispiel von Designdokumenten). Hier wurde ein klares Regelwerk definiert, dass die Abnahme jedes Landes innerhalb von vier Wochen erfolgen müsse. Der Lieferant musste Fehler der Klasse 1 innerhalb eines Tages bereinigen, Fehler der Klassen 2 und 3 innerhalb von drei Tagen. Damit sollte der Testfortschritt sichergestellt werden. Eine Abnahme würde nur dann erfolgen, wenn am Ende dieser vier Wochen keine Fehler der Klasse 1 und nicht mehr als drei Fehler der Klasse 2 vorlagen. *(Anm.: Natürlich haben wir die Abnahmeprozedur stark vereinfacht. Trotzdem können wir zeigen, dass es sich um eine Standardregelung handelt, die klar kommuniziert, was wie abgenommen werden muss.)*
- Die Punkte zu Gewährleistung, Schadenersatz und andere rechtliche Punkte sind bei beiden Vertragsarten ähnlich und werden daher für die Diskussion dieses Beispiels nicht behandelt.
- Den meisten Lesern werden viele dieser Punkte vertraut sein und die wesentlichsten Inhalte des herkömmlichen Festpreisvertrags darstellen. Es sind keine Überraschungen enthalten und im nächsten Abschnitt werden wir am Projektverlauf dieses konkreten Beispiels zeigen, wie schlecht dieser Vertrag die eigentliche Projektarbeit unterstützt hat und wie zahnlos die Regelungen in kritischen Situationen waren.
- Beim herkömmlichen Festpreisvertrag wird meistens angenommen, dass die Spezifikation nach dem Wasserfallprinzip abgearbeitet werden kann – und genauso wird dann auch die Umsetzung geschätzt. In diesem Beispiel wollen wir das kurz beleuchten: Der Festpreis unterstützt ein über die letzten Jahrzehnte etabliertes Vorgehen, bei dem der Kunde dem Experten (= dem Lieferanten) genau beschreibt, was er will. Und manchmal beschreibt er sogar, was gemacht werden muss. Der Lieferant nimmt diese Anforderung und sieht es als seine Pflicht, genau das umzusetzen.
- Wenn wir uns später das gleiche Projekt im Rahmen des Agilen Festpreisvertrags ansehen, werden wir zeigen, dass es viel sinnvoller ist, als Experte anzunehmen, welches Ziel der Kunde erreichen will (Ziel: Das neue System liefert das gleiche Resultat wie das alte, nur mit x-facher Performance) und dann die Expertise einzusetzen, um den optimalen technischen Weg zur Umsetzung zu beschreiten. Grundsätzlich ist das ein Problem der Vorgehensweise, das aber von der Vertragsform stark unterstützt oder, im Falle des Agilen Festpreisvertrags, vermieden wird.

10.2.2.4 Projektverlauf, die Teams und kritische Situationen

Das Projekt startete mit einem pompösen Kick-off und der Motivation aller Beteiligten, dieses Projekt zu einem der – global gesehen – wenigen erfolgreichen IT-Projekte zu machen.

Begonnen wurde mit Land L1. Die ersten zwei Wochen verstrichen für diverse Ramping-Aktivitäten, vor allem aber wurde ein minutiöser Projektplan ausgearbeitet. In dieser Zeit äußerte der Lieferant im Projektstatusreport und im Projekt-Steering bereits die ersten Bedenken, dass manche der Spezifikationen doch zu wenig detailliert seien. Trotzdem beschloss das Steering Board, mit dem Design zu beginnen. Denn wie steht denn das Projekt gleich am Anfang da, wenn man das alles ernst nimmt?

Die nächsten vier Wochen wurde das Design bearbeitet und dem Kunden zur Abnahme vorgelegt. Natürlich wies der Lieferant sofort darauf hin, dass er nicht mehr verpflichtet sei, dem Kunden das zu liefern, was an den ursprünglichen Spezifikationen abgewandelt wurde. Sobald der Kunde das Design abgenommen habe, sei er auf die Lieferung dessen verpflichtet, was im Design beschrieben und abgenommen wurde. Viele Kunden – wie auch in diesem Beispiel – sind bei dieser Abnahme nicht genau genug oder können in den komplexen Designdokumenten nicht jede Facette der Umsetzung erkennen. Selbst bei jenen Schnittstellen, die von den Mitarbeitern des Kunden intensiv geprüft wurden, wurden deren Anmerkungen zwar angenommen, wegen des Zeitdrucks aber nicht mehr richtig eingearbeitet. Auf Kundenseite betrug der Aufwand für die Reviews von sieben Schnittstellendesigns ungefähr 18 Tage. Die Durchlaufzeit dieser Abnahme des Designs war auf eine Woche beschränkt. Mittlerweile waren bereits sieben der 20 zur Verfügung stehenden Wochen verbraucht. Und es gab noch keine einzige Zeile Code.

Das abgenommene Design wurde nun an die Entwickler übergeben, die ihre Interpretation des Designs umsetzten. Qualitätssicherungsmaßnahmen wie Unit-Tests oder Test Driven Design wurden nicht beherzigt. *(Anm.: Zugegeben, dieses erste Migrationsprojekt ist schon einige Jahre her, und diese Themen waren damals noch nicht breit etabliert.)*

Die Entwickler implementierten mit dem Ziel, nach weiteren sechs Wochen die Software in den Modultest zu liefern. Für den Modultest hatte der Lieferant eine Woche geplant. Diese wurde bereits bei einigen Schnittstellen überzogen, da nach den sechs Wochen die Schnittstellen doch nicht so gut funktionierten wie gedacht. Bei zwei Schnittstellen waren die Spezifikationen so unklar, dass mehrere Nachfragen und Diskussionen eine Verzögerung von zwei Wochen verursachten.

Als nächster Testschritt wurde ein Vergleichstest durchgeführt, bei dem mit gleichen Testeingangsdaten die Resultate der bestehenden Schnittstellen mit den Resultaten der neu implementierten Schnittstellen verglichen wurden. Eine Woche war dafür eingeplant. Doch nun stellte sich heraus, dass bei keiner der Schnittstellen die Ergebnisse annähernd gleich waren. Die Datenunterschiede zu analysieren, war nicht einfach: Die Fehlerquellen konnten entweder in der Entwicklung liegen oder in der Spezifikation oder in den Testdaten oder gar in der derzeitigen Implementierung. Immer mehr der parallel am bestehenden System durchgeführten Änderungen überholten nun den Projektfortschritt. Das Backlog, das eigentlich in den letzten zwei Projektwochen noch auf Basis von Change Requests hätte eingearbeitet werden sollen, wurde immer größer. Nun brachen also die Eskalationen los.

Wie hat der Vertrag in dieser kritischen Situation beim Finden effektiver Lösungen geholfen? Es hatten noch nicht einmal alle Schnittstellen den Vergleichstest absolviert und das Projekt für Land L1 stand bereits bei Woche 16 von 20.

- **Verfehlung der Mitwirkungspflichten**
  - Der Lieferant eskalierte, dass der Kunde die Mitwirkungspflicht nicht erfüllt und das Projekt mit zu wenigen Ressourcen bei Unklarheiten in der Spezifikation, Designabnahme und Vergleichstests unterstützt habe. Im Vertrag seien fünf Vollzeitmitarbeiter im Durchschnitt vorgesehen gewesen, laut Berechnung des Lieferanten traf das aber nicht zu.
  - Der Kunde stellte sich auf die Position, dass die Verschiebungen an allen Ecken im Vergleich zum ursprünglichen Projektplan keine Ressourcenplanung zulasse und man tue, was man könne.
- **Verzögerung**
  - Der Kunde vertrat die Meinung, dass die Verzögerung durch den Lieferanten verursacht worden sei. Die Softwarequalität sei schlecht gewesen und erst am Ende des Projekts sei das erkannt worden. Er wollte die entsprechende Kompensation laut Vertrag.
  - Der Lieferant brachte die unvollständigen Spezifikationen und die Abweichungen in den Vergleichstests als Grund der Verzögerung ins Treffen. Auch der Lieferant forderte die entsprechende Kompensation laut Vertrag.
- **Scope -Änderung**
  - Durch die Verzögerung geriet der Kunde in die Situation, dass sich am bestehenden System immer mehr änderte, was wiederum als teure Change Requests bezahlt werden musste. Diese starke Veränderung betraf vor allem die weiteren Länder, die laut Vertrag bereits spezifiziert waren und nun mit Verspätung beginnen mussten – was weitere Probleme erahnen ließ. Allerdings fiel eine Schnittstelle in Land L2 weg, was das Budget wieder zu entlasten schien und vom Lieferanten als Wegfall akzeptiert werden sollte.
  - Der Lieferant sah hier die Möglichkeit, eine Kompensation für den sehr knapp geschätzten Festpreis zu erhalten, und zog sich auf den vertraglichen Standpunkt zurück, dass Scope-Änderungen kompensiert werden müssen.

Bei keiner dieser Eskalationen konnte der Vertrag in irgendeiner Weise helfen, einen gemeinsamen Lösungsweg zu finden. Die Lager waren gespalten, die Mehrkosten wuchsen und wuchsen. Über den ursprünglich so gut verhandelten Festpreis freute sich jetzt niemand mehr. Und der Einkäufer fühlte sich für diesen Prozess nicht mehr verantwortlich.

Ein Fazit zum ersten Projektteil: Land L1 wurde nach sieben statt vier Monaten fertig gestellt. Mit einem „Plus" von 100 Prozent der Kosten.

10.2.2.5 Projektabschluss

Mit Land L2 wurde nach sieben anstatt vier Monaten begonnen. Die Optionen des Kunden, den Weg zu ändern, waren gleich Null. Die Zusatzvergütungen hatten zwar an der Reputation des Lieferanten gekratzt, aber zumindest polierten sie seine Umsatzzahlen auf. Die Umsetzung für Land L2 dauerte übrigens 20 anstatt der anberaumten neun Monate. Budgetüberschreitung: mittlerweile 200 Prozent.

Erst nachdem die Designphase begonnen hatte, wurde für Land L2 beschlossen, dass die vorhin erwähnte Schnittstelle wegfallen würde – wegen des Release Managements in komplexen IT-Landschaften lässt sich das oft nicht so einfach und langfristig entscheiden. Also musste der Aufwand laut Vertrag zu 80 Prozent bezahlt werden. Unterstützt wurde dies durch das Wasserfallvorgehen, in dessen Rahmen die Arbeit ja schon begonnen hatte. Die Diskussionen endeten damit, dass 80 Prozent einer Schnittstelle bezahlt wurden, für die es eine Seite Design und einen kleinen Projektplan gab.

In den anderen Ländern lief es ähnlich ab. Nach mehr als drei Jahren und horrenden Mehrkosten von +300 Prozent wurde das Projekt abgeschlossen.

Aber vergessen wir nicht die Performance des bestehenden Systems. Wegen der Verzögerungen musste Hard- und Software im Umfang von mehreren Hunderttausend Euro gekauft werden. Hunderte Personentage flossen in die Installation und Handhabung der Lastverteilung. So konnte zumindest der operative Betrieb des Unternehmens abgesichert werden.

Zu keiner Zeit konnten vertragliche Kompensationen und sonstige Vertragsbestimmungen zu mehr als Drohungen herangezogen werden. Seltsamerweise rückt man in den meisten Betätigungsfeldern, in denen Teams und Parteien zusammenarbeiten, von Drohungen ab. Nur bei IT-Projekten wird immer noch stark auf Einschüchterung gesetzt.

Die Konsequenzen waren erheblich. Die Kompetenzen wurden neu verteilt, einige der Mitarbeiter mussten ihre Plätze räumen. Und das, obwohl sie im Rahmen des Vertrags und der Ausgangssituation ihr Möglichstes getan hatten. Bestraft wurden jene, die versucht hatten (und denen es nach gewissen Gesichtspunkten auch gelungen war), das Projekt aus einer schlechten Ausgangslage heraus doch noch zu einem Abschluss zu bringen.

Zusammenfassung

Auch wenn es dramatisch klingt, war dieses Projekt kein „Black Swan“. Natürlich war es kein Vorzeigeprojekt, aber grundsätzlich nichts, was IT-Experten besonders erschreckt oder verwundert. Positiv ist anzumerken, dass das Projekt trotz der unglücklichen Ausgangssituation mit „nur“ 300 Prozent Mehrkosten abgeschlossen werden konnte.

Was waren die grundsätzlichen Probleme dieses Projekts, die durch den herkömmlichen Festpreisvertrag verursacht wurden?

- Es wurde frühzeitig versucht, etwas genau zu spezifizieren, was zu diesem Zeitpunkt nicht spezifiziert werden konnte. Dass es im Zeitablauf ganz massive Veränderungen geben kann, wird von den Entscheidern oft nicht für möglich gehalten.
- Auch wenn die Qualitätsprobleme teilweise wegen falscher Spezifikationen entstanden waren, wurden sie immer erst sehr spät im Projekt jedes Landes für die gesamte Lieferleistung des Landes entdeckt. Es gab keine Möglichkeit, frühzeitig gegenzusteuern.
- Der Vertrag bot zwar Formulierungen für alle Eventualitäten, aber keinen Ausweg und keine Motivation zur Kooperation. Damit gab es auch keinen Weg zurück zur Effizienz.

Zum agilen Vorgehen wird oft angemerkt, dass der Aufwand in der Mitwirkungspflicht des Kunden so hoch sei. Ist der Aufwand in diesem Beispiel beim herkömmlichen Festpreisvertrag wesentlich niedriger? Sehen wir uns zusammenfassend nur einmal die Mitwirkungspflichten für Land L1 an (im nächsten Kapitel stellen wir die Aufwände des Agilen Festpreisvertrags gegenüber):

- Diskussionen zu unklaren Spezifikationen: 10 Tage
- Annahme des Designs: 18 Tage
- Fragen während der Implementierung: 2 Tage
- Unterstützung im Vergleichstest: 80 Tage
- Abnahme: 100 Tage
- Projektmanagement etc.: 120 Tage

Das Projekt war für den Lieferanten sehr einträglich. So wurden zum Beispiel für Land L1 Change Requests in der Höhe von 600 Tagen in Rechnung gestellt. Möglich war das aus folgenden Gründen:

- Die Detailspezifikation war nicht aktuell genug.
- Verzögerungen wegen schlechter Qualität der Vergleichsdaten und Spezifikationen – dadurch längere Mitwirkungspflicht

Änderungen an den Schnittstellen, die sich seit dem Projektstart ergeben hatten, mussten in den letzten Wochen auf Change-Request-Basis nachgearbeitet werden. Das verschlimmerte sich natürlich durch die Gesamtverzögerung, weil es permanent Änderungen an den bestehenden Schnittstellen gab.

10.2.3 Vorgehen nach dem Agilen Festpreisvertrag

Es sind einige Jahre vergangen. Wir sehen uns nun im selben Kontext an, wie die gleiche Software für die Schnittstellen in den einzelnen Ländern erneut migriert wurde. Dieses Mal entschied man sich aber für ein agiles Vorgehen – auf Basis eines Agilen Festpreisvertrags.

10.2.3.1 Ausschreibungsphase

Wieder drohten die Datenmengen zu steigen. Die aktuelle Lösung wurde immer ineffizienter, da sie bereits in die Jahre gekommen war. Also mussten die Mitarbeiter der zentralen Abteilung auf Konzernebene wieder die Ausschreibung für ein Migrationsprojekt vorbereiten. Nicht alle Mitarbeiter hatten nach dem ersten Fiasko ihren Hut nehmen müssen. Also gab es noch lebhafte Erinnerungen an das letzte Migrationsprojekt und damit gesteigerte Aufmerksamkeit dafür, die folgenden Fallstricke unbedingt zu berücksichtigen:

- Die Software kann grundsätzlich nicht vollständig und eindeutig spezifiziert werden.
- Um diesem Zustand nahezukommen, würde erneut viel mehr Zeit nötig sein, um die vorhandene Dokumentation zu überarbeiten.

- Die Migration der später geplanten Länder war noch so weit entfernt, dass sich in der Spezifikation massive Änderungen ergeben würden.

Die Erfahrung mit dem Projekt vor ein paar Jahren förderte die Entscheidung, die Migration dieses Mal in Form eines Agilen Festpreisvertrags auszuschreiben. Auch in diesem Beispiel war aber einiges an Vorarbeit und Diskussionen zum Thema „Mindset" nötig, um den Prozess in diese Richtung zu lenken.

Also wurde wieder ein Plan für die Ausschreibungsphase erstellt. Dass dieser Prozess dieses Mal nicht früher initiiert wurde, lag – wie bei vielen anderen Konzernen auch – an den schwerfälligen Prozessen, die Entscheidungen oft erst in letzter Minute ermöglichen.

- (A) Woche 1 – 3: Zusammenstellen der technischen Detailanforderungen eines Landes und der High-Level-Anforderungen für die übrigen vier Länder.
- (B) Woche 1 – 3: Erstellung des kommerziell-rechtlichen Rahmens der Ausschreibung.
- (C) Woche 4: Review der Ausschreibung, Freigabe und Versand an mögliche Lieferanten.
- (D) Woche 4 – 8: Zeit für die Ausschreibungsbeantwortung.
- (E) Woche 9 – 10: Review der Angebote und Erstellen der Shortlist.
- (F) Woche 11 – 12: Workshops mit den beiden Erstgereihten der Shortlist.
- (G) Woche 13: Einholen der Nachtragsangebote.
- (H) Woche 14 – 15: Verhandlung mit den beiden Erstgereihten und Entscheidung.
- (I) Woche 16: Finale Vertragsverhandlung und Vertragsabschluss.

Der wesentliche Unterschied war nun aber, dass in den drei Wochen für Schritt A zehn Mitarbeiter das gesamte Augenmerk auf eine möglichst genaue Spezifikation des ersten Landes L1 legten. Weitere zwei Mitarbeiter analysierten die anderen Länder auf hohem Level, um Analogien abzuleiten (Anzahl der Felder, Lines of Code etc.). Mit nur 180 Tagen wurden somit für das Gesamtprojekt die Referenzspezifikationen für Land L1 erstellt und es gab eine Hochrechnung nach Analogien für die anderen Länder. Der Plan war weiterhin, im Projektverlauf noch 600 Tage in die Erarbeitung der Anforderungen zu investieren – das allerdings zeitnah am aktuellen Release-Stand der Schnittstelle. Kurzfristig benötigte Informationen wurden sofort erstellt. Für langfristige Informationen wurde vorgeschlagen, diese zu erarbeiten, wenn das Projekt vor der Umsetzung dieses Projektteils angekommen war.

Die Ausschreibung umfasste folgende Teile:

- **Referenz-User-Stories:** Land L1 war im Hinblick auf den Gesamtumfang eines der kleineren der insgesamt fünf Länder. Aber anhand der Schnittstellen von Land L1 wurde in Schritt A eine möglichst detaillierte Spezifikation ausgearbeitet und in der Ausschreibung inkludiert. Die Anforderungen beinhalteten herkömmliche Schnittstellenspezifikationen, auf die in den – entsprechend nach dem agilen Vorgehen definierten – User Stories verwiesen wurde. Mit diesen User Stories konnten die Lieferanten die Aufwände sehr genau berechnen und ein entsprechendes Angebot abgeben. Ein wesentlicher Teil der User Stories wurde zu Epics jeweils einer Schnittstelle gruppiert. Zusätzlich wurden einige User Stories auch aus Betriebs- und Wartungssicht beschrieben.
- **Analogiewerte:** Für die übrigen vier Länder wurden jeweils die Epics für die einzelnen Schnittstellen im Ausschreibungstext angegeben. Zusätzlich wurde mit einer kurzen Argumentation für jedes dieser Epics eine Relation zu mindestens einer Schnittstelle/User Story aus Land L1 hergestellt. Außerdem wurde für jedes Land in Form eines oder

mehrerer Epics festgehalten, ob zusätzlich zu den Schnittstellen weitere Funktionalitäten aus der Sicht von Betrieb und Wartung zu erwarten wären. Ein konkretes Beispiel für Land L2:

- Land L2 beinhaltet die folgenden Schnittstellen:
  - Schnittstelle X1
  - Schnittstelle X2
  - Schnittstelle X3
  - Schnittstelle X4
  - Schnittstelle X5
  - Schnittstelle X6
  - Schnittstelle X7
- Für jede dieser Schnittstellen wurde folgende Definition angegeben:
  - Schnittstelle X1: Übernimmt bis zu 5 Millionen Datensätze von System A (10 Felder) und wandelt diese durch einfache Formatänderung in ein Format für System B (8 Felder) um. Es wird keine weitere Anreicherung der Daten und keine Aggregation der Datensätze vorgenommen. Im Fehlerfall wird auf die aus Land L1 erstellten Funktionen zurückgegriffen. Die Komplexität ist zwei Mal so hoch wie bei Schnittstelle Z aus Land L1. Der Hauptgrund sind die deutlich höheren Datenmengen und die zusätzlichen Datenfelder.
- Für die weiteren Anforderungen wurde angegeben, dass
  - für Land L2 die Verarbeitung in 8 statt wie in Land L1 in 12 Stunden für alle Daten eines Tages durchgeführt werden muss,
  - zwei zusätzliche Betriebsfunktionen für die automatische Anzeige der verarbeiteten Datensätze in der Applikation speziell für Land L2 zu erstellen wären.

- **Anforderung hinsichtlich der Preisfindung:** Die Lieferanten wurden aufgefordert, die Aufwände für die Referenz-User-Stories anzugeben und die Zusammensetzung zu begründen. Zusätzlich musste eine Liste der Tagessätze für die einzelnen Ingenieur-Levels beigefügt werden, die für ein vom Lieferanten gewähltes Team in einem durchschnittlichen Tagessatz resultierten. Außerdem sollte der geplante Aufwand für die benötigten Product Owner angegeben werden. Im Wesentlichen wurden also die Kosten des Teams und dessen (initiale) Zusammensetzung abgefragt. Sollte der Lieferant weitere, nicht explizit geforderte Rollen im Projekt als notwendig erachten, mussten diese aufgelistet und optional angeboten werden. Im Rahmen des Agilen Festpreisvertrags sollten die Lieferanten auch den Sicherheitsaufschlag für die einzelnen Komponenten angeben und begründen.
- **Vertragsvorlage:** Der Ausschreibung wurde eine grundsätzliche Beschreibung des agilen Vorgehens und ein Vertrag für das agile Modell beigefügt, das von den Anbietern in den wesentlichen Teilen in der Beantwortung des RfPs aufgenommen werden sollte. Der Auftragnehmer musste in seinem Angebot deutlich festhalten, dass er bereit war, einen Agilen Festpreisvertrag abzuschließen.
- **Sachverständiger:** Im Angebot mussten die Lieferanten einen Sachverständigen vorschlagen und im Gegenzug den vom Kunden in der Ausschreibung vorgeschlagenen Sachverständigen akzeptieren. Im final verhandelten Vertrag würde man sich dann auf einen Sachverständigen einigen.

- **Projektplan:** Im Rahmen des vorgegebenen Vorgehens musste beschrieben werden, wie die Endmeilensteine eingehalten werden können und wie sichergestellt wird, dass spätestens vier Wochen nach Projektbeginn die erste qualitätsgesicherte Teillieferung beim Kunden abgegeben wird.
- **Qualität:** Bei diesem Punkt wurde die Frage gestellt, in welcher Form die Software getestet würde, wie viele Tests pro Schnittstelle umgesetzt werden und welche Anzahl davon automatisiert stattfinden würde. Darüber hinaus musste die für die automatisierten Tests genutzte Softwareumgebung in der Entwicklungsabteilung des Lieferanten beschrieben werden.
- **Weiteres Vorgehen:** Die Lieferanten mussten im Angebot akzeptieren, dass in zwei jeweils eintägigen Workshops innerhalb von zwei Wochen die Aufwände offen diskutiert werden. Bereits im Angebot musste angegeben werden, wie hoch der Riskshare sein würde, den der Lieferant voraussichtlich zu übernehmen bereit wäre.
- **Softwarelizenzen und Softwarewartung:** Von den Lieferanten wurde im Angebot ein Vorschlag gefordert, wann die Softwarelizenzen zu bezahlen seien und wann die Softwarewartung anfallen würde. Und wie man mit eventuell bereits geleisteten Zahlungen umgehen würde, wenn das Projekt abgebrochen wird – was nach dem kooperativen Modell des Agilen Festpreisvertrags eine valide Möglichkeit ist.

Für die detaillierte Betrachtung der Ausschreibung Agiler Festpreisverträge verweisen wir auf Kapitel 5.

10.2.3.2 Verhandlung

Bei den Lieferanten, die den RfP mit einem Anbot vollständig beantwortet und dabei den Anforderungen entsprochen hatten, konnte sich der Kunde nun an folgenden Kernaussagen orientieren:

- Aufwand für jede Referenz-User-Story inklusive Beschreibung, was bei dieser Umsetzung gemacht wird, um die Nachvollziehbarkeit der Aufwände zu erhöhen.
- Geplanter Aufwand für Product Owner: Je nach Planung sind ein oder mehrere Product Owner sowie ein „Owner der Product Owner“ (eine Art Programmmanager) vorzusehen.
- Die Hochrechnung des Aufwands auf Basis der Analogien und unter Berücksichtigung des Sicherheitsaufschlags ergab den Maximalpreisrahmen, in dem sich der Agile Festpreisvertrag bewegen würde.
- Akzeptanz der einzelnen Komponenten des agilen Vorgehens und des Agilen Festpreisvertrags.
- Quantitative Aussagen zur Qualitätssicherung.
- Aussagen zum Umgang mit Kosten für Softwarelizenzen und Softwarewartung.
- Vorgeschlagener Riskshare der Lieferanten.
- Tagessätze der einzelnen Rollen und der vorgeschlagenen Teams, die laut Lieferanten die geforderten Funktionalitäten innerhalb der vorgegebenen Zeit umsetzen können.

Auf Basis dieser Parameter konnte die Verhandlung entsprechend vorbereitet werden (Details zur Verhandlung für den Agilen Festpreisvertrag in Kapitel 7). In diesem Beispiel wurde vom Kunden speziell anhand dieser Parameter versucht, die Kosten – und damit in Wahrheit auch die Qualität – des Teams *nicht* auf ein unrealistisches Maß zu reduzieren.

Natürlich unter der Annahme, dass die am besten gereihten Lieferanten die Voraussetzungen wie Kompetenz, Referenzen etc. erfüllen konnten. Dieser Ansatz verfolgte durchaus das Ziel, den Bestbieter auszuwählen – aber mit Bedacht. Statt sofort die Kosten zu reduzieren, wurde in der ersten Runde der Verhandlungen sichergestellt, dass das Vorgehen der beiden bestgereihten Lieferanten vergleichbar war. Im Anschluss wurden zwei Workshops mit jedem dieser zwei Lieferanten abgehalten. Dabei wurden die Annahmen und Aufwände gemeinsam mit den Spezialisten aus der zentralen Abteilung auf Konzernebene des Kunden festgelegt und konkretisiert. Daraus ergab sich:

- Der finale Maximalpreisrahmen, der sich aus dem vom Kunden verstandenen Aufwand und dem gemeinsam anhand der möglichen Annahmen eingegrenzten Sicherheitsaufschlag pro User Story und Epic zusammensetzt.
- Der Riskshare, den der Lieferant aufgrund der in den Workshops entstandenen Klarstellungen und Annahmen zu übernehmen bereit ist.
- Die Sicherheit, dass die Lieferanten alle anderen Parameter des Agilen Festpreisvertrags verstanden hatten.

Die letzte und wirkliche Verhandlungsrunde verlief nun relativ unspektakulär, weil die Voraussetzungen wesentlich entspannter und nicht auf Konfrontation ausgelegt waren. Der Kunde hatte nicht mehr das Verhandlungsziel, den ursprünglich abgegebenen Festpreis möglichst zu drücken. Wichtiger waren hohe Transparenz und Verständnis auf beiden Seiten. Ungewohnte Aussagen für erfahrene Verhandler, aber bei genauerer Betrachtung sehr zweckmäßig: Neben einer Optimierung der Preise durch den Wettbewerb des Ausschreibungsprozesses stellte der Verhandlungsleiter sicher, dass dieses Projekt eine gute Aussicht auf Erfolg hatte!

Der Einkäufer und der verantwortliche Top-Manager begriffen sich als Teil des Steerings für das Projekt.

10.2.3.3 Projektverlauf, die Teams und kritische Situationen

Auf Basis des Agilen Festpreisvertrags begann das Projekt etwas ruhiger als das missglückte Vorgängerprojekt. Natürlich wurde auch dieses Mal der Kick-off zelebriert und alle Beteiligten waren motiviert, dieses Vorhaben zu einem der wenigen erfolgreichen IT-Projekte zu machen. Im Gegensatz zum ersten Projekt wussten aber alle, dass die Euphorie von den Vorbehalten der neuen Methodik in vernünftige Bahnen gelenkt wurde: Würde sich in der Checkpoint-Phase herausstellen, dass es nicht so funktionierte wie geplant, konnte man auch noch einen anderen Weg einschlagen.

Das Projekt begann wieder mit Land L1. Anders als beim ersten Mal wurde aber keine Zeit mit Projektplänen vergeudet, sondern gleich mit der Umsetzung der bereits genau spezifizierten Referenz-User-Stories begonnen (der Plan war ja bekannt). Bereits nach den ersten zwei Wochen wurde die erste getestete Funktionalität einer einfachen Schnittstelle fertiggestellt, nach weiteren zwei Wochen wurde die erste Schnittstelle vom Kunden abgenommen. In genau dieser Zeit wurde das weitere Vorgehen geplant, die User Stories priorisiert und zwischen Auftragnehmer und Auftraggeber besprochen.

Der Kunde nutzte die Möglichkeit, bei den einzelnen Sprints jeweils ein bis zwei Tage beim Lieferanten vor Ort den Fortschritt zu verfolgen und bei dieser Gelegenheit auch gleich den Informationsfluss zu optimieren. Im Vergleich zum herkömmlichen Festpreisvertrag, bei dem bereits für die Abnahme der Designs etliche Tage investiert wurden, war der Aufwand nun gering.

Nach weiteren sechs Wochen hatte der Auftraggeber bereits einen guten Eindruck von der Arbeitsweise gewonnen und konnte den Fortschritt anhand der erhaltenen Lieferungen konkret messen. Eine Verifikation der Aufwände nach den vier Wochen der Checkpoint-Phase hatte eine leichte Korrektur um fünf Prozent nach oben ergeben, die für den Auftraggeber aber nachvollziehbar war. Anhand der Messungen zeigte sich, dass es nach den ersten zwei Sprints etwas zu langsam voranging, was bereits in Woche fünf durch zwei weitere Mitarbeiter im Team kompensiert wurde. Durch Früherkennung kann man Brooks' Gesetz, nach dem zusätzliche Arbeitskräfte ein verzögertes Softwareprojekt nur noch weiter verzögern (Brooks 1975), also manchmal umgehen. An dieser Stelle möchten wir Folgendes anmerken: Beim Agilen Festpreisvertrag hat der Kunde nicht die Freiheit, dass er sämtliche Änderungen unterbringt und der Lieferant dann diesen Mehraufwand mit der Leistung auf eigene Kosten – oder im Rahmen des Riskshares – kompensieren muss. Nur wenn das Team nicht so leistet wie geplant, kann ausschließlich der Lieferant reagieren!

Vergleichstest

Auch dieses Mal stand als nächster Testschritt der Vergleich der Resultate der bestehenden Schnittstellen mit jenen der neu implementierten Schnittstellen auf dem Programm. Dieser Test war mit einer Woche eingeplant. Doch auch nun stellte sich heraus, dass bei keiner der Schnittstellen die Ergebnisse annähernd gleich waren. Wieder konnten die Datenunterschiede nur sehr aufwendig analysiert werden. Im Gegensatz zum herkömmlichen Festpreisvertrag gelangte man aber bereits sehr früh im Projekt zu dieser Erkenntnis. Nach intensiver Diskussion wurde eine Lösung gefunden: Bereits ab dem nächsten Sprint arbeiteten an einigen definierten Tagen die Experten der zentralen Abteilung auf Konzernebene direkt im Entwicklungsteam mit. Damit wurde sichergestellt, dass der Auftraggeber bereits während der Entwicklung die Unklarheiten beseitigen und die Ergebnisse verifizieren konnte. Schon im Entwicklungszyklus wurden so die meisten Punkte hervorgehoben, die im Vergleichstest erklärbare Fehler hervorrufen würden. Durch die kooperative Einbindung des Kunden in den Entwicklungsmechanismus stieg das Vertrauen in die Qualität der Software. Es entstanden nur wenige Diskussionen darüber, dass noch nicht erklärbare Abweichungen mit hoher Wahrscheinlichkeit auf Fehler in der Spezifikation oder auf Fehler im bestehenden System – je nachdem, wie man es sehen will – zurückzuführen seien.

Lassen Sie uns noch ein paar kritische Projektsituationen betrachten und analysieren, wie der Agile Festpreisvertrag zur Lösung dieser Situationen beigetragen hat:

- **Verfehlung der Mitwirkungspflichten**
  - Der Kunde war ganz klar über seine Mitwirkungspflichten informiert und hat konkrete Aufgaben an langfristig festgelegten (sich nicht verschiebenden) Tagen geplant. Auch in diesem Projekt gab es Verfehlungen, die aber anhand der klaren Struktur der Kooperation zielgenau aufgezeigt und bereinigt werden konnten. In Summe hat der Kunde seine Mitwirkungspflicht eher übererfüllt, da er darin seinen eigenen Nutzen gesehen hat.
  - Keine der Parteien konnte sich auf die Position zurückziehen, dass Projektverschiebungen und Unkenntnis dazu geführt hätten, dass die Mitwirkungspflicht nicht erfüllt wurde. Im agilen Vorgehen dauert ein Sprint immer gleich lang. Manchmal ändert sich der Inhalt etwas, aber die vereinbarten Eckpunkte und Aufgaben stehen fest.

- **Verzögerung**
  - Auch in diesem Punkt kam man nach den guten Erfahrungen der ersten sechs Wochen bei den Vergleichstests zu der Erkenntnis, dass es eine gewisse Verzögerung im Projekt geben würde. Durch das Riskshare-Modell und die Art der Kooperation haben sich aber beide Parteien lösungsorientiert verhalten. Die auch vertraglich zugesicherte Involvierung des Kunden in den Entwicklungsprozess stellte die Kooperation und das Vertrauen in die Qualität sicher.
  - Der Lieferant hatte zum Großteil recht damit, dass der Ursprung der Probleme in der Spezifikation und den Vergleichsdaten lag. Durch die intensive Kooperation wurde aber eine Lösung gefunden, mit der die Arbeitsweise des Lieferanten noch effizienter wurde, und damit wurde der Mehraufwand zum Großteil kompensiert.
- **Scope -Änderung**
  - Dieses Mal stand der Kunde trotz der leichten Verzögerung nicht vor dem Problem, dass sich am bestehenden System immer mehr veränderte. Schließlich waren diese Anforderungen ja noch nicht im Detail spezifiziert. Der Großteil der Änderungen umfasste in diesem Fall wirkliche Änderungen und keine Erhöhung der Komplexität. Erneut zeichnete sich ab, dass eine Schnittstelle wegfallen würde. Das wurde offen besprochen und schlussendlich als Kompensation für Zusatzaufwände in den Vergleichstests herangezogen.
  - Der Lieferant war gewillt, innerhalb der Annahmen zur Komplexität jede neue Änderung vor dem Zeitpunkt der Umsetzung zu akzeptieren. Er erlag nicht der Versuchung, möglichst viele Change Requests verrechnen zu wollen, da die Annahmen zur Abgrenzung mit dem Kunden gemeinsam getroffen wurden und der Kunde wenig Verständnis hatte, wenn etwas plötzlich abweichend dargestellt wurde. Anders verhielt es sich, wenn sich gemeinsam getroffene Annahmen veränderten. In Summe war der Lieferant bemüht, den Budgetrahmen zu halten, da er sonst am Verlust in Höhe des Riskshare beteiligt gewesen wäre. Es gab auch keinen „vertraglichen Zwang", um den Kunden zu erpressen, weil die Ausstiegsmöglichkeiten im Vertragswerk klar geregelt waren.
- **Uneinigkeit zu Aufwänden**

  Nach der Umsetzung von Land L1 kam es bei der weiteren Abschätzung an den Details zu Land L2 zu Diskussionen darüber, dass vom Lieferanten ein Mehraufwand aufgezeigt wurde. Dieser Mehraufwand ergab sich aus den Vergleichstests, durch die der Lieferant einen höheren Aufwand für Rückfragen und Analysen verzeichnete. Nach eifrigen Diskussionen wurde das auch von den technischen Experten beider Seiten bestätigt. Im Steering konnte der Kunde aber auch nachweisen, dass durch die enge Kooperation die Effizienz gestiegen war, und es wurde eine Lösung gefunden.

Wenn es in diesem Projekt zu Eskalationen kam, endeten sie meistens damit, dass die Parteien auf die klar im Vertrag festgelegten Prozesse zurückgriffen. So wurde zu kritischen Zeitpunkten wieder der Weg zur Kooperation gesucht.

Land L1 wurde nach fünf statt vier Monaten mit 15 Prozent zusätzlichen Kosten fertiggestellt. Da der Sicherheitsaufschlag von zehn Prozent dabei überschritten wurde, wurde dieser Mehraufwand (frühzeitig) an das Steering berichtet. Bei der Migration der übrigen Länder wurde nun genau darauf geachtet, die Budgetüberschreitung wieder einzuholen.

10.2.3.4 Projektabschluss

Nach vier Monaten wurde mit Land L2 begonnen. Obwohl die Migration von Land L1 noch nicht beendet war, hatte der Prozess das Vertrauen in die Qualität und das Vorgehen soweit gestärkt, dass die Migration des nächsten Landes ohne Bedenken mit zusätzlichen Ressourcen in Angriff genommen wurde. Die weiteren Länder wurden mit ähnlichen Werten von etwa 15 Prozent des Aufwands abgeschlossen. Die Mehraufwände von fünf Prozent (über den zehn Prozent Sicherheitspuffer) wurden dem Riskshare entsprechend aufgeteilt. Zieht man in Betracht, dass die geplanten 18 Monate nur um einen Monat überschritten wurden, war es für beide Seiten trotzdem ohne Zweifel ein sehr erfolgreiches IT-Projekt.

Die intensive Kooperation hatte dazu geführt, dass die Mitarbeiter der zentralen Abteilung auf Konzernebene für alle weiteren Änderungen an den Schnittstellen in der täglichen Arbeit bereits gut geschult waren. Trotzdem wurden noch einige Zeit Mitarbeiter des Lieferanten als Experten angekauft, um nach nur wenigen Monaten das gesamte Team „self sufficient“ zu machen. Der Schulungsbedarf war aber nicht sonderlich hoch: Durch die starke Integration der Mitarbeiter des Kunden während des Projekts wurde keine Software „übernommen“. Die Mitarbeiter sahen es bereits als „ihre“ Software an.

Die Performance des Systems lag mit einem Mehrfachen des Altsystems über Plan – und das auf der geplanten Hardware.

Auch nach diesem Projekt waren die Konsequenzen erheblich. Die Kompetenzen wurden neu verteilt, einige der Mitarbeiter mussten ihre Positionen verlassen und wurden zu höheren Pflichten berufen. Und das, weil es selbst bei einem so großen Konzern mit Hunderten IT-Projekten pro Jahr nicht so viele Projekte dieser Größenordnung gibt, die wirklich erfolgreich abgeschlossen werden können.

Zusammenfassung

Dieses Beispiel zeigt ganz klar die Vorteile des Agilen Festpreisvertrags als Bindeglied zwischen festem Kostenrahmen und agilem Vorgehen.

Die wesentlichen Vorteile waren:

- Es wurde nicht versucht, sich ändernde Anforderungen frühzeitig genau zu spezifizieren. Laufende Änderungen an noch im Betrieb befindlichen Schnittstellen waren somit kein Problem.
- Die Probleme von unvorhergesehen hohen Abweichungen in der Qualität der Vergleichsdaten zur Spezifikation konnten früh aufgedeckt werden. Dadurch gab es die Möglichkeit, rechtzeitig gegenzusteuern, die Arbeitsweise leicht zu adaptieren und die Auswirkungen zu minimieren.
- Der Vertrag bot keine theoretischen Formulierungen, sondern praktische Hinweise und Vorgaben zur Kooperation. Auf diese Weise konnte die Effizienz im Laufe des Projekts sogar maßgeblich gesteigert werden.

Wir greifen noch einmal den Diskussionspunkt auf, dass beim agilen Vorgehen die Aufwände für den Kunden wegen seiner Mitwirkungspflichten wesentlich höher seien. Sehen wir es uns wieder anhand von Land L1 zusammenfassend an:

- Diskussionen zu unklaren Spezifikationen: 20 Tage
- Diskussionen während der Umsetzung des Designs: 40 Tage
- Fragen während der Implementierung: 20 Tage
- Unterstützung im Vergleichstest: 20 Tage
- Abnahme: 80 Tage
- Projektmanagement etc.: 100 Tage

Mit 280 Tagen lag der Aufwand des Kunden deutlich unter den 330 Tagen, die er beim herkömmlichen Festpreisprojekt investieren musste.

Die Höhe der Change Requests war sehr gering. Für Land L1 waren Teile der Annahmen nicht richtig und konnten auch nicht durch Exchange for Free kompensiert werden. Vom Steering Board wurden 50 Tage an Change Requests freigegeben. Dieser Wert lag unter zehn Prozent der Aufwände für Change Requests beim herkömmlichen Festpreisvertrag.

10.2.3.5 Resümee

Auch wenn dieses Beispiel stark vereinfacht dargestellt wurde, zeigt es doch sehr deutlich, dass das agile Modell wesentliche Vorteile hat und den Weg für ein wirklich erfolgreiches IT-Projekt ebnen kann.

In der Vorbereitung der Ausschreibung ist der Aufwand für den Kunden dramatisch geringer. Für die Detailspezifikation wird der Aufwand zwar nur aufgeschoben, aber das bringt den Vorteil, dass die Information zeitnah und richtiger erstellt wird. Das wirkt sich spürbar auf Qualität und Kosten aus. Entgegen oftmaliger Behauptungen muss auch beim herkömmlichen Festpreis in einem ähnlichen Umfang in Workshops investiert werden, wie es beim Agilen Festpreisvertrag der Fall ist.

10.3 Beispiel 3 – Entwicklung eines Softwareprodukts

Als Nächstes wollen wir die Entwicklung eines neuen Softwareprodukts basierend auf einem Agilen Festpreisvertrag betrachten. Teile dieses Beispiels sind einem konkreten Projekt entnommen, allerdings haben wir den gesamten Sachverhalt deutlich vereinfacht, um ihn auf wenigen Seiten verständlich darstellen zu können. Die restlichen Annahmen beruhen auf unserer Erfahrung in der Entwicklung von Softwareprodukten, die wir auch im Rahmen herkömmlicher Festpreis- und Time & Material-Verträge mitgestaltet und miterlebt haben. Im Gegensatz zum Beispiel des Migrationsprojekts haben wir hier nicht die einzigartige Situation, dass dasselbe Projekt nach zwei Methoden umgesetzt wurde. Dafür bietet uns dieses Beispiel aber die Möglichkeit, alle drei in diesem Buch vorgestellten Vertragsarten miteinander zu vergleichen.

Im vorigen Beispiel war der herkömmliche Festpreisvertrag in der Umsetzung an das Wasserfallprinzip gekoppelt. Hier nehmen wir an, dass unabhängig von der Vertragsart die Umsetzung immer nach agilen Methoden stattfindet. Dadurch werden die Probleme an der Schnittstelle zwischen Umsetzung und Vertragsart deutlicher.

10.3.1 Ausgangssituation

Wie bei den meisten Produktentwicklungen lautet auch hier zu Beginn die Erkenntnis: Der Markt stellt gewisse Anforderungen, die durch bekannte Softwareprodukte noch nicht ausreichend abgedeckt werden. Neue Software zu entwickeln bedeutet, eine Innovation zu schaffen. Während dieses Entwicklungsprozesses muss man den Markt im Auge behalten und auf dessen Variabilität reagieren. Nur so wird das Produkt beim Launch noch immer die Anforderungen des Markts widerspiegeln – qualitativ hochwertig und innovativ. Im konkreten Fall sitzt den Entwicklern aber der Zeitdruck im Nacken. Analysen ähnlicher am Markt befindlicher Produkte haben ergeben, dass auch die Konkurrenz an diesem Thema arbeitet und voraussichtlich nach zehn Monaten eine erste Version ihres Produkts auf den Markt bringen wird. So kann die klare Vorgabe nur lauten: Eine Produktentwicklung ist nur dann sinnvoll, wenn nach neun Monaten der Produktlaunch bei einer großen Messe mit Live-Demonstration verkündet werden kann.

Was zum Zeitpunkt der Vertragsunterzeichnung also feststeht und beschrieben werden kann, ist nicht mehr als eine Vision und wesentliche Funktionen. Was diese Funktionen genau tun sollten, ist zu Beginn noch nicht ganz klar. Und dort, wo Klarheit herrscht, gibt es nicht genug Zeit, um sich zunächst einmal einige Monate mit Spezifikationen zu beschäftigen.

10.3.2 Vertrag und Vorgehen nach dem herkömmlichen Festpreisvertrag

Wir konstruieren zunächst eine Situation, in der das Projekt nach dem herkömmlichen Festpreisvertrag aufgesetzt wird. So können wir uns genauer ansehen, welche Probleme mit hoher Wahrscheinlichkeit auf den Kunden und den Lieferanten zugekommen wären.

10.3.2.1 Ausschreibungsphase beim Festpreisprojekt

Der Kunde müsste einen Weg finden, um die Anforderungen in kürzester Zeit zu konkretisieren, damit eine ausreichend detaillierte Ausschreibung versendet werden kann. Im konkreten Fall müsste der Kunde zumindest einen Monat in die Spezifikation investieren. Alle Funktionen, die zu diesem Zeitpunkt noch nicht genau beschrieben werden können, werden vom Kunden durch Annahmen ergänzt. Der Kunde ist bereits erfahren genug, um zu wissen, dass vage Annahmen nur dazu führen, dass der Lieferant diese Annahmen aus technischer Sicht trifft, wenn er keine Ahnung vom Ziel des Produkts hat.

Der Plan sieht folgendermaßen aus:

- (A) Woche 1 – 4: Zusammenstellen der Spezifikation.
- (B) Woche 1 – 4: Erstellen des kommerziell-rechtlichen Rahmens der Ausschreibung.
- (C) Woche 5: Review der Ausschreibung, Freigabe und Versand an mögliche Lieferanten.
- (D) Woche 6 – 7: Zeit für die Ausschreibungsbeantwortung.
- (E) Woche 8: Review der Angebote und Erstellen der Shortlist.
- (F) Woche 9: Workshops mit den beiden Erstgereihten der Shortlist.
- (G) Woche 10: Nachtragsangebot einholen.
- (H) Woche 11: Verhandlung mit den beiden Erstgereihten und Entscheidung.
- (I) Woche 12: Finale Vertragsverhandlung und Vertragsabschluss.

Der Zeitplan ist ziemlich sportlich, für eine vernünftige Ausschreibung nach dem herkömmlichen Festpreis aber sicher nötig. Für die Umsetzung bedeutet das aber, dass die neun zur Verfügung stehenden Monate soeben auf sechs Monate reduziert wurden.

In Schritt (A) würden nun sechs Personen innerhalb der vier Wochen im Umfang von 120 Tagen an der Spezifikation des Produkts arbeiten. Das würde wieder bedeuten, Geld in Aktivitäten mit unsicherem Ausgang zu investieren. Denn auch hier beschreibt man etwas, das sich noch ändern wird und von dem man in vielen Bereichen noch gar nicht genau weiß, wie es aussehen soll. In vielen Unternehmen bemerkt man dabei, wie die Motivation der Unglücklichen, die diese unlösbare Aufgabe lösen sollen, schon vor Projektbeginn deutlich absinkt. Mit der beschriebenen Lösung kann sich oft niemand identifizieren und das zieht sich als negative Grundstimmung durch das gesamte Projekt.

Ob der Vertragsgegenstand von „Nicht-Wissen" umgeben ist, kann man ganz leicht feststellen: Man holt in das Team der Anforderungsspezifizierer Kollegen aus unterschiedlichen Abteilungen – Personen, die man oft gar nicht so gut kennt, die aber eine größere Gruppe repräsentieren. Dann werden eine oder zwei Personen aus dieser Gruppe gebeten, die Spezifikation zu übernehmen. Geht es um eine Einführung im Rahmen eines IT-Standardprojekts (zum Beispiel eines Standard-ERP-Systems), wird sich sehr schnell eine Person aus diesem Kreis melden. Komplexe IT-Projekte mit vielen Unbekannten werden hingegen mit Schweigen oder ausweichendem Verhalten quittiert. Für Projektsponsoren ist das ein guter Indikator, dass etwas nicht stimmt. Natürlich wollen wir nicht den Eindruck erwecken, dass IT-Standardprojekte besonders einfach sind. Nur bei der Vertragsart und auch beim Übernehmen von Verantwortung sieht es anders aus, weil man zumindest weiß, wohin die Reise geht.

Zurück zum Beispiel. Dort mag sich die Situation genauso darstellen, dass die Stimmung bei Projektbeginn auf Kundenseite gedämpft ist. Ganz sicher tätigt man aber eine Investition, deren Nutzen fraglich ist und deren Wertverfall permanent zunimmt.

In der Ausschreibung finden sich die wesentlichen Standardkomponenten:

- Spezifikation der Anforderungen.
- Vorgabe des Zeitrahmens.
- Und um die geforderte Entwicklungsmethode klar zu machen:

  Vorgabe von Scrum, um früh erste Ergebnisse verifizieren zu können.

Die Lieferanten erstellen nun ihre Angebote nach den folgenden Gesichtspunkten:

1. **Umfang:** Die Spezifikation wird als Kundenwunsch hingenommen und deren Umsetzung genauso geschätzt. Trotzdem würde sich nach dem zugrunde liegenden agilen Vorgehen in der Entwicklung die Möglichkeit bieten, die Spezifikation umzuformulieren. Dies würde durch eine Umformulierung der Spezifikation in User Stories und somit in eine Darstellung „Was der Kunde will" geschehen. Leider ergibt sich auf Basis des Festpreisvertrags der Nachteil, dass man eigentlich den Vertragsgegenstand abändert, was einen – leider meist negativ behafteten – Change Request bedeutet.
2. **Abgrenzung:** Im Angebot wird die ursprüngliche Spezifikation des Kunden aus der Ausschreibungsphase in den wesentlichen Teilen übernommen. Es kommt allerdings zu einer Abgrenzung und somit einer Eingrenzung der Interpretationsspielräume. Das ist nicht per se negativ, aber diese Abgrenzung im Angebot wird vom Kunden oft unzureichend analysiert und ggf. falsch interpretiert.
3. **Agiles Vorgehen:** Der Lieferant geht auf die agile Vorgehensweise ein und bestätigt, dass das Projekt so umgesetzt wird. Da aber ein starrer Festpreisvertrag die Grundlage bildet, wird im Angebot in keiner Weise festgehalten, wie der Lieferant dem Kunden die Vorteile des agilen Vorgehens weitergeben kann. Scope-Änderungen und spätere Detaillierungen der Spezifikation wären ja nicht vertragskonform.

Die restlichen Teile des Angebots sind Standardinhalte, die bei solchen Angeboten nach dem herkömmlichen Festpreisvertrag von Lieferanten abgegeben bzw. vom Kunden vorgegeben werden.

10.3.2.2 Verhandlung

Auf Basis der Angebote hält der Kunde mit jedem der zwei bestgereihten Lieferanten Workshops ab. Dabei will er die Punkte im Angebot so optimieren, dass er möglichst einfach Vergleiche ziehen kann. Bei intensiven und professionellen Vorbereitungen der kommerziellen Verhandlung werden auch die Annahmen zumindest teilweise angeglichen. Allerdings sind sie meist auf Dutzenden Seiten im Angebot verstreut und es gelingt daher nicht vollständig. Der in diesem Beispiel vorgegebene Zeitplan lässt nicht sehr viel Spielraum, die kommerzielle Verhandlung muss innerhalb der geplanten Kalenderwoche stattfinden. In dieser Verhandlung wird der Festpreis durch kommerziellen Druck zwischen den beiden Bestgereihten optimiert. Wie wir mittlerweile wissen und wie es auch in diesem Beispiel der Fall ist, sichern sich die Lieferanten durch genügend Annahmen und Abgrenzungen den in dieser Verhandlung reduzierten Festpreis gut ab. Möglicherweise ist es schlimmer, wenn sie das nicht tun: Denn durch die Abgrenzung ist der Scope zumindest einigermaßen eingegrenzt im Vertrag verankert – wenn auch zum Nachteil des Kunden. Fehlt dieser Fixpunkt, hat man keinen Anhaltspunkt bei späteren Diskussionen.

Nach Woche 12 ist ein verhandelter herkömmlicher Festpreisvertrag abgeschlossen und basiert auf

1. einer Detailbeschreibung des Projektumfangs, die zum Teil nach bestem Wissen und Gewissen Inhalte beschreibt, die man noch gar nicht kennt;
2. einer Detailbeschreibung des Projektumfangs, in der aus Zeitmangel gewisse Details noch gar nicht ausgearbeitet sind;
3. einer Detailbeschreibung eines Projektumfangs, der sich durch den Innovationsgrad dieses neuen Produkts voraussichtlich sehr stark ändern wird.

Das Ausschreibungsteam des Kunden hat bereits bei Vertragsabschluss die Lust verloren und sich im Wissen um die vertragliche Unzulänglichkeit auf eine Verteidigungsposition zurückgezogen.

Der Kunde weiß, dass es meist zu Kostenüberschreitungen und Change Requests kommt, und setzt das Projektbudget 20 Prozent über dem vertraglich zugesicherten Festpreis an. Auch bei diesem Beispiel basiert der gesamte Prozess auf einem Ranking (Preis und Rucksack), das zum Beispiel fachliche Übereinstimmung des Angebots, Referenzen des Lieferanten und Kosten (d. h. Festpreis und eventuelle Tagessätze für spätere Änderungen) beinhaltet. Die wirklich entscheidende Frage „Was kostet es mich als Kunde, eine Software zu bekommen, die meine Vision ermöglicht?“ bleibt vollkommen offen. Die angenommenen 20 Prozent sind reine Spekulation und mit Sicherheit zu niedrig angesetzt. Warum zu niedrig? Der Kunde hat doch sicher erfahrene IT-Mitarbeiter, die eine realistische Schätzung abgeben könnten? Ganz sicher hat er die, aber zum einen kann man es einfach nicht abschätzen und zum anderen müsste man das Projekt stark hinterfragen, wenn die Experten des Kunden ihre Erfahrung der letzten Jahre offen auf den Tisch legen. Dann müsste man nämlich einen Sicherheitsaufschlag von 100 Prozent vorschlagen. Falls die Projektsponsoren aus dem Management dieses Buch oder ähnliche Literatur noch nicht gelesen haben sollten, wären sie wahrscheinlich stark verwundert. Aber selbst in den seltenen Situationen, in denen die Debatte an diesem Punkt anlangt, wird ein pragmatischer Weg gefunden, um die 100 Prozent wegzudiskutieren. Es wird nicht hinterfragt, warum man denn überhaupt einen herkömmlichen Festpreisvertrag eingeht, wenn der angegebene Festpreis keinerlei Aussage über die endgültigen Projektkosten zulässt.

10.3.2.3 Der herkömmliche Festpreisvertrag

Auch für dieses Beispiel beinhaltet der herkömmliche Festpreisvertrag die – im Sinne der Diskussion in diesem Buch – relevanten Komponenten:

- **Vertragsgegenstand:** Dieser ist eindeutig und vollständig beschrieben, denn im Vertrag befindet sich kein Hinweis, dass gewisse Themen erst während des Projektverlaufs erarbeitet werden und wie man damit umgehen wird. Die Reihenfolge der vertragsrelevanten Dokumente lautet:
  - Verhandlungsprotokoll
  - Vertrag
  - Angebot des Lieferanten
- In diesem Beispiel stellen wir den nicht seltenen Fall vor, dass der Lieferant verhindert hat, dass die Ausschreibung im Vertrag referenziert und somit zum gültigen Vertragsteil wird. Die Argumentation ist schlüssig, da der Lieferant nur das, was er beschreibt, liefern wird und nicht irgendwelche eher allgemein gehaltenen Teile der ursprünglichen Anforderung. Die Implikationen liegen auf der Hand: Der Kunde glaubt immer noch, dass er bekommt, was er ursprünglich ausgeschrieben hat. Erst im Projekt bemerkt er, dass das, was der Lieferant angeboten hat, stark eingegrenzt ist. Und das führt wieder zu Diskussionen, Change Requests, Verzögerungen – also Kosten.

Weitere Vertragsteile sind:

- **Annahmen und Abgrenzung:** Je unklarer die Anforderung eines IT-Projekts definiert werden kann, desto eher besteht die Gefahr, durch komplexe Annahmen die Übersicht zu verlieren. In diesem Projekt – wie in den meisten – merkt der Lieferant natürlich, dass es Unsicherheiten beim Kunden gibt, und sichert sich in seinem Angebot entsprechend ab.

- **Aufwand:** Der Aufwand wird in EUR angegeben sowie durch eine Anzahl von Personentagen und jeweils eingesetzte Berufslevels und deren Tagessätze erläutert. Ein entsprechender Sicherheitsaufschlag fehlt auch bei diesem Beispiel nicht. Was allerdings fehlt, ist eine klare Darstellung, warum es diesen Sicherheitsaufschlag gibt. Dessen Ursprung bleibt unter allgemeinen Floskeln und versteckten Annahmen verborgen. Die Frage, was gemeinsam angenommen werden muss, um den Sicherheitsaufschlag zu minimieren, wird viel zu selten gestellt!
- **Mitwirkungspflichten:** Obwohl Software, die erst entwickelt werden muss, ihren Ursprung in der Vision des Kunden hat (die nur der Kunde vor seinem inneren Auge sieht und so gut wie möglich zu transportieren versucht), wird die Mitwirkungspflicht nicht klar geregelt. Auch bei diesem Festpreisvertrag könnte eine regelmäßige Feedback-Schleife eingebracht werden, da ja agil geliefert wird. Doch dieser – eigentlich erste – Schritt in die Richtung des Agilen Festpreisvertrags wird nicht vereinbart und bleibt wie so oft als unwirksames Add-on im Vertrag erhalten.
- **Projektplan/Meilensteinplan:** In diesem Punkt des Vertrags wird der Go-Live-Termin nach sechs Monaten festgelegt, für die zwei Monate davor wird die Bereitstellung der Software für Abnahmetests und Go-Live vereinbart. Die Zuversicht beider Parteien ist oft erschreckend, obwohl sie manchmal auch nur gespielt ist: Ein IT-Projekt, von dem man noch nicht genau weiß, was es beinhalten soll, bekommt gleich einen fixen Fertigstellungstermin – ohne dabei auch zu skizzieren, wie man diesen Termin erreichen will, wenn sich auf der Reise Umwege ergeben. Die zugrunde liegende agile Entwicklungsmethodik wird also einfach ignoriert.
- Der **Zahlungsplan** ist wie im vorigen Beispiel mit Zahlungsmeilensteinen versehen. Obwohl im Hintergrund agil entwickelt wird, sind Festpreisverträge meistens trotzdem so konzipiert, dass Meilensteine aus dem klassischen Wasserfallvorgehen wie etwa „Abnahme des Designs“ im Vertrag verankert sind.

  a) 20 Prozent bei Projektbeginn

  b) 20 Prozent bei Abnahme des Designs

  c) 30 Prozent bei Fertigstellung der Implementierung (d. h. bei Übergabe zum Abnahmetest)

  d) 30 Prozent bei Abnahme
- Der Vertrag beinhaltet eine Regelung, dass Änderungen im Umfang entsprechend in **Change Requests** mit zusätzlichen Kosten abgehandelt werden. Obwohl dem Kunden klar ist, dass sich einige Details erst in den nächsten Monaten herauskristallisieren werden, bietet das Vertragswerk keine Möglichkeit, flexibler zu agieren.
- **Verzögerungen** (in Bezug auf den vereinbarten Projektplan) werden aus Sicht des Lieferanten mit der Formulierung abgehandelt, dass bei einem Verzug seitens des Kunden der Lieferant berechtigt ist, diese Zusatzaufwände in Form eines Change Requests einzufordern. Der Kunde stellt durch Vertragsstrafen in der Höhe von x Prozent sicher, dass der Lieferant „motiviert“ genug ist, den Zeitrahmen einzuhalten.
- Change Requests werden nach einem Standard-Governance-Prozess als teure **„Regiearbeit“** geregelt.

- **Projektteam:** Der Lieferant sichert ein Projektteam zu, das entsprechend der Qualifikation der einzelnen Mitarbeiter ausgewiesen wird. Die Zusicherung wird durch ein vorläufig geplantes Projektteam stark relativiert.
- **Abnahmen:** In diesem Punkt wird dem agilen Entwicklungsprozess Rechnung getragen. Dem Kunden werden monatliche Drops gezeigt. Da die Drops vertraglich aber schwierig in den Festpreisvertrag zu integrieren sind, bleiben sie Reviews und keine bindenden Teilabnahmen. Alternativ gäbe es die Möglichkeit, die Drops an Zahlungsmeilensteine zu binden. Dazu müsste aber im herkömmlichen Festpreisvertrag irgendeine Aussage zum gelieferten Scope dieser Meilensteine getroffen werden. Häufig scheitert so eine Annäherung des herkömmlichen Festpreisvertrags genau daran, dass man – bis auf ein paar ausgewählte Themen – nicht einfach einen der Aspekte in den Festpreisvertrag aufnehmen kann, ohne an einer anderen Stelle Widersprüche und Unklarheiten hervorzurufen. Bei dieser Vertragsart ist das Risiko groß, dass der Vorteil agil fertig entwickelter, lieferbarer Produktinkremente nicht zum Tragen kommt.

Die übrigen Komponenten entsprechen dem Standard dieser Verträge und werden hier nicht weiter erläutert.

10.3.2.4 Projektverlauf, die Teams und kritische Situationen

Sehen wir uns nun an, welche Möglichkeiten der herkömmliche Festpreisvertrag im Rahmen dieses Beispiels bieten würde, um Herausforderungen in der Zusammenarbeit zu meistern.

Projektverlauf

Passend zum herkömmlichen Festpreisvertrag verläuft das Projekt klassisch. Beim großen Kick-off wird basierend auf High-Level-Informationen bekundet, dass alles perfekt vorbereitet wurde und nicht viel schiefgehen kann. Nach sechs Wochen muss das Designdokument finalisiert und an den Kunden übergeben werden. Dieser hat dann eine Woche Zeit, dieses Dokument abzunehmen.

Weil im Hintergrund agil gearbeitet wird, wird in den ersten ein bis zwei Sprints auch die Grobarchitektur auf Basis einer so spezifizierten User Story erstellt. Im agilen Vorgehen, bei dem keine Anpassungen wegen einer unpassenden Vertragsbasis stattfinden müssen, würde man nun zu diesem Grobkonzept mit jedem Sprint ein weiteres Detail hinzufügen. Dieses Design hätte gleichzeitig die Charakteristik einer Dokumentation.

Um aber dem Festpreisvertrag gerecht zu werden, wird nach dem ersten Sprint ein eigener Aufgabenblock initiiert, der lautet: „Schreibe in ein Designdokument das Design der Anforderungen, so wie man glaubt, dass diese von den Entwicklern umgesetzt werden sollen.“ Einer der Vorteile agiler Vorgehensweisen ist, dass viele oder die besten Köpfe zusammenarbeiten und einzelne Designentscheidungen vorschlagen, wenn die User Story im Detail abgearbeitet wird. Hier aber muss ein Mitarbeiter allein Lösungswege finden, die sich später leider öfters als unpassend erweisen. Das kann folgende Gründe haben:

- Entweder hat der Mitarbeiter nicht den optimalen Lösungsweg beschrieben oder
- der Lösungsweg sieht mit dem Wissen aus vorher umgesetzten User Stories plötzlich anders aus oder
- die Anforderungen haben sich aufgrund von Details oder Änderungen geändert und somit muss der Lösungsweg adaptiert werden.

Der Kunde nimmt das Design ab und bestätigt damit dem Lieferanten, dass genau dieses Design umzusetzen ist – obwohl von vielen Seiten bestätigt wird, dass eine Software nicht in allen Facetten von einem Design abgeleitet werden kann und diese Abnahme eine schwierige und für den Kunden wenig gewinnbringende Aufgabe ist.

Nach dieser Abnahme wird mit der Implementierung begonnen (wir können annehmen, dass es schon Verzögerungen und Diskussionen bei der Abnahme gibt). Da aber agil gearbeitet wird, wurde eigentlich schon während dieser sechs Wochen implementiert. Dem agilen Vorgehen wurde somit durch diese Art von Festpreisvertrag ein Nachteil aufgedrückt. Nämlich, dass die Arbeit der ersten drei Sprints (Annahme: 2-Wochen-Sprints) eventuell wegen vom Kunden reklamierter Designänderungen zu diesen bereits umgesetzten Punkten noch einmal geändert werden muss. Diese Gefahr ist zumindest nach Abnahme des Designs gebannt, allerdings zieht schon eine neue Herausforderung am Horizont auf: Ein gutes Entwicklungsteam soll in der Entwicklung direkt im Sprint die optimale Lösung finden. Nun befindet sich der Lieferant aber in der Zwickmühle zwischen Design und einer vielleicht neuen, besseren oder effizienter umgesetzten Lösung. Beim ersten Mal kann der Kunde vielleicht noch überzeugt werden, einen Change Request auf das Design zu akzeptieren. Beim zweiten Mal ist die Darstellung dem Kunden gegenüber schwerer, weil der Kunde ein Design abgenommen hat und der Lieferant ihm nun – im Rahmen eines herkömmlichen Festpreisvertrags – erklärt, dass es anders gemacht werden könnte und somit Manntage auf Seiten des Lieferanten gespart werden können.

Die Implementierungsphase verläuft wegen der Umsetzung nach Scrum entsprechend vorhersagbar. Bei diesem Projekt unter hohem Zeitdruck und mit hohem Innovationscharakter wird dem Kunden nach Woche 8 der erste Drop gezeigt und es kommt zur Überraschung:

1. Obwohl er das Design abgenommen hat, ist der Kunde bei einigen Anforderungen überrascht, wie das Feature in der wirklichen Umsetzung aussieht.
2. Der Kunde erkennt beim Probieren der ersten Features, was in den noch offenen Anforderungen nicht so wie ursprünglich gedacht umgesetzt werden soll.
3. Der Kunde hat für den Fachbereich in den letzten Monaten neue Funktionalitäten als hoch prior klassifiziert, das heißt wichtiger als derzeit im Projektumfang verzeichnete Funktionalitäten. Diese möchte er nun im Projekt untergebracht haben – auf jeden Fall vor dem Go-Live-Termin.

Aufgrund des Vertrags gibt es bei Punkt 1 und 2 nur durch Zusatzkosten die Möglichkeit, das Design für erst ab jetzt im Projekt umgesetzte Funktionalitäten zu ändern. Unter anderem, weil der Lieferant das schon in das aggressive Festpreisangebot einkalkuliert hat. Jetzt, wo sich nach einem Deming Cycle die Sender-Empfänger-Problematik zumindest ein Mal kalibriert hat, ist eine genauere Spezifikation der Anforderungen nicht im Projektverlauf vorgesehen. Genauer heißt nicht zwangsläufig mehr Aufwand, aber eine Klarstellung, dass nichts gemacht wird, was gar nicht gewünscht war. Aber dafür genau das, was für den Kunden wichtig ist.

Für Punkt 3 kennt dieser Vertrag die „Exchange for Free“-Methode natürlich nicht.

Zum Problem wird in diesem Projekt, dass in dieser Phase intensive Diskussionen die Kooperation abwürgen, weil der Kunde immer mehr ändern will. Teils versucht er durch Druck, dafür nicht bezahlen zu müssen, teils ist er bereit zu bezahlen. Andererseits rückt der Fertigstellungstermin immer näher und der Lieferant kann innerhalb eines Projekts, bei dem die Lieferleistung nur noch zwei Monate weiterläuft, nicht beliebig skalieren.

Die Abnahmetests sind zwar keine so große Überraschung wie nach dem Wasserfallmodell, trotzdem hat man mit dem Faktum zu kämpfen, dass bereits einige Monate vergangen sind, bis die seinerzeit spezifizierten Funktionen abgenommen werden. Weil auf beiden Seiten der unvermeidliche Wissensverfall ausgeglichen werden muss, entsteht ein Mehraufwand.

Der Projektverlauf ist daher von Mehrkosten, Verzug und Unzufriedenheit gezeichnet. Die Wahrscheinlichkeit, dass trotz der erheblichen Mehrkosten der Endtermin – mit den Funktionalitäten, die wirklich nötig sind und womöglich anderen als im Ursprungs-Scope aufgeführt – eingehalten werden kann, ist sehr gering. Laut Kapitel 2 liegt diese Wahrscheinlichkeit bei weniger als 50 Prozent, wobei diese Statistik alle IT-Projekte beleuchtet. Wenn man davon ausgeht, dass die stark standardisierten Projekte nicht so stark betroffen sind, müsste man wahrscheinlich von einer Wahrscheinlichkeit weit unter 50 Prozent ausgehen.

Die Teams

Aus Sicht der ausführenden Personen ist das Projekt äußerst mühsam. Der Kunde muss mit einer Minimierung der Zusatzkosten die Anforderungen der Änderungen beim Lieferanten durchsetzen. Da man erst über den Projektverlauf herausfindet, was man im Detail will, macht sich im Kundenteam Unmut breit. Man ist sich dessen bewusst, dass der Lieferant eigentlich nichts dafür kann.

Die Seite des Lieferanten ist in der Position, das Projekt kostendeckend und mit hoher Kundenzufriedenheit durchführen zu wollen. Je nach Wertung der Parameter kann man hier und da mehr oder weniger flexibel sein. Obwohl im Rahmen von Scrum entwickelt wird, ist die Bereitschaft gering, die Vorteile weiterzugeben. Das liegt am zugrunde liegenden Vertrag, an dessen Parametern der Lieferant gemessen wird.

Je nach Größenverhältnis der Unternehmen von Kunde und Lieferant kann dieses Kräftemessen mehr oder weniger fair ablaufen. Ziemlich sicher ist die Motivation der Teams zu vielen Zeiten im Projekt äußerst gering. Immer wieder wundern wir uns über Aussagen von Kunden wie etwa: „Das Fixpreisprojekt vergebe ich lieber an einen großen Lieferanten." Dass sich das Top-Management absichern will, ist teilweise verständlich. Wichtiger müsste es aber sein, mit einem Lieferanten, der die Expertise und die Agilität besitzt, den Grundstein für den Erfolg mit einem passenden Vertrag zu legen. Damit wollen wir nicht sagen, dass alle großen Lieferanten unqualifiziert sind oder nicht agil sein können. Allerdings zeigt sich, dass auch alle Lieferanten nur unter den richtigen Rahmenbedingungen erfolgreich IT-Projekte umsetzen können.

Kritische Situationen

Im Projekt treten die folgenden kritischen Situationen auf bzw. wären auf dieser Vertragsbasis vielleicht zusätzlich aufgetreten:

- **Verfehlung der Mitwirkungspflichten:** Hier regelt der Vertrag nur die Verzögerung, die ein Kunde verursacht hat. Verfehlungen bei den Mitwirkungspflichten können aber schwer quantifiziert werden (z. B. Fragen, Diskussionen oder ein unzureichendes Review des Designs). Der Vertrag bietet in dieser Hinsicht keine Unterstützung.
- **Diskussion über Interpretation der Anforderungen:** Die Interpretation der Anforderungen artet oft in einen regelrechten Kuhhandel im Steering Board aus und führt dazu, dass man von den Fakten abrückt. Es gibt keine Möglichkeit, bei übermäßigem Miss-

trauen eine dritte Partei zurate zu ziehen, ohne dass es als Kriegserklärung aufgefasst wird. Der Vertrag sagt, dass die Anforderungen umgesetzt werden müssen. Er sagt aber wenig dazu, welchen Weg man einschlagen soll, wenn es zu oft und zu massiv zu Interpretationsabweichungen kommt.

- **Verzögerung:** Wie man mit Verzögerungen umgehen kann, sei anhand von zwei Beispielen dargestellt.
  - Wenn das Design verspätet geliefert werden würde, könnte der Kunde eine Vertragsstrafe (Pönale) einfordern. Also wird das Design rechtzeitig geliefert und dafür bei der Qualität gespart. Wenn die Zeit für das Review des Designs zu kurz ist, wird entsprechend weniger Zeit für das Review verwendet. Oft hört man bereits an diesem Punkt aus dem Kundenteam die Aussage, dass dieses Review schwer sei und die wirkliche Funktionalität erst beim Test verstanden werden kann.
  - Wenn der Lieferant tatsächlich zum Meilenstein, zu dem die gesamte Entwicklung abgeschlossen sein sollte, noch Verzögerungen kundtun muss, ist die Pönale vertraglich geregelt. Es ist aber ein Werkzeug, das selten zum Tragen kommt, weil es den letzten Funken an Kooperationswillen zerstören würde und ein Kunde das nicht riskieren will. Mit dieser Begründung ist aber auch die Geldforderung des Lieferanten bei Verzögerungen durch den Kunden meist nur theoretischer Natur.
- **Scope -Änderungen:** Der Kunde will während der Umsetzung drei neue Funktionalitäten in den Umfang aufnehmen. Das geht nur, wenn durch Zusatzkosten und Zeitverschiebung Change Requests freigegeben werden. Die Möglichkeit, noch nicht umgesetzte Funktionen dafür auszutauschen, ist mit gewissen Mehrkosten verbunden. Der Lieferant nutzt diese Chance sehr oft, um selbst verursachte Verzögerungen zu kompensieren.
- Die **Qualität der Entwicklung** wird bei den Drop-Reviews zumindest oberflächlich gesichert. Wenn dabei aber schwerwiegende Mängel zum Vorschein kommen, muss der Lieferant diese nicht im nächsten Sprint, sondern bis zum Abnahmetest beheben (da dies nur Reviews der Drops sind und keine Abnahmen). Demnach haftet auch diesen Reviews eine gewisse Unsicherheit an. Sind die Mängel so schwer, dass das Vertrauen in die Lieferleistung verloren geht, gibt es keine vertragliche Zusicherung, dass der Kunde dem Lieferanten öfter über die Schulter schauen darf. Auch der Ausstieg aus dem Projekt ist für den Kunden schwierig, wenn er nicht noch mehr Geld mit einem anscheinend nicht fähigen Lieferanten riskieren will.

10.3.2.5 Projektabschluss

Das Projekt wird wahrscheinlich mit Verzug und einigen Mehrkosten abgeschlossen. Die Funktionen der Software werden sich wahrscheinlich nicht mit den Funktionen decken, die der Kunde als optimales Feature-Set identifiziert hat. Die Teams sind frustriert, weil sie wieder einmal durch eine schwere Schule gegangen sind, ohne wirkliche Verbesserungen zu sehen. Seitens der Entwickler des Lieferanten wird bei solchen Projekten immer wieder die Kritik laut, warum man eine gute Entwicklungsmethode mit dem falschen Vertragskonstrukt beschädigt.

Die Einkäufer mit veralteten Zielvorgaben sind bei der Projektumsetzung nicht mehr wirklich involviert. Ihre Bonifikation betraf weder den Prozess der Umsetzung noch die Budget-Endverantwortung, d. h. die tatsächlich angefallenen und nicht die verhandelten Kosten.

Natürlich könnte dieses Projekt auch zu einem „Black Swan“ werden. Das würde bedeuten, dass sich der Projektabschluss um Jahre verzögert und nur mit massivsten Mehrkosten erreicht werden könnte und der entstandene Schaden ruinös sein würde. Die Wahrscheinlichkeit ist bei diesem Projekt vielleicht gering, weil es keine Rollouts in verschiedenen Ländern gibt und wir hier nicht von einem jahrelangen Projekt mit zigtausenden Manntagen reden. Grundsätzlich trifft es zwar zu, dass mit steigendem Komplexitätsgrad und mit zunehmender Größe des Projekts der herkömmliche Festpreisvertrag immer unpassender wird. Das steht im Gegensatz zur weit verbreiteten Meinung, dass die neue Art von Verträgen und Entwicklungsmethoden eher für kleinere Projekte relevant sei. Doch selbst Projekte mittleren Umfangs wie in diesem Beispiel können zu einem kommerziellen Albtraum werden, wenn zum Beispiel die Timeline verpasst wird und die Konkurrenz ihr Produkt früher auf den Markt bringt. Die Sunk Costs und entgangenen Gewinne haben Gewicht!

Zusammenfassung

Dieser Abriss einer Softwareproduktentwicklung hat gezeigt, wie die Schnittstelle zwischen agiler Entwicklung und dem zugrunde liegenden herkömmlichen Festpreisvertrag die Vorteile der agilen Entwicklung hemmt und beiden Seiten Effizienzeinbußen beschert. Aus der unpassenden Schnittstelle erwachsen unter anderem die folgenden Nachteile:

1. Späte Änderungen in den Anforderungen können nicht einfach in den agilen Entwicklungsprozess eingebracht werden.
2. Die Mitwirkungspflichten wären besser planbar, wenn man sie schon vertraglich an die Entwicklungszyklen anpassen würde.
3. Neue Erkenntnisse (neues Wissen) auf Seiten des Kunden zum Umfang des Vertragsgegenstands können nicht einfach in den Entwicklungsprozess einfließen.

Die weiteren Nachteile und Gefahren des Festpreises wie Verzug und Mehrkosten bleiben natürlich erhalten. Speziell durch das Thema Verzug könnte in diesem Beispiel das gesamte Projekt als „Stranded Invest“ nicht erfolgreich abgeschlossen werden.

10.3.3 Vertrag und Vorgehen aus Basis von Time & Material

Auch die Beauftragung nach Time & Material birgt gewisse Aspekte, die dem Kunden, teilweise aber auch dem Lieferanten Nachteile bringen (alle Details zu den Vor- und Nachteilen siehe Kapitel 8). Daher sehen wir uns hier die Entwicklung des innovativen Softwareprodukts unter der Voraussetzung an, dass das Projekt auf Basis eines Time & Material-Vertrags abgewickelt wird.

10.3.3.1 Ausschreibungsphase

Die Ausschreibung dieses Softwareprojekts nach Time & Material hat den Vorteil, dass der Vertragsgegenstand vor dem Projektstart eigentlich noch nicht spezifiziert werden muss. Die Realität sieht allerdings etwas anders aus:

- Meistens will der Kunde (bzw. das Management des Kunden) vorab über die geplanten Projektkosten (Budget) Bescheid wissen. Um diese Schätzung durchführen zu können, brauchen entweder die internen Experten des Kunden eine Beschreibung bis zu einem gewissen Detailgrad oder
- in der Ausschreibung wird auch hinsichtlich des Projektumfangs angefragt (und nicht rein auf Time & Material-Ressourcen). In diesem Fall braucht der Anbieter genauso ausreichende Informationen zum Umfang des Vertragsgegenstands.

Wir gehen in diesem Beispiel davon aus, dass in der Ausschreibung vom Lieferanten nicht nur die Preise für Ressourcen nach Erfahrungslevels abgefragt werden, sondern auch die Gesamtschätzung der Aufwände angegeben werden muss. Diese Abfrage des Gesamtpreises ist aber klar als Indikation ausgewiesen. Es gibt immer wieder Graubereiche, in denen der Vertrag als Time & Material abgeschlossen ist, der Kunde aber eine Überschreitung der ursprünglichen Schätzung nicht akzeptiert. Diesen Graubereich sehen wir uns aber nicht näher an, weil dann auch der Umfang des Vertragsgegenstands sehr genau spezifiziert werden muss und man sich de facto in einem Festpreisvertrag bewegt.

Im Punkt „Erarbeitung der Spezifikation" kann die Planung der Ausschreibung etwas entspannter ablaufen. Die Beschreibung auf dem Level von Vision, Themen und Epics kann meistens in ein bis zwei Workshops und mit Reviews innerhalb einer Woche erledigt werden – wenn das Thema hoch prior ist. Kooperation und Kollaboration im Sinne des agilen Mindsets vorausgesetzt kann die Beschreibung in Ausnahmefällen auch ohne Workshops ausgearbeitet werden.

Die Planung in diesem Beispiel sähe so aus:

- (A) Woche 1: Zusammenstellen des Umfangs auf High-Level.
- (B) Woche 1: Erstellen des kommerziell-rechtlichen Rahmens und der Ausschreibung.
- (C) Woche 2: Review der Ausschreibung, Freigabe und Versand an mögliche Lieferanten.
- (D) Woche 3–4: Zeit für die Ausschreibungsbeantwortung.
- (E) Woche 5: Review der Angebote und Erstellen der Shortlist.
- (F) Woche 6: Nachverhandlung mit den beiden Erstgereihten.
- (G) Woche 7: Finale Vertragsverhandlung und Vertragsabschluss.

Was sofort auffällt: Die Durchlaufzeit für die geplante Ausschreibungsphase ist viel geringer als beim herkömmlichen Festpreisvertrag (7 Wochen vs. 12 Wochen, also ungefähr 60 % der Zeit). Der beim herkömmlichen Festpreisvertrag massive Aufwand in Schritt (A) kann drastisch auf das zu diesem Zeitpunkt relevante Wissen (siehe Kapitel 1 und 2) reduziert werden. Positiv wirkt sich das auch auf die Motivation des Ausschreibungsteams aus: Die Mitglieder fühlen sich nicht genötigt, die Verantwortung für etwas zu übernehmen, was sie noch gar nicht wissen und schon gar nicht beschreiben können.

Die Ausschreibung für dieses Beispielprojekt nach Time & Material muss aber folgende wichtige Komponenten beinhalten:

- **Anforderung an die Rollen**, die im Projekt gefordert werden: Der Kunde liefert mit der Grobspezifikation des Vertragsgegenstands auch die Information mit, welche Qualifikationen aus seiner Sicht gewünscht sind.
- **Technologie:** Meist wird vom Kunden bereits über die Technologien (z. B. Java J2E, Oracle 11 g, Tomcat, Ajax) entschieden. Das führt zu konkreten Anforderungen in der Ausschreibung an die gewünschten Time & Material-Ressourcen.
- Eine grobe **Aufwandsabschätzung** durch den Lieferanten: Manchmal soll der Lieferant aufgrund seiner Erfahrung seinen Aufwand auf Basis der vorhandenen Informationen (Grobspezifikation, Technologien etc.) abschätzen. Dieser Aufwand ist aber rein informativ. Der Kunde muss sich dessen bewusst sein, dass hier kein Lieferant eine genaue Schätzung abgeben könnte, weil das endgültige Team, die Methodik und das Vorgehen nicht von ihm geregelt sind. Ein großer Teil der Variabilität eines Projektaufwands hängt aber davon ab.
- **Geplante Projektorganisation:** Der Kunde spezifiziert in diesem Beispiel die geplante Projektorganisation, um dem Lieferanten die Möglichkeit zu geben, bei den angebotenen Ressourcen auf die Gesamtsituation Rücksicht zu nehmen.
- **Bestellungen:** Der Kunde gibt in der Ausschreibung an, wie die Bestellzyklen geplant sind. In diesem Beispiel nehmen wir an, dass quartalsweise Bestellungen geplant sind.
- **Qualitätssicherung:** Der Kunde gibt vor, welche Qualitätssicherungsmechanismen der Lieferant bedienen muss. In diesem Fall wird im Rahmenwerk von Scrum mit Testdriven Development in einer Continuous-Integration-Plattform gearbeitet. Dementsprechend muss ausgeschrieben werden, dass sich die eingesetzten Ressourcen damit auskennen müssen und sich verpflichten, zu jeder Funktionalität entsprechend automatisierte Tests zu verfassen (Unit-Tests).
- **Reporting-Verpflichtungen des Lieferanten:** Der Lieferant muss sich dazu verpflichten, bis spätestens am fünften Werktag des Folgemonats die Zeitlisten der eingesetzten Mitarbeiter an den Kunden zur Gegenzeichnung zu übergeben (welcher Mitarbeiter hat an welchem Tag wie lange woran in diesem Projekt gearbeitet).
- **Austausch von Ressourcen:** Der Lieferant darf die Ressourcen im Projekt nur nach Zustimmung des Kunden austauschen.
- **Lebensläufe der angebotenen Mitarbeiter:** Die Lebensläufe der angebotenen Mitarbeiter müssen – mit einer Auflistung der relevanten Projekterfahrung – dem Angebot beigefügt werden.

Der Lieferant erstellt das Angebot zu dieser Ausschreibung nach folgenden Gesichtspunkten:

- Für das Projekt werden einige Schlüsselressourcen mit bestechender Erfahrung angeboten.
- Um den Deckungsbeitrag des Projekts zu erhöhen, werden noch ein paar günstige Ressourcen beigemengt.
- Der Aufwand wird vom Lieferanten sehr niedrig geschätzt, aber im Angebot sehr drastisch von jeder Verbindlichkeit befreit. Warum sollte sich der Lieferant durch eine realistische Angabe unbeliebt machen oder gar aus dem Ausschreibungsrennen nehmen, wenn es um unverbindliche Angaben geht, für die sowieso die wesentlichen Grundlagen fehlen?

- Zu den restlichen Aspekten (Qualitätssicherung etc.) wird ein positives Statement abgegeben, obwohl nicht alle angebotenen Ressourcen diese Anforderungen wirklich erfüllen.
- Die Lebensläufe werden bis zu einem gewissen Grad „optimiert". Mittlerweile ist das schon so zur Gewohnheit geworden, dass übertriebene Ehrlichkeit beinahe als Wettbewerbsnachteil aufgefasst wird. Und so werden Personen, die drei Wochen in einem Java-Projekt mitgearbeitet haben, plötzlich zu Entwicklern mit Java-Erfahrung – was bis zu einem gewissen Grad stimmt, aber doch irreführend ist.

Die restlichen Teile des Angebots umfassen Standardinhalte von IT-Angeboten und werden hier nicht weiter erläutert.

10.3.3.2 Verhandlung

Bei der Verhandlung von Time & Material-Ausschreibungen geht es häufig nur um Abnahmemengen und in Ausnahmefällen um den Austausch gewisser Mitarbeiter, deren Lebenslauf nicht passend erscheint. Im optimalen Fall hat der Fachbereich mit diesen Mitarbeitern der beiden erstgereihten Lieferanten vorab persönlich gesprochen und gibt den Verhandlern eine Empfehlung (die in den in Kapitel 5 beschriebenen Rucksack einfließt).

Die Abnahmemenge ist aber trotzdem ein heikles Thema. Denn was der Kunde mit dem Time & Material-Vertrag vermeiden will, ist eine fast unwiderrufliche Bindung an den Lieferanten wie beim herkömmlichen Festpreisvertrag. Daher kann die Verhandlung über Abnahmemengen und daraus resultierende Mengenrabatte nur auf einer Absicht beruhen, nicht aber auf der Zusicherung einer Abnahmemenge. Der Kunde versucht, den Mengenrabatt in dieser Konkurrenzsituation zu maximieren. Der Lieferant versucht, eine Staffelung der Rabatte zu erzielen (z. B. 5 % Rabatt für die ersten 1000 Personentage, 10 % Rabatt für die Personentage 1001 – 2000).

Der Kunde hat am Ende dieser Verhandlung einen Vertrag, der gewisse Ressourcen zu einem gewissen Preis gewährleistet. Was aber fehlt, sind Informationen zu den endgültigen Projektkosten. Dies hängt von der internen Organisation und Planung des Kunden ab.

10.3.3.3 Der Time & Material-Vertrag

Der Time & Material-Vertrag, der bei der Verhandlung für dieses Beispielprojekt entsteht, enthält folgende, für die Diskussion in diesem Kapitel relevante Teile:

- **Preise in Form von Tagessätzen je Erfahrungslevel:** Der Preis wird nicht an den Mitarbeitern, sondern an den Qualifikationen fixiert. Für diese Erfahrungslevels gibt es aber selten ein einheitliches Schema, das über unterschiedliche Lieferanten festgelegt werden kann. Wer bestimmt, was einen Senior Developer ausmacht und was einen normalen Developer?
- **Zugesagte Mitarbeiter:** Die Liste der angebotenen und in der Verhandlung ggf. noch adaptierten Ressourcen wird als Vertragsbestandteil aufgenommen.
- **Austausch von Mitarbeitern:** Dazu ist im Vertrag festgehalten, dass der Kunde einem Austausch zustimmen muss. Ausgenommen davon sind wichtige Gründe eines Lieferanten, einen Mitarbeiter auszutauschen. Der Kunde kann außerdem den Lieferanten ersuchen, eine Ressource innerhalb von vier Wochen auszutauschen, falls deren Leistung unzureichend ist.

- **Abnahmemengen und Rabattierung:** Es wird die Abnahmemenge und die darauf basierende Rabattierung geregelt.
- **Verantwortung:** Der Lieferant verpflichtet sich, die Ressourcen zur Verfügung zu stellen. Er übernimmt aber keine Verantwortung für den Projektfortschritt, da die Kontrolle des Projekts ausschließlich in der Hand des Kunden liegt.
- **Abrechnung:** Die vom Kunden unterschriebenen Zeitlisten sind Grundlage für die monatliche Rechnungslegung.

Der Vertrag ist ein klassischer Time & Material-Vertrag. Die unten hervorgehobenen Punkte wurden für die Betrachtung des Projektverlaufs, der Situation im Team und der Handhabung kritischer Situationen im folgenden Kapitel speziell ausgewählt.

10.3.3.4 Projektverlauf, die Teams und kritische Situationen

Nach nur sieben Wochen Ausschreibungsphase kann das Projekt auch schon beginnen. Der Kunde hat bereits einen internen Projektleiter für dieses Projekt nominiert, der sofort ein Kick-off plant und, dank etwas Erfahrung in der Entwicklung mit Scrum, die Teams gruppiert und über das Vorgehen informiert. Häufig werden diese herausfordernden Positionen für Projektleiter aber auch durch externe Ressourcen von einer dritten Partei besetzt. In diesem Fall ist es ratsam, dass der Kunde einen dritten Lieferanten oder gar eine spezielle Ressource auswählt, die eher die Rolle des „Trusted Advisor" als eines normalen Lieferanten hat.

Die Teams setzen sich zum Großteil aus Mitarbeitern des einen Lieferanten zusammen. Zusätzlich werden aber noch einzelne Mitarbeiter des Kunden und ein direkt vom Kunden beauftragter Freelancer eingesetzt.

Der Kunde steht nun vor einer Herausforderung: Er will mit einem Lieferanten nach Scrum entwickeln. Dazu muss der Kunde die Rahmenbedingungen für die agile Entwicklung schaffen. Er darf das Projekt aber nicht mit Zeitdruck und Eskalation vorantreiben. Falls der Kunde – wie wir es für dieses Beispiel annehmen – keine wirkliche Erfahrung mit Scrum und der agilen Entwicklung hat, würde das sehr schnell dazu führen, dass Scrum abgewandelt wird, um kleinere Planungseinheiten durchzubringen.

Welche Nachteile das mit sich bringt, wird in der Literatur eingehend behandelt (Gloger 2016; Schwaber 2003).

Die Ressourcen des Lieferanten führen ihre Arbeit in jedem Sprint entsprechend durch. Auf Basis von Time & Material tun sie es aber so, dass es ausreicht. Ihre Motivation ist es,

- die Lieferleistung zu erbringen,
- so viele Tage wie möglich dafür in Rechnung zu stellen und
- sich unersetzbar zu machen.

Gerade der letzte Punkt wirkt sich sehr negativ auf die Arbeit im Scrum-Team aus. Die Haltung sollte ja eigentlich von Offenheit, Transparenz und gegenseitiger Unterstützung geprägt sein. Die einzelnen Personen – sowohl die Mitarbeiter des Lieferanten, aber auch der Freelancer – versuchen, sich in einem guten Licht zu präsentieren. Im Hintergrund reißen sie das Know-how an sich und teilen es nur widerwillig.

Bei Abnahmen nach dem Ende des Sprints kommt es nach unserer Erfahrung in diesem Setup immer öfter zu Qualitätsproblemen. Commitments werden im Vergleich zu homogenen Teams (d. h. im Vergleich zu einem eingespielten Team des Lieferanten) nicht eingehalten.

Die folgenden kritischen Situationen im Projekt bergen ein gewisses Eskalationspotenzial:

- **Zeitlisten sind nur sehr oberflächlich ausgefüllt:** Die Zeitlisten werden vom Kunden als Kontrolle der Leistung gesehen. Sehr oft gibt es zumindest bei einem Teil der Ressourcen Probleme damit, dass die Zeitlisten nicht sehr genau ausgefüllt werden und der Projektleiter daher schwer einschätzen kann, woran genau gearbeitet wurde und ob es der gewünschten Leistung entspricht. Kombiniert mit dem nächsten Punkt lautet die kritische Frage beim Time & Material-Vertrag: Wie misst man die Leistung in diesem Vertragsverhältnis?
- **Zeitlisten sind nicht nachvollziehbar:** Es werden auch Zeitlisten mit sehr vielen Stunden abgegeben, die der Projektleiter nur schwer zuordnen kann. Die zugrunde liegende agile Entwicklungsmethodik schafft zumindest etwas Transparenz dadurch, dass sich das Team selbst kontrolliert. Außerdem haben die Zyklen, in denen der Output des Teams verifiziert wird, eine überschaubare Länge. Teams, die ausschließlich oder überwiegend aus Mitarbeitern des Lieferanten bestehen, laufen immer wieder Gefahr, die tatsächliche Leistung im Sinne eines „Information Hiding" etwas zu verschleiern. Noch viel kritischer ist die Lage, wenn nach dem Wasserfallprinzip gearbeitet wird. Vertraglich lässt sich nur schwer eine Regelung finden.
- **Austausch von Ressourcen aus Lieferantensicht:** Obwohl der Vertrag diesen Punkt klar definiert, wird der Lieferant in diesem Beispiel sehr wahrscheinlich ein paar der Ressourcen austauschen wollen. Meistens sind das Ressourcen, die entweder wegen ihrer Expertise für andere Themen des Lieferanten benötigt werden oder schlicht und einfach zu teuer sind. Die Personalkosten kommen sich also mit den vereinbarten Kosten für diesen Level in die Quere. Also sollen diese Mitarbeiter durch andere Personen ausgetauscht werden, die den Deckungsbeitrag des Lieferanten erhöhen. Der Kunde kann zwar die Zustimmung verweigern, meist geht der Lieferant aber „geschickt" vor und kündigt an, dass diese Person zum Beispiel aus persönlichen Gründen nicht mehr im Projekt sein kann. Die Möglichkeiten des Kunden sind dann sehr begrenzt. So optimiert der Lieferant auch in diesem Beispielprojekt seinen Gewinn und riskiert dadurch Timelines und Qualitätskriterien.
- **Information und Dokumentation:** Es gibt im Projekt eine Eskalation, weil die Mitarbeiter des Lieferanten nicht ordentlich dokumentieren und deshalb die Gefahr besteht, dass ein Dritter die Rollen nicht übernehmen könnte. In der Eskalation werden die konkreten Fälle an das Steering Board berichtet und vom Lieferanten gelöst. Nach einiger Zeit fangen die Mitarbeiter des Lieferanten wieder damit an, Dokumentation und Transparenz im Source Code gerade mal ausreichend zu gestalten. Eine erneute Eskalation ist schwierig. Die Information und Dokumentation ist aber meist so lückenhaft, dass ein Dritter ohne massiven Aufwand die Aufgaben nicht übernehmen kann. Der Time & Material-Vertrag hilft dem Projektleiter nur dann weiter, wenn die Dokumentationsregeln klar hinterlegt sind.
- **Austausch von Ressourcen aus Kundensicht:** Der Kunde will eine Ressource austauschen, weil seiner Ansicht nach die Leistung nicht ausreicht. Im Vertrag wird das recht gut geregelt. In der Praxis gibt es manchmal noch Diskussionen, aber selbst wenn der Kunde eine Ressource auch nur aus Antipathie oder Gründen des Teamgeists nicht

beschäftigen will, muss der Lieferant innerhalb einer angemessenen Zeitspanne diese Person austauschen.

- **Wechsel des Lieferanten:** Grundsätzlich ermöglicht der Time & Material-Vertrag dem Kunden, den Lieferanten im laufenden Projekt ohne große Probleme zu wechseln. Viel zu selten wird das klar artikuliert oder sogar in den Vertrag aufgenommen, obwohl es für den Lieferanten zu einer ständigen Wettbewerbssituation und dadurch zu höherer Effizienz und Motivation führen würde. Die Situation in diesem Beispiel kommt häufig vor: Der Wechsel kann nicht durchgeführt werden, weil die Dokumentation nicht ausreicht, um einen neuen Lieferanten schnell einzubinden. Außerdem sind viele Projektdetails bereits in den Köpfen der Ressourcen „versteckt", und das Risiko, dieses Wissen im laufenden Projekt zu verlieren, ist groß. In diesem Beispiel könnte die Situation nur durch strikte Richtlinien in den agilen Iterationen und deren Teillieferungen vermieden werden. Leider sieht es bei Time & Material-Verträgen oft so aus, dass die Lieferungen nach dem Sprint nicht so strikt betrachtet werden wie beim Agilen Festpreisvertrag.
- **Qualität sprobleme:** Der Kunde reklamiert im Zuge des Projekts, dass die Ressourcen des Lieferanten qualitativ minderwertigen Code liefern. Der Lieferant erklärt postwendend, dass die Steuerung der Kriterien sowie die Qualitätssicherung Aufgaben des Kunden sind. Er als Lieferant kann nur sicherstellen, dass die qualifizierten Ressourcen für die Aufgaben bereitstehen, die ihnen der Kunde überträgt. Für Qualitätsprobleme an sich kann daher nur der Kunde verantwortlich sein. An dieser Stelle tritt erneut das große Problem des Time & Material-Vertrags ans Tageslicht: Der Kunde kauft Zeit – nicht qualitative Leistung.
- **Verzögerung:** Wahrscheinlich gibt es auch nach dieser Vertragsart Verzögerungen in einem Projekt, das mit einem Umsetzungszeitraum von nur sieben Monaten für ein *neues* Softwareprodukt sehr eng geplant ist. Die Verzögerungen sind für den Lieferanten aber eher einträglich und die gesamte Verantwortung liegt beim Kunden. So gesehen bietet der Time & Material-Vertrag keine Hilfestellung, um Mehrkosten zu vermeiden oder zu reduzieren.
- **Scope -Änderungen:** Der Scope kann – da die zugrunde liegende Entwicklung nach Scrum arbeitet – jederzeit vom Kunden vor jedem Sprint adaptiert werden. Es bleibt dem Kunden überlassen, wie er das Projekt in den Budgetgrenzen hält. Eine Möglichkeit wäre ein interner Prozess, der dem Agilen Festpreisvertrag ähnlich ist. Der Kunde muss im Projekt einen eigenen Weg der Motivation entwickeln, wie er den Lieferanten dazu erzieht, die *effizientesten* Lösungswege aufzuzeigen, anstatt nur jener, die dem Lieferanten den meisten Umsatz bescheren.

10.3.3.5 Projektabschluss

Wahrscheinlich wird das Beispielprojekt auf Basis des Time & Material-Vertrags unter der Koordination eines fähigen Projektleiters effizient ablaufen und das Projektziel – das sich während der Projektdauer ändert – eher erreichen. Die Änderungen sind zulässig und nicht mit hohen Mehrkosten verbunden. Der interne Aufwand beim Kunden für das Managen der Teams und vor allem für das Kontrollieren des Lieferanten ist aber riesig und lässt den Glanz der Gesamtbudgetbetrachtung wieder etwas verblassen.

Walter Jaburek hat dazu in unserem Interview im März 2012 angemerkt: „Time & Material ist die beste Vertragsform, wenn auf beiden Seiten absolute Ehrlichkeit herrscht."

Zusammenfassung

Aus Lieferantensicht passt der Time & Material-Vertrag sehr gut zur agilen Entwicklung. Auch für den Kunden ist der Bruch in der Methodik nicht allzu groß – allerdings muss es beim Kunden auch jemanden mit Expertise zur agilen Entwicklung geben. Wir nehmen an, dass die Expertise beim Lieferanten höher ist, und dadurch begibt sich der Kunde in einen suboptimalen Zustand.

Hinsichtlich der Gewährleistung der Lieferleistung und aller Projektrisiken steht der Kunde alleine da und der Lieferant zieht sich auf die reine Bereitstellung von Ressourcen zurück.

Wer legt eigentlich fest, ob ein angebotener Mitarbeiter als Senior Consultant, Analyst, Consultant etc. bezeichnet wird? Der Lebenslauf der Mitarbeiter bietet zwar einen groben Anhaltspunkt, trotzdem muss der Kunde aufpassen, dass Lebensläufe nicht zu sehr zugunsten des Lieferanten aufpoliert werden.

Für eine Produktentwicklung ist der Time & Material-Vertrag neben dem Agilen Festpreisvertrag aber eine valide Alternative. Die Entscheidung hängt sehr stark von der Expertise beim Kunden ab. Wenn die erste Berührungsangst mit dem Agilen Festpreisvertrag aber verflogen ist, stellt sich die Frage, warum man nicht die negativen Aspekte des Time & Material-Vertrags auf Kundenseite durch diese Vertragsform eliminiert.

Warum nicht ein Fixum von 50 Prozent und die restlichen 50 Prozent gibt es, wenn Qualität und Dokumentation passen? Das würde die Steuerung erleichtern, wird aber noch selten angewandt.

10.3.4 Vorgehen nach dem Agilen Festpreisvertrag

In diesem Kapitel beschreiben wir, wie die Entwicklung des neuen Softwareprodukts auf Basis eines Agilen Festpreisvertrags vorbereitet, ausgeschrieben und umgesetzt wird. Auch hier werden wir einige der Themen vereinfacht darstellen. Das Beispiel zeigt, wie der Prozess von der Ausschreibung bis zum Projektabschluss an den richtigen Punkten vom Vertragswerk unterstützt wird und auf diese Weise ein Projekt mit Kooperation statt Misstrauen umgesetzt werden kann.

10.3.4.1 Ausschreibungsphase

So wie beim Time & Material-Vertrag ergibt sich auch beim Agilen Festpreisvertrag der Vorteil, dass der Vertrag auf Basis eines grob definierten Umfangs abgeschlossen werden kann. Es muss also kein massiver Aufwand in die Spezifikation von etwas Unklarem und Unsicherem gesteckt werden.

Der Ausschreibungsprozess kann zeitlich daher sehr strikt geplant werden:

- (A) Woche 1 – 2: Zusammenstellen des Umfangs auf High-Level.
- (B) Woche 1 – 2: Erstellen des kommerziell-rechtlichen Rahmens und der Ausschreibung.

- (C) Woche 3: Review der Ausschreibung, Freigabe und Versand an mögliche Lieferanten.
- (D) Woche 4 – 5: Zeit für die Ausschreibungsbeantwortung.
- (E) Woche 7: Review der Angebote und Erstellen der Shortlist.
- (F) Woche 8: Workshops mit den beiden Erstgereihten.
- (G) Woche 9: Nachverhandlung.
- (H) Woche 10: Finale Vertragsverhandlung und Vertragsabschluss.

Die Durchlaufzeit für die geplante Ausschreibungsphase ist geringer als im herkömmlichen Festpreis (10 Wochen vs. 12 Wochen), obwohl in Diskussionen mit Kunden und Vertretern der Branche immer wieder angemerkt wird, dass dieser Ausschreibungsprozess nach dem agilen Vorgehen komplizierter ist. Vielleicht ist damit gemeint, dass Top-Management und Einkauf länger im Projekt integriert sind – was ein Aufwand, aber ganz sicher kein Nachteil ist.

Im Beispielprojekt reduziert sich der Aufwand in Punkt (A) auf das Wesentliche und man erstellt eine leicht verständliche Übersicht des Projektinhalts, ausgehend von einer Vision. Auch die Detailspezifikation von sieben User Stories kann von den beiden damit betrauten Mitarbeitern in den veranschlagten zwei Wochen ohne besonderen Zeitdruck – und somit auch in ansprechender Qualität – erledigt werden.

In der Ausschreibungsvorbereitung wurden folgende Teile des Agilen Festpreis-Vertragsrahmens leicht angepasst übernommen und als Anforderung an den Lieferanten übergeben:

1. Beschreibung des generellen Vorgehens – noch einmal kurz zusammengefasst:
   a) Schätzung der Referenz-User-Stories.
   b) Ein Workshop zur gemeinsamen Schätzung und gemeinsamen Abgrenzung durch Annahmen über Epics und Themen sowie Argumentation eventueller Unsicherheiten in den Anforderungen.
   c) Hochrechnung eines indikativen Festpreisrahmens.
   d) Bereitschaft zu einer Checkpoint-Phase und Abfrage des vom Lieferanten übernommenen Riskshares.
   e) Aktualisierung des Festpreisrahmens nach der Checkpoint-Phase.
2. Beschreibung des Prozesses für das Festlegen des Aufwands von derzeit noch nicht genau spezifizierten Anforderungen (siehe Kapitel 4).
3. Bereitschaft beider Parteien für eine weitere Governance-Instanz in der Person eines Gutachters.
4. Bereitschaft zur Kooperation; die Möglichkeit, den Vertrag frühzeitig zu beenden, wird als Standardprozess eingeräumt.
5. Abfrage des Riskshares für Mehraufwände.
6. Abfrage der Technologien, die eingesetzt werden, um die tägliche Qualitätssicherung und regelmäßige Lieferung sicherzustellen.
7. Anforderung der Lieferung nach Scrum mit der Bitte um Beschreibung und Referenzen sowie Nennung der in dieser Methodik trainierten Mitarbeiter.

Neben diesen Schlüsselelementen aus dem Agilen Festpreisvertrag wird zur Konkretisierung die Vertragsvorlage mitgeschickt.

In diesem Fall erstellt der Lieferant das Angebot zu dieser Ausschreibung unter anderem nach folgenden Gesichtspunkten:

1. Er stellt deutlich die Erfahrung mit Scrum in den Vordergrund (so kann der Kunde jene Lieferanten, die keine ausreichende Kompetenz aufweisen, leicht herausfiltern).
2. Der Lieferant schätzt die Referenz-User-Stories realistisch, weil es durch die Multiplikation in der Analogieschätzung massive Auswirkungen hätte, wenn er sich verschätzt. Spätere massive Reklamationen wären nicht möglich, weil
   a) der Kunde dann einfach den Lieferanten wechselt oder das Projekt beendet wird;
   b) der Kunde sowieso die Checkpoint-Phase zur Verifikation nutzen kann und so die Aufwände des Lieferanten – im Falle des Projektabbruchs durch den Kunden – nur zu einem gewissen Prozentsatz bezahlt würden.
3. Der Lieferant weiß, dass der Workshop Transparenz bei der Umsetzung der Referenz-User-Stories fordert. Daher wird bereits bei der Schätzung auf die Nachvollziehbarkeit geachtet.
4. Der Lieferant versucht aber, die Ressourcen bzw. Teams und den Mix der Erfahrungslevels so zu optimieren, dass der Aufwand realistisch und der Preis attraktiv ist.
5. Der Lieferant gibt je nach Komplexität der Anforderungen und seiner Erfahrung einen Riskshare an, den er zu übernehmen bereit ist.

Im Vergleich zu den vorherigen Vertragsbetrachtungen sieht man, dass beim Agilen Festpreisvertrag schon die Überlegungen des Lieferanten durch die Vorgaben viel „ehrlicher" sind. Nach dem Motto „Structure creates behavior" fördert man hier bereits bei der Ausschreibung das richtige Mindset für das Projekt.

10.3.4.2 Verhandlung

Neben dem Ausschreibungsprozess ist auch die Verhandlung beim Agilen Festpreisvertrag eine große Umstellung für die Verhandlungsteams (siehe dazu Kapitel 5). Statt nur die Preise zu optimieren, sind die Einkäufer durch die Bonifikation auf tatsächliche Kosten auch am Umsetzungsprozess und dessen klarer Regelung interessiert. Schließlich ist der Einkäufer auch nach Vertragsabschluss kommerziell weiter mitverantwortlich.

Die Verhandlung wird zweistufig angesetzt. Zuerst wird die Prozesssicht behandelt und finalisiert. Im Unterschied zu anderen IT-Verträgen ist der Prozess nicht mehr nur ein Thema des Fachbereichs. Dann werden die – natürlich auch beim Agilen Festpreisvertrag vorhandenen – Parameter verhandelt. Die Parameter sind:

- Die Tagessätze (des Teams).
- Der Riskshare in der Checkpoint-Phase.
- Der Riskshare für den Maximalpreisrahmen.
- Gewährleistung.
- Prozentsatz, der bis zur Abnahme aufgehoben und nicht bei jedem Sprint ausbezahlt wird.

Der Gesamtaufwand und die Aufwände für die Referenz-User-Stories werden hier nicht verhandelt. Diese wurden bereits vom Fachbereich im Workshop mit dem Lieferanten verifiziert. Die Aufgabe besteht hier darin, die realistischen Werte abzustimmen und den Lieferanten auszusuchen, der diese am besten belegen und am vertrauenswürdigsten erklären kann (neben anderen Parametern wie Kompetenz, Referenzen etc.).

10.3.4.3 Der Agile Festpreisvertrag

Der abgeschlossene Agile Festpreisvertrag beinhaltet in diesem Projekt folgende Komponenten:

- **Vertragsgegenstand (Backlog):** Diesen Punkt führen wir hier nicht näher aus. Ein Beispiel zum Thema Backlog gibt es in Kapitel 9.
- **Transparenz und „Open Books“:** Der Auftragnehmer ist verpflichtet, das Projekt, die Dokumentation und damit auch den Source Code während der Projektumsetzung jederzeit so zu dokumentieren, dass der Auftraggeber das Projekt zu jeder Zeit mit einem Dritten oder selbst weiterentwickeln bzw. nutzen kann. Diese Dokumentation erfolgt durch Beschreibung der Features im User-Story-Format. Zusätzlich wird pro Sprint eine Gesamtübersicht und Grobarchitektur als PDF übergeben (und mit jedem weiteren Sprint inkrementell erweitert). Der Source Code wird entsprechend der Coding Guidelines des Lieferanten erstellt, was vorab vom Fachbereich des Kunden akzeptiert wurde.
- **Berichte:** Der Auftragnehmer verpflichtet sich, alle 14 Tage einen genauen Bericht über bereits entstandene Aufwände, den Projektfortschritt im Vergleich zum Plan sowie einen Forecast für die Gesamtkosten und die Projektlaufzeit an den Auftraggeber zu übermitteln. Dieser Bericht enthält nur eine Anzahl von fertigen und nicht fertigen User Stories, also die Realität und keine prozentualen Schätzwerte.
- **Involvement des Kunden:** Der Auftraggeber ist berechtigt, jederzeit am Entwicklungsprozess und an den Besprechungen beim Auftragnehmer vor Ort teilzunehmen, um sich ein Bild von Aufwand und Arbeitsweise des Auftragnehmers zu verschaffen. Im Rahmen des vereinbarten Verfahrens ist das sogar erwünscht.
- **Zwischenabnahme:** Die Zwischenabnahmen erfolgen immer bei einem Termin beim Kunden, jede zweite Woche dienstags, in einem Ganztagesworkshop zwischen den Projektleitern (und ggf. hinzugezogenen Personen). Bei der Zwischenabnahme werden Testfälle durchgeführt, die pro User Story definiert wurden. Der Kunde nimmt eine User Story am Ende dieses Workshops in einem Protokoll ab oder unter Vorbehalt der vermerkten Mängel.
- **Zusammenarbeit in der Projektentwicklung:** Es werden der Prozess beschrieben und die Tage für das gesamte (!) Projekt festgelegt, nämlich
  - bis wann die Detailspezifikation vorliegen muss;
  - an welchen Tagen die Spezifikationsworkshops mit dem Kunden stattfinden. Diese Workshops dienen der Priorisierung der User Stories für den nächsten Sprint und der Bestätigung beider Seiten, dass diese vollständig spezifiziert vorliegen;
  - wann die Zwischenabnahmen mit dem Kunden stattfinden (z. B. jeden zweiten Donnerstag);
  - dass der Kunde auch dem Entwicklungsteam in die Karten schauen darf bzw. es sogar sollte.

- **Technische Werkzeuge:** Hier wird vermerkt, mit welchen Werkzeugen die automatisierten Tests durchgeführt werden und welche Werkzeuge den agilen Prozess unterstützen (in diesem Fall z. B. Confluence, JIRA und das Taskboard).
- **Eskalation an das Steering Board und an den Sachverständigen:** Es wird eine zusätzliche Instanz eingeführt, die im Bedarfsfall für eine schnelle Einigung sorgen kann.
- **Indikativer Maximalpreis:** Der indikative Maximalpreisrahmen wird mit dem Hinweis im Vertrag vermerkt, dass er nach Abschluss der Checkpoint-Phase und durch schriftliche Zustimmung beider Parteien adaptiert werden kann.
- **Checkpoint-Phase und entsprechender Riskshare:** Es wird vereinbart, dass der Lieferant im Fall des Abbruchs einer sechs Wochen (3 Sprints) dauernden Checkpoint-Phase nur 60 Prozent der Aufwände bezahlt bekäme.
- **Aufwandsteuerung während des Projekts:** Der Prozess wird aus dem Template übernommen und kann in Kapitel 4 nachgelesen werden.
- **Effizienzbonus:** Der Lieferant wird innerhalb von zwei Monaten nach Projektabschluss im Rahmen von Erweiterungen dieser Software oder anderen Projekten mit allen Aufwänden beauftragt, die bis zum Ende des Projekts nicht ausgenutzt wurden.
- **Projektabbruch:** Dem Vertragstemplate entsprechend wird klar geregelt, dass der Ausstieg aus dem Projekt mit einer Vorlaufzeit von vier Wochen ohne Angabe von Gründen möglich ist. Zum Vorteil des Kunden wird bei der Verhandlung festgelegt, dass der Lieferant das Projekt zwar abbrechen kann, aber dann die letzten 20 Prozent für die Endabnahme nicht bekommt.
- **Exchange for Free:** Dieser Passus wird dem Vertragstemplate entsprechend übernommen.
- Die **Gewährleistung** kann unterschiedlich geregelt werden. In diesem Fall wird sie wegen der Kürze des Projekts (sieben Monate) und der einmaligen Produktivsetzung nicht auf die einzelnen Sprints oder Drops verteilt, sondern ab Endabnahme für sechs Monate vereinbart.

Die übrigen Teile des Vertrags wurden gemäß der Vorlage aus Kapitel 4 aufgebaut und werden hier nicht weiter erläutert.

10.3.4.4 Projektverlauf, die Teams und kritische Situationen

Bereits beim Kick-off kann das Projekt mit dem finalen und unabänderlichen Projektplan aufwarten, was die meisten Teilnehmer überraschte. Dass das geht, liegt im Wesen der agilen Methoden: Es werden nicht große Releases mit den spezifischen Detailinhalten geplant, sondern der Prozess, in den die Inhalte dann „reinpriorisiert" werden. Diesen Vorteil, dass schon beim Projektstart bekannt ist, an welchem Tag was zu tun ist (über den gesamten Projektzeitraum ohne permanente Verschiebungen), gibt es äußerst selten. Bild 10.2 zeigt diesen Ablauf – den Plan im agilen Vorgehen – in den wesentlichen Schritten.

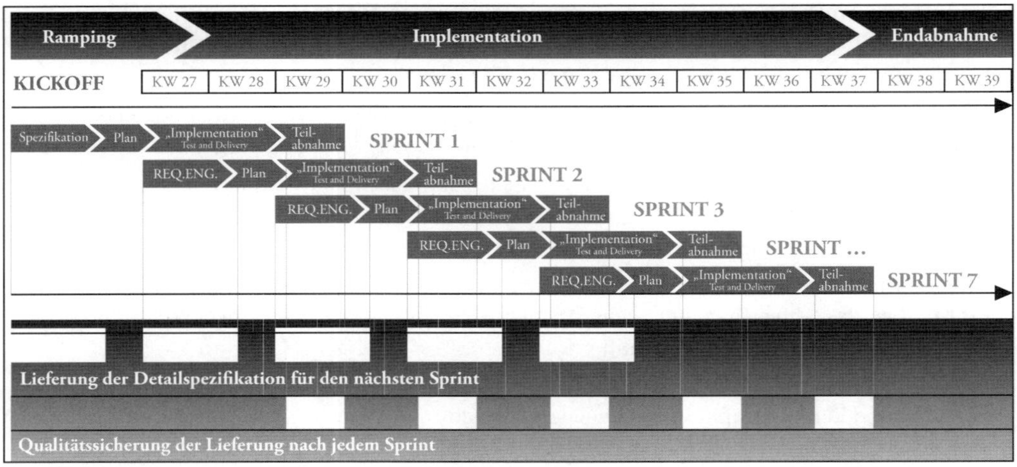

Bild 10.2 Projektplan für ein agiles Projekt

Da der Lieferant genug Erfahrung mit Scrum in einem professionellen IT-Umfeld hat, kann die Umsetzung der ersten User Stories ohne weitere Verzögerung beginnen. Während der ersten Sprints wird das Projekt intensiv von einem äußerst erfahrenen IT-Architekten begleitet und in die richtigen Bahnen gelenkt. Mit anderen Kollegen aus einem Architekturgremium bringt er projektübergreifend ein Maximum an Kompetenz ein.

Schon nach den ersten Sprints bekommt der Kunde einen Ausschnitt der Funktionalität zu sehen und gibt dazu Feedback. Die Rückmeldungen betreffen ein paar Mängel, vor allem ist es aber auch Feedback zu korrekt umgesetzter Funktionalität. Die Anmerkungen des Kunden werden zum besseren Verständnis der Anforderungen sofort im nächsten Sprint verwendet.

Gegen Ende des dritten Sprints, also kurz vor Abschluss der Checkpoint-Phase, ist ein Workshop geplant, in dem beide Parteien Feedback zu den Erfahrungen der letzten Wochen geben und ihre Einschätzung zum ursprünglich indikativen Maximalpreisrahmen liefern. In diesem Fall werden zu einigen Epics noch zusätzliche Annahmen formuliert. Im Laufe der Diskussion zu einem speziellen Epic („Reporting") werden sehr viele weitere Anforderungen aufgedeckt, die den Aufwand – für den Kunden nachvollziehbar – erhöhen (ohne dass der Lieferant das vorher hätte wissen können). Der Lieferant schlägt vor, das automatische Laden einiger Hilfstabellen über die Oberfläche für die ersten Releases des Produkts wegzulassen und somit ungefähr den gleichen Aufwand aus dem vereinbarten Umfang zu reduzieren. Das Laden der Hilfstabellen findet lediglich jährlich statt und kann demnach vorerst auch manuell durch die Betriebsmitarbeiter erfolgen. Der Kunde akzeptiert und die Checkpoint-Phase wird mit einem GO abgeschlossen.

Das Projekt wird in den Iterationen mit einigen Scope-Verschiebungen und vielen – positiven – Diskussionen weitergetrieben.

Die folgende Liste zeigt, wie im Projekt mit einigen kritischen Situationen umgegangen wird und wie der Agile Festpreisvertrag hilft, diese Situationen lösungsorientiert zu überwinden:

- **Qualitätsprobleme:** Bereits nach dem vierten Sprint kommt das Team bei der Abnahme durch den Product Owner zur Erkenntnis, dass die internen und automatisierten Tests der umgesetzten Funktionalität nicht den in der User Story geforderten Nutzen prüfen. Somit können zwei der vier umgesetzten User Stories dieses Qualitätssicherungs-Gate nicht passieren. Der Product Owner hat aber Zeit, sich die Hintergrundinformationen zu beschaffen und den Grund zu analysieren. Der Grund ist hauptsächlich schlampige Arbeit aufgrund von Zeitmangel.

  Der Product Owner organisiert für den nächsten Sprint ein zusätzliches Teammitglied, das bei der „Aufräumarbeit" dieses Sprints helfen soll – also rechtzeitig im Projekt, ohne den Zeitdruck des Endtermins im Nacken. Auch der Kunde erfährt bei der Teilabnahme von diesen Problemen. Dazu bekommt er aber auch eine genaue Erklärung, warum das passiert ist und welche Gegenmaßnahmen ergriffen werden. Da der Kunde alle zwei Wochen einen Tag mit dem Entwicklungsteam verbringt, hat er auch keinerlei Bedenken, dass es sich nur um Lippenbekenntnisse handeln könnte. Nach zwei Wochen kann er die Maßnahmen überprüfen. Durch die im Vertrag geregelten Zwischenabnahmen und die zugesicherte Transparenz ist das Problem also schnell vom Tisch.

- **Verzug und Scope-Änderungen:** Durch die oben ausgeführte Problematik wird natürlich auch ein Verzug im Projekt sichtbar. Die Arbeit von zwei Wochen wurde nur zur Hälfte erledigt, wodurch bereits das Risiko eines einwöchigen Verzugs im Raum steht. Der Vorteil ist aber, dass in den kleinen Iterationen eventuelle Verzögerungen zeitnah ausgesteuert werden können und zugleich die Wirksamkeit der Maßnahmen kontrolliert werden kann. Der Vertrag regelt grundsätzlich, dass bei Verzug die dadurch entstehenden Mehraufwände auf Lieferantenseite einem Riskshare unterliegen. Aber die finanziellen Implikationen können noch weiter gehen. Im geringsten Fall handelt es sich dabei um die zusätzlichen Aufwände auf Kundenseite. In diesem Beispiel besteht aber sogar das Risiko, dass die ganze Produktinvestition abgeschrieben werden müsste, wenn ein Konkurrent schneller den Markt erobert. Weil aber das Regelwerk schnelle Aktionen vorsieht, kann die Verzögerung in diesem Entwicklungsprojekt rasch eingeholt werden.

  Verzug entsteht aber auch durch eventuelle Zusatzfeatures, die in herkömmlichen Projektverträgen als Change Requests geliefert werden. Genauso kann der Kunde durch ergebnislose interne Abstimmungen zur Spezifikation von User Stories einen Verzug verursachen. In diesem Beispiel handelt es sich um den ersten Fall. Da es einen festen Endtermin gibt, sieht die Lösung folgendermaßen aus: Einige Funktionen, die für das Go-Live nicht wesentlich sind, werden aus dem Release 1 herausgenommen (für die der Vertrag abgeschlossen wurde).

- **Uneinigkeit zum wirklichen Umfang nach Sichtung der Detailspezifikation:** In den Diskussionen mit verschiedenen Personen beider Parteien, aber auch unter uns Autoren, war das immer einer der Punkte, der die größten Fragen aufgeworfen hat. Wie kann man sicherstellen, dass niemand den anderen über den Tisch zieht? Ganz einfach: Sollte das passieren, merkt es das Gegenüber meist über kurz oder lang und kann dann die Zusammenarbeit beenden. In diesem Beispiel werden unter diesem Gesichtspunkt oft Aufwände diskutiert, nachdem eine User Story im Projektverlauf im Detail ausformuliert wurde. Im Sinne der Kooperation wird aber stets eine Lösung gefunden und nur an einem Zeitpunkt in das Steering Board eskaliert. Keine der Parteien ist daran interessiert, den Sachverständigen zu beauftragen, weil auch das ein Aufwand ist. Also geht man meistens den Weg pragmatischer Lösungen.

Bei anderen Projekten half der Sachverständige einer der Parteien zu erkennen, dass die Gegenseite aus seiner Sicht nicht richtig geschätzt hatte. Dadurch kann die Gegenseite ihr Verhalten ändern oder es kommt zum Abbruch des Projekts, wenn das Misstrauen bleibt. Aber alles bleibt im geregelten Rahmen.

10.3.4.5 Projektabschluss

Das Softwareprodukt wird zum vereinbarten Zeitraum fertiggestellt und kann rechtzeitig auf den Markt gebracht werden. Vom ursprünglichen Umfang wurden ca. 25 Prozent im Projektverlauf (sieben Monate) ausgetauscht. Dass der Produktlaunch auch ohne die weggelassenen Features möglich war, hat einige Vertreter des Kunden erstaunt. Allerdings war der Kunde ja während des gesamten Projektverlaufs diskussionsbereit und damit konnte der Handlungsspielraum ausgenutzt werden, den der Agile Festpreisvertrag bietet.

Zusammenfassung

Gemessen an den in Kapitel 2 definierten Vorgaben, war das Projekt erfolgreich. Und das, obwohl ein komplexes und neues Thema umgesetzt wurde, das sich im Zeitverlauf wesentlich geändert hat.

Der Agile Festpreisvertrag wurde auch für die Umsetzung des Release 2 eingesetzt und der gleiche Lieferant damit beauftragt. Auf diese Weise konnte der Kunde das Wissen nutzen, das der Lieferant aufgebaut hatte. Im Gegensatz hätte der Kunde bei Time & Material schwerlich Kontrolle über die tatsächliche Leistung, die aus seiner Investition resultiert.

10.3.5 Resümee

An diesem Beispiel konnte man sehr gut sehen, welche Probleme durch die Abhängigkeit von Umsetzung und Vertragsart entstehen können. Die Entwicklungsmethodik war jedes Mal Scrum, die Vertragsarten waren aber unterschiedlich. Trotz gewisser Pro-Argumente für die herkömmlichen Vertragsarten wurden die Unsicherheiten und der Bruch im Paradigma an der Schnittstelle deutlich sichtbar.

Das agile Modell bietet die Möglichkeit, statt endloser Evaluierung auf einer trotzdem abgesicherten Basis zu beginnen.

Denken Sie einfach an größere Entscheidungen in Ihrem privaten Umfeld, wenn Sie zum Beispiel ein Auto oder ein Haus kaufen wollen: Fühlen Sie sich – nach intensivem Abwägen der Vor- und Nachteile – nicht auch besser, wenn Sie ohne besonderes Risiko einfach einmal ausprobieren können? Nutzen Sie diesen wesentlichen Vorteil und starten Sie ein Projekt mit einem Riskshare für den Kunden von 30 Prozent. Die wirklichen Herausforderungen werden erst sichtbar, wenn das Projekt begonnen hat.

Wir fassen hier einige der wesentlichen Unterscheidungspunkte zwischen den einzelnen Vertragsformen zusammen, die in diesem Beispiel betrachtet wurden:

- Beim Time & Material-Vertrag muss der **Umfang** nicht vorab spezifiziert sein. Muss man das Budget für ein Projekt aber vorab intern bekanntgeben, ist es trotzdem sinnvoll, ähnlich wie beim agilen Modell den Projektumfang zumindest auf Ebene von Vision, Themen und Epics zu beschreiben.
- Der **Aufwand** für den Ausschreibungsprozess ist beim herkömmlichen Festpreis am höchsten, rangiert beim Agilen Festpreisvertrag im Mittelfeld und ist beim Time & Material-Vertrag in diesem Beispiel am geringsten. Aus unserer Erfahrung lässt sich das auch auf andere IT-Projekte übertragen.
- Im Rahmen des Time & Material-Vertrags kann man sich die **Ressourcen**, die man als am besten qualifiziert betrachtet, am ehesten aussuchen. Allerdings bleiben diese Ressourcen nicht immer über die gesamte Projektlaufzeit erhalten. Ist es da nicht sinnvoller, man sichert sich Leistung zu gewissen Kosten ab, statt auf Personen zu bestehen, die dann vielleicht doch ausgetauscht werden?
- Ein **Wechsel des Lieferanten** ist bei Time & Material-Verträgen schon möglich. Allerdings schafft der Lieferant oft künstliche Abhängigkeiten, die einen Wechsel schwierig machen. Außerdem werden im Rahmen von Time & Material-Projekten Teilabnahmen meist nicht so strikt behandelt wie im Agilen Festpreisvertrag, bei dem Teilabnahmen ein wesentlicher Aspekt des gesamten vertraglich gesicherten Prozesses sind.

Wir sind der Meinung, dass gewisse Teile eines IT-Projekts, die im Projektverlauf statisch bleiben, genauso gut über einen Festpreis abgewickelt werden können. Sobald nach agilen Methoden entwickelt wird, bietet sich aber trotzdem der Agile Festpreisvertrag als beste Lösung an, weil bei dieser Vertragsart detaillierte Beschreibungen und Flexibilität Hand in Hand gehen.

11 Fragen und Antworten

In den letzten Jahren, aber vor allem seitdem die erste Auflage von „ Der Agile Festpreis“ erschienen ist, gab es viele Diskussionen und Rückmeldungen zu diesem Thema. Da manche der Fragen und Anmerkungen immer wiederkehren, haben wir versucht, die häufigsten Fragen zusammenzufassen und darauf kompakte Antworten zu geben. Wenn Sie dieses Buch spät am Abend im Bett lesen und noch immer nicht gefunden haben, wonach Sie gesucht haben, dann ist dies vielleicht das Kapitel, wo die Antwort auf Ihre Frage zu finden ist.

Welcher Anbieter würde im Vollbesitz seiner geistigen Kräfte ein Festpreisangebot auf Basis von Epics mit einer über den Daumen gepeilten Abschätzung in Storypoints abgeben, wenn bei Überschreitung der Anzahl der Storypoints bei konkreter Umsetzung der Epics bereits der Riskshare aktiviert würde?

Dies geht mit der Feststellung in Kapitel 2 einher, dass der Anbieter klar den herkömmlichen Festpreis bevorzugen sollte. Wir sind jedoch der Meinung, dass auch die Anbieter Veränderungen akzeptieren müssen. Der Anbieter, der wirklich agil liefern kann, wird erkennen, dass dies in Kombination mit diesem Vertrag die Basis für eine langfristige Kundenbeziehung bilden kann. Generell bietet der Agile Festpreis zwar keinerlei Garantie für Erfolg und muss (mühsam) durch eine – meist durch Berater begleitete – Umstellung von Mindsets und Prozessen in Einkauf und IT eingeführt werden. Allerdings sehen wir anhand der Erfolge und dem Interesse der letzten Jahre, dass der Agile Festpreis zwar kein Allheilmittel, aber zumindest ein wirksames Pflaster für manches Problem ist.

Weiß man bei einem agil gelieferten Projekt nach dem Agilen Festpreis zu Projektbeginn nicht genau, was als Endergebnis geliefert wird?

Diese Frage wird vor allem von Entscheidern in die Diskussion eingebracht, da sie klar darstellen müssen, wofür Geld ausgegeben wird. Die Antwort ist aber: Natürlich wird festgelegt, was zu liefern ist. Der Unterschied ist, dass man kein Geld dafür verschwendet, gewisse Details vorab aufzuschreiben. Vielmehr konzentriert man sich darauf, Rahmenparameter und Prinzipien zu Beginn zu fixieren, um sicherzustellen, dass man den Geschäftsnutzen des Projekts auch wirklich innerhalb des geplanten Budgets bekommt.

Ist der Aufwand, der bei Einführung des Agilen Festpreises im Einkauf, aber generell im Unternehmen entsteht, sehr hoch und zahlt sich das wirklich aus?

Die Antwort ist einfach: Wenn Sie der Meinung sind, dass Ihre Projekte gut ablaufen und Sie die Risiken und die Budgetüberschreitung soweit im Griff haben, zahlt sich die Umstellung wahrscheinlich nicht aus. Sollten Sie aber Bedarf haben: Der Aufwand entspricht wahrscheinlich einem Prozess von einem Jahr. Wir denken, dass das für die Weiterentwicklung der Prozesse Ihres Unternehmens vertretbar ist.

Wie kann man sicherstellen, dass bei der Ausarbeitung der User Stories (also dem Weg vom High-Level zum Detail-Scope) der Umfang des Projekts nicht dramatisch nach oben schnellt?

Sicherstellen kann man das nicht. Der Agile Festpreis erspart es uns nicht, bei der Spezifikation und beim nachgelagerten Scope-Governance-Prozess jegliche Expertise aufzubieten. Da der High-Level-Scope aber meist nur einige Seiten ausmacht, kann man sich darauf konzentrieren, diesen High-Level-Scope genauestens abzugrenzen – statt ihn genau zu beschreiben und erst recht auf die Abgrenzung zu verzichten, weil man die Beschreibung sowieso für eindeutig hält. Des Weiteren entsteht durch den Agilen Festpreisvertrag ein Szenario, in dem keine der Parteien einen besonderen Vorteil daraus hätte, die andere Partei auszunutzen, da stets die geordnete Ausstiegsmöglichkeit besteht.

Warum werden Storypoints als Einheit für die Komplexität verwendet und nicht Personentage oder ein Preis? Am Ende ist der Auftraggeber ja lediglich an den Kosten und dem Aufwand interessiert.

Hier sind wir der Meinung, dass ein grundlegendes Missverständnis bei IT-Projekten besteht. Der Auftraggeber sollte sich unserer Meinung nach nicht damit beschäftigen müssen, welche Kosten das Personal dem Auftragnehmer verursacht bzw. wie effizient die Ingenieure des Auftragnehmers arbeiten. Der Auftraggeber bezahlt die Lieferung von Software und hat das Verständnis, dass etwas Komplexeres teurer ist als etwas Einfaches. Wenn wir nun voraussetzen, dass der Auftraggeber nur komplexe Dinge bestellt, wenn sie auch wirklich einen Mehrwert für ihn haben, dann stellt man sicher, dass der Auftraggeber nur für Dinge zahlt, die ihm etwas bringen. Welche Aussage hat es für den Auftraggeber, dass er Ressourcen zu ganz billigen Tagessätzen erstanden hat? Das hilft vielleicht bei der Erreichung irgendwelcher Zielsetzungen, aber nicht dabei, IT-Projekte erfolgreich zu liefern.

Wie können Sie sicher sein, dass man wirklich auf Basis des Agilen Festpreises ausschreiben kann, ohne die Kernprinzipien des IT-Einkaufs zu verletzen?

Zum Zeitpunkt der ersten Auflage hatten wir erste Praxisbeispiele vorliegen, wie Projekte auf Basis von Agilen Festpreisverträgen erfolgreich geliefert werden können. Zum Thema Ausschreibung gab es noch nicht viele Beispiele. In den Jahren, die seit der ersten Auflage vergangen sind, hat sich das aber geändert. Zahlreiche Unternehmen unterschiedlicher Industrien haben uns von ihren Erfahrungen mit der Ausschreibung des Agilen Festpreises berichtet, ließen oder lassen sich von uns zum Thema beraten. Insofern hat sich das in diesem Buch dargestellte Prinzip der Ausschreibung des Agilen Festpreises bewährt. Warum auch nicht? Man hat einen vergleichbaren Umfang, den man ausschreibt, und einen für alle Lieferanten vergleichbaren Rahmen aus Liefermethodik und Qualitätskriterien.

Sind diese häufigen Lieferungen - zum Beispiel alle zwei Wochen - wirklich notwendig? Ich habe Lieferanten, die agil liefern, aber klar sagen, dass in den ersten Monaten im Projekt kein wirklich lauffähiges Inkrement geliefert werden kann. Man müsse sich erst einmal Gedanken zum Design und zur Architektur machen.

Wenn man erfahrene Entwickler und Teams hat, so sollten diese in der Lage sein, bereits nach dem ersten Sprint - oder auch nach dem zweiten, wenn man ein gewisses Setup/Ramp-up akzeptieren will - funktionierende Software zu liefern. Die Gesamtarchitektur ist natürlich ein wichtiger Bestandteil jedes Sprints, allerdings sollte sie Teil der Entwicklung sein und nicht ein vorgelagerter theoretischer Prozess.

Können Einkäufer und Juristen wirklich bereits in den Scoping-Workshops den Prozess der Ausschreibung und Vergabe begleiten, wenn sie die technischen Details nicht ausreichend versehen?

Ein Vorteil des High-Level-Scopes im Agilen Festpreis ist, dass dieser Scope meistens so beschrieben ist, dass auch dem Fachbereich der Inhalt klar ist. Dadurch kann zum Beispiel der Einkauf beim Scoping-Workshop anwesend sein und ein gemeinsames Verständnis zum Scope haben. Im Workshop können die Rollen dann entsprechend verteilt werden. Wo sich der Fachbereich auf die Diskussion zur Abgrenzung konzentriert, kommt dem Einkauf oft eine beobachtende Rolle zu, die eine bessere Einschätzung der Lieferanten ermöglicht, oder auch ein gemeinsames Verständnis, warum welche Annahmen gemeinsam festgelegt wurden.

Ich habe noch kein Projekt gesehen, in dem wirklich der Umfang reduziert wurde. Meist ist es genau umgekehrt. Glauben Sie wirklich, dass es eine offene Diskussion darüber geben wird, welche Dinge man nicht im Projekt umsetzen soll?

Ja, wir sind der Meinung, dass es so etwas geben muss und dass so etwas möglich ist. Wenn in Ihrem Projekt die Governance zur Ansicht kommt, dass diese Diskussion nicht möglich ist, dann sollten Sie das Projekt vielleicht abbrechen (gibt es einen Entscheider?). Sie werden sehr wahrscheinlich nicht eines der wenigen IT-Projekte haben, in dem alles unbedingt umgesetzt werden muss. Durch einen gemeinsamen Riskshare, aber auch durch das „Exchange for Free"-Prinzip wird dieses Vorgehen angeregt. Umgesetzt und durchgesetzt werden muss es immer noch von den handelnden Personen.

Haben Sie ein Beispiel, wo eine neue Anforderung wirklich dazu geführt hat, eine bestehende Anforderung aus dem ursprünglichen Scope zu nehmen?

Wir haben eben diesen Fall schon in einigen Projekten erlebt. Dort, wo ein Umfeld geschaffen wurde, in dem eine neue Anforderung nicht automatisch einen teuren Change Request bedeutet und die Prozesse für den Austausch der Anforderungen zum „normalen" Projektgeschäft gehören, haben wir dieses Vorgehen mehrfach miterlebt. Das erste Mal ist dieser Prozess schwer, da irgendjemand etwas nicht bekommt. Wenn aber allen Beteiligten klar wird, dass die neue Anforderung mehr Wert für den Auftraggeber hat, dann normalisiert sich diese Prozedur. Wir haben auch erlebt, dass die Teilnehmer des Scope Steering Boards aufgrund dieser Diskussion nun selbständig den „Business Value", den Geschäftswert, von Anforderungen hinterfragen, da sie dieses Argument in der „Exchange for Free"-Diskussion brauchen.

Ihre Beispiele in diesem Buch sind so stark vereinfacht und neutralisiert, dass sie schon etwas unrealistisch wirken. Warum geben Sie nicht mehr Details an?

Es ist nicht einfach, Beispiele in einem so ausreichenden Detailgrad zu beschreiben, dass sie durchgängig, aber doch für eine breite Leserschaft verständlich sind. Dieses Buch wurde nicht ausschließlich für agil erfahrene IT-Projektleiter geschrieben. Deshalb haben wir diese Vereinfachung gewählt. Warum neutralisiert? Wenn wir bei den Zahlenwerten und Problemen trotz Vereinfachungen sehr konkret geblieben wären, hätte uns das keiner der Kunden zur Veröffentlichung freigegeben.

Ist dieses Buch wirklich praxisnah oder zeichnet es eine perfekte Welt?

Das Buch beschreibt den Idealprozess, das stimmt. Jedoch wird der Praxisbezug in den Vordergrund gestellt und wenn auch nur wenige Unternehmen den Gesamtprozess so leben, dient ihnen dieses Buch als Anhaltspunkt. Lassen Sie uns hier zum Abschluss noch eine Stimme aus der Praxis einbringen, um zu zeigen, dass dieses Konzept vielerorts angewendet wird.

Stimmen aus der Praxis

Andreas Czermak, den wir 2013 zu einigen Fragen beraten haben, die für ihn nach dem Studium des Buchs noch bestanden, hat uns in einem kurzen Statement geschildert, dass auch bei arvato infoscore nun nach dem Agilen Festpreis ausgeschrieben wird:

„Seit einigen Jahren führen wir bei arvato infoscore – einem Tochterunternehmen der arvato AG, des Outsourcing-Dienstleisters der Bertelsmann SE & Co. KGaA – unsere Produktentwicklung mit Scrum durch. In diesem Zusammenhang betrachten wir das Konzept des Agilen Festpreises als vielversprechende neue Alternative zum klassischen Festpreis, die das agile Vorgehen optimal unterstützt. Aus diesem Grund haben wir aktuell das erste Projekt auf dieser Basis ausgeschrieben und sehen einem spannenden Projektverlauf entgegen.“ ■

12 Schlusswort

Am Ende dieses Buchs wollen wir noch einmal die kritischen Stimmen zum Agilen Festpreisvertrag hören und ihnen eine Antwort geben. Der Agile Festpreisvertrag ist eine Evolution des herkömmlichen Festpreisvertrags und ermöglicht den Spagat zwischen Festpreis und agilem Vorgehen (z. B. nach Scrum). Er bietet klare kommerzielle Parameter, die sich für die Optimierung beim Einkaufsprozess eignen, ohne die Kooperation durch unrealistische Kampfpreise zu riskieren.

Durch die entsprechende Dokumentation des Festpreisinhalts und des Prozesses, wie das Werk erstellt wird, ermöglicht er Budgetsicherheit, aber auch die Umsetzung eines agilen Projekts, das trotzdem kapitalisierbar ist. Die Hunderten Kollegen und Mitarbeiter, die viele Nerven in die angeordnete oder derzeit leider übliche Überbrückung des Nicht-Wissens investieren, könnten sich mit einer Änderung der Vertragsbasis viel Ärger ersparen. Zusätzlich wäre dieser Vertrag ein Schritt, um die Risiken in IT-Projekten zu minimieren und mehr wirklich erfolgreiche IT-Projekte umzusetzen. Vielleicht wird in Diskussionen, die Sie zu diesem Thema führen, die eine oder andere kritische Frage auftauchen. Hier sind noch einmal unsere Antworten auf die wichtigsten dieser Fragen.

- *Was ist die Rolle des Einkäufers, wenn man den Agilen Festpreisvertrag ausschreibt? Der Einkäufer verhandelt nicht mehr den niedrigsten Preis, sondern begibt sich in eine End-to-End-Verantwortung.*

  Versuchen Sie es! Wenn man es richtig angeht, werden viele Einkäufer diese neue Aufgabe und den Gestaltungsspielraum als Möglichkeit sehen, sich umfassender im Unternehmen zu positionieren. Anstatt das Projekt bei Vertragsabschluss zu verlassen, kann der Einkäufer mitsteuern und mitlernen, was erfolgreiche IT-Projekte von nicht erfolgreichen unterscheidet.

- *Kunden weisen uns immer wieder darauf hin, dass bei sehr großen IT-Projekten starke Zweifel daran bestehen, dass wirklich nach zwei bis vier Wochen das erste Produktinkrement geliefert werden kann. Speziell bei großen Softwareintegrationsprojekten hören wir diese Kritik. Ist der Agile Festpreisvertrag in diesen Fällen also überhaupt umsetzbar?*

  Warum soll nicht nach zwei bis vier Wochen geliefert werden können? Selbst bei einem großen und komplexen Projekt wie zum Beispiel einem Billing-System funktionieren die meisten Dinge out-of-the-box. Warum kann dann nicht gleich die erste Anpassung nach zwei Wochen gezeigt werden? Wenn dieser Kernpunkt des agilen Vorgehens vom Lieferanten oder Kunden nicht für möglich gehalten wird, sollte die gesamte Projektidee oder die Fähigkeit des Lieferanten noch einmal hinterfragt werden.

- *Wie soll man einen Vertrag abschließen, wenn nicht genau spezifiziert ist, was gemacht wird? Wer kann sicherstellen, dass nicht eine Seite einen Vorteil daraus schlägt?*

  Stellen Sie sicher, dass die Projektvision prägnant und treffend ist und von allen Beteiligten auf Kundenseite mitgetragen wird. Die Details zur weiteren Beschreibung des Vertragsgegenstands im Agilen Festpreis finden Sie im Buch, aber meistens ist es die Vision, die bei Unsicherheiten die Parteien wieder auf den richtigen Weg bringt.

- *Dass der Agile Festpreisvertrag einen Sinn hat, wird oft nicht bestritten. Diskussionen werden aber gerne in die Richtung gelenkt, dass der herkömmliche Festpreisvertrag für die meisten IT-Projekte noch immer die bessere Variante ist.*

  Was bedeutet „die bessere"? Ist die bessere Variante vielleicht die, dass mit einem viel zu niedrig angebotenen initialen Festpreis das Projekt eben doch gestartet werden kann? Oder heißt „besser" ganz einfach, dass die Organisation diese Verträge gewöhnt ist? Oder heißt „besser" vielleicht, dass es der Lieferant mit seiner Lieferorganisation besser kaschieren kann, wenn er nicht so oft Produktinkremente abliefern muss? Wenn all das „besser" bedeutet, dann stimmen wir in den Chor der kritischen Stimmen ein. Wenn besser aber bedeutet, ein erfolgreiches IT-Projekt durchzuführen, dann ist der Agile Festpreis meist die beste Vertragsform!

Das Schreiben dieses Buchs ist natürlich auch an uns Autoren nicht ohne Diskussionen untereinander und mit anderen vorübergegangen. Jeder von uns arbeitet an einer anderen Stelle in diesem Zusammenspiel zwischen Kunden, Lieferanten und Vertragsrahmen. Daher hat dieses Buch jedem von uns neue Erkenntnisse gebracht. Wir hoffen, dass es auch Ihnen hilft, neue Wege zu beschreiten, um Ihre IT-Projekte (noch) erfolgreicher zu machen!

13 Literatur

(Assure Consulting 2007) Aktuelle Trends im Projektmanagement. Studie der Assure Consulting GmbH 2007.

(Belz et al. 2005) *Belz, Christian; Zupancic, Dirk; Bußmann, Wolfgang F.:* Best Practice im Key Account Management: Erfolgreiche Bearbeitung von Schlüsselkunden nach dem St. Galler KAM-Konzept. Mit vielen Praxisbeispielen. Verlag Moderne Industrie 2005.

(Bloomberg 2014) *Bloomberg, Jason:* Fixing Scheduling with Agile at the VA. In: Forbes, October 23, 2014.

(Boehm 1981) *Boehm, Barry:* Software Engineering Economics. Prentice Hall 1981.

(Braun 2008) *Braun, Gerold:* Verhandeln in Einkauf und Vertrieb. Mit System zu besseren Konditionen und mehr Profit. Gabler 2008.

(Brooks 1975) *Brooks, Frederick:* The Mythical Man-Month. Addison-Wesley 1975.

(Cobb 2011) *Cobb, Charles G.:* Making Sense of Agile Project Management: Balancing Control and Agility. John Wiley & Sons 2011.

(Cohn 2004) *Cohn, Mike:* User Stories Applied. For Agile Software Development. Addison-Wesley Professional 2004.

(Cohn 2005) *Cohn, Mike:* Agile Estimation and Planning. Prentice Hall PTR 2005.

(Darwin 1860) *Darwin, Charles:* The Origin of the Species. 2nd Edition, 7th January 1860.

(Deming 1982) *Deming, W. Edwards:* Out of the Crisis. Cambridge 1982.

(Egli 2015) *Egli, Urs:* Agile Softwareprojekte: Rechtliche Qualifikation und vertragliche Umsetzung. Jusletter 31. August

(Emergn 2012) *Emergn Ltd.:* Sourcing for Agile: How Does the Procurement of IT Development Change in an Agile Environment? Emergn Ltd. London 2012.

(Feynman 1985) *Feynman, Richard P.:* Surely You're Joking, Mr. Feynman! Adventures of a Curious Character. W. W. Norton, New York 1985.

(Flyvbjerg und Budzier 2011) *Flyvbjerg, Bent; Budzier, Alexander:* Why Your Project May Be Riskier Than You Think. In: Harvard Business Review, September 2011.

(Forrester 2005) *Forrester Research*: Corporate Software Development Fails to Satisfy on Speed or Quality. Forrester, April 2011.

(Gloger 2014) *Gloger, Boris:* Wie schätzt man in agilen Projekten oder wieso Scrum-Projekte erfolgreicher sind. Carl Hanser Verlag 2014.

(Gloger 2016) *Gloger, Boris:* Scrum – Produkte zuverlässig und schnell entwickeln. 5. Auflage, Carl Hanser Verlag 2016.

(Goodpasture 2010) *Goodpasture, John C.:* Project Management the Agile Way: Making it Work in the Enterprise. J. Ross Publishing 2010.

(Hören 2012) *Hören, Thomas:* IT-Vertragsrecht. Köln 2012.

(Jaburek 2003) *Jaburek, Walter:* Handbuch der EDV-Verträge. 2 Bände, Wien 2000 und 2003.

(Jemilo 2015) *Jemilo, Drew:* Agile Contracts: Blast Off to a Zone of Collaborative Systems Building. Agile 2015, Washington D. C. 3-7 August 2015.

(Kelly 2008) *Kelly, Alan:* Changing Software Development: Learning to Become Agile. Wiley 2008.

(Kleusberg 2009) *Kleusberg, Peter:* E-Collaboration und E-Reverse Auctions. Sicherung von Wettbewerbsvorteilen im verarbeitenden Gewerbe. VDM Verlag 2009.

(Kremer 2010) *Kremer, Sascha:* Gestaltung von Verträgen für die agile Softwareerstellung. Aufsatz, ITRB, 12/2010, Der IT-Rechtsberater – Verlag Dr. Otto Schmidt, Köln 2010.

(Klinger 2012) *Klinger, Paul; Burnett, Rachel:* Drafting and Negotiating IT Contracts. Bloomsbury Professional 2012.

(Landy 2008) *Landy, Gene K.; Mastrobattista, Amy J.:* The IT/Digital Legal Companion. Syngress 2008.

(Larman und Vodde 2010) *Larman, Craig; Vodde, Bas:* Practices for Scaling Lean & Agile Development – Large, Multisite and Offshore Product Development with Large-Scale Scrum. Addison-Wesley 2010.

(Leffingwell 2011) *Leffingwell, Dean:* Agile Software Requirements: Lean Requirements Practices for Teams, Programs, and the Enterprise (Agile Software Development Series). Addison-Wesley Professional 2011.

(Marly 2009) *Marly, Jochen:* Praxishandbuch Softwarerecht. 5. Auflage, C.H. Beck 2009.

(Mnookin 2011) *Mnookin, Robert H.; Neubauer, Jürgen:* Verhandeln mit dem Teufel. Das Harvard-Konzept für die fiesen Fälle. Campus 2011.

(Müller-Hengstenberg 2008) *Müller-Hengstenberg, Claus; Kirn, Stefan:* Die technologischen und rechtlichen Zusammenhänge der Test- und Abnahmeverfahren bei IT-Projekten. Aufsatz, ITRB 12/2008. Computer und Recht – Verlag Dr. Otto Schmidt, Köln 2008.

(Overly und Kalyvas 2004) *Overly, Michael; Kalyvas, James:* Software Agreements Line by Line: A Detailed Look at Software Contracts and Licenses & How to Change Them to Fit Your Needs. Aspatore Books 2004.

(Opelt et al. 2013) *Opelt, A.; Gloger, B.; Pfarl, W.; Mittermayr, R.:* Agile Contracts: Creating and Managing Successful Projects with Scrum. Wiley 2013.

(Pichler 2012) *Pichler, Roman:* Agile Product Management with Scrum. Addison-Wesley 2012.

(Pfarl et al. 2007) *Pfarl, Wolfgang* (Hrsg.): IT-Verträge. Wien 2007.

(Poppendiek 2011) *Poppendiek, Mary; Poppendiek, Tom*: Lean Software-Development: An Agile Toolkit. Addison-Wesley, Reading, MA.

(Pries 2011) *Pries, Kim H.; Quigley, Jon M.:* Scrum Project Management. CRC Press 2011.

(Reed 2007) *Reed, Chris; Angel, John:* Computer Law. Oxford University Press 2007.

(Reinertsen 2009) *Reinertsen, Don:* The Principles of Product Development Flow. Second Generation Lean Product Development. Celeritas Publishing 2009.

(Roland Berger Strategy Consultants 2008) Projekte mit Launch Management auf Kurs halten. Warum IT-Großprojekte häufig kentern und Projekterfolg kein Glücksspiel ist. Roland Berger Strategy Consultants 2008.

(Royce 1970) *Royce, Winston:* Managing the Development of Large Software Systems. Proceedings of IEEE WESCON 26 (August), 1–9.

(Schneider 2006) *Schneider, Jochen; von Westphalen, Friedrich:* Software-Erstellungsverträge. Otto Schmidt Verlag 2006.

(Schranner 2009) *Schranner, Matthias:* Teure Fehler. Die sieben größten Irrtümer in schwierigen Verhandlungen. Econ Verlag 2009.

(Schwaber 2003) *Schwaber, Ken:* Agile Project Management with Scrum. Microsoft Press 2003.

(Schwaber 2007) *Schwaber, Ken:* The Enterprise and Scrum. Microsoft Press 2003.

(Schwaber und Sutherland 2012) *Schwaber, Ken; Sutherland, Jeff:* Software in 30 Days. How Agile Managers Beat the Odds, Delight Their Customers, And Leave Competitors in the Dust. John Wiley & Sons 2012.

(Standish Group 2009) The Standish Group: Chaos Report, 2002–2009.

(Standish Group 2013) The Standish Group: Chaos Manifesto 2013.

(Standish Group 2015) The Standish Group: Chaos Report 2015.

(Stepanek 2005) *Stepanek, George:* Software Project Secrets: Why Software Projects Fail. Apress 2005.

(Takeuchi und Nonaka 1986) *Nonaka, Ikujiro; Takeuchi, Hirotaka:* The New New Product Development Game. In: Harvard Business Review, 1/1986.

(Thols 2012) *Thols, Steffen:* So vermeiden Sie Stolpersteine bei User Stories. In: Projekt Magazin, Ausgabe 17/2012.

(Wildemann 2006) *Wildemann, Horst:* Studie zum IT-Management. Februar 2006.

(Witte 2010) *Witte, Andreas:* IT-Projektverträge rechtssicher gestalten. Aufsatz, ITRB 44-47, 2010. Der IT-Rechtsberater – Verlag Dr. Otto Schmidt, Köln 2010.

(Wolf et al. 2010) *Wolf, Henning; van Solingen, Rini; Rustenberg, Eelco:* Die Kraft von SCRUM. Addison-Wesley 2010.

Onlinequellen

(Agile Manifesto) *http://www.agilemanifesto.org*

(Ambler 2005) *Ambler, Scott:* Agile Outsourcing. *http://www.drdobbs.com/architecture-anddesign/agile-outsourcing/184415344*, zuletzt abgerufen am 17.4.2017

(CIO Magazin 2011) *Zeitler, Nicolas:* Die Scrum-Erfahrungen bei ImmobilienScout; *http://www.cio.de/scrum/2265436/*, zuletzt abgerufen am 17.4.2017

(Cockburn 2012) *Cockburn, Alistair:* Agile Contracts; *http://alistair.cockburn.us/Agile+*contracts, zuletzt abgerufen am 17.4.2017

(Fewell 2012) *Fewell, Jesse:* How to calculate budgets for agile teams; *http://bit.ly/2oGhNQm*, zuletzt abgerufen am 17.4.2017.

(Herrmann 2011) *Hermann, Susanne:* David & Goliath: Dumpingangebote machen blind. *https://www.wuv.de/agenturen/david_goliath_dumpingangebote_machen_blind*, zuletzt abgerufen am 6.4.2017.

(Kelly 2012) *Kelly, Alan:* Agile Contracts, *http://www.infoq.com/articles/agile-contracts*, zuletzt abgerufen am 17.4.2017.

(Scrum Guide 2011) *http://www.scrum.org/scrumguides*; zuletzt abgerufen am 17.4.2017

(State of Agile Survey 2016) *VersionOne:* State of Agile Development Survey Results; *http://bit.ly/29YBDLW*, zuletzt abgerufen am 17. 4. 2017

(State of Agile Survey 2013) *VersionOne:* State of Agile Development Survey Results; *http://www.versionone.com/pdf/7th-Annual-State-of-Agile-Development-Survey.pdf*, zuletzt abgerufen am 17. 4. 2017

Vertragsmuster der Rechtsanwaltskanzlei Hofmann *http://www.ra-hofmann.net/de/home/start*

Index

S

T

U

V

W

Z